U0382271

本书受到云南省哲学社会科学
学术著作出版专项经费资助

中国工匠
建房民俗考论

李世武 著

中国社会科学出版社

图书在版编目(CIP)数据

中国工匠建房民俗考论 / 李世武著 . —北京：中国社会科学出版社，
2016. 11

ISBN 978-7-5161-9505-5

Ⅰ.①中… Ⅱ.①李… Ⅲ.①建筑史—中国 Ⅳ.①TU-092

中国版本图书馆 CIP 数据核字(2016)第 308791 号

出 版 人	赵剑英	
责任编辑	冯春凤	
责任校对	张爱华	
责任印制	张雪娇	

出 版	中国社会科学出版社	
社 址	北京鼓楼西大街甲 158 号	
邮 编	100720	
网 址	http://www.csspw.cn	
发 行 部	010-84083685	
门 市 部	010-84029450	
经 销	新华书店及其他书店	

印 刷	北京君升印刷有限公司	
装 订	廊坊市广阳区广增装订厂	
版 次	2016 年 11 月第 1 版	
印 次	2016 年 11 月第 1 次印刷	

开 本	710×1000 1/16	
印 张	17	
插 页	2	
字 数	279 千字	
定 价	78.00 元	

序

　　李世武已出版的专著《巫术焦虑与艺术治疗研究》，一看标题就觉得比较前沿和新颖，而乍一看，李世武的这本《中国工匠建房民俗考论》书稿讨论的问题，则属于比较传统的话题，但翻开书稿，仔细阅读，就发现里面有很多新东西，新问题，新发现。

　　我们知道，巫术一直是传统文化人类学的热门话题，在泰勒、佛累则、迪尔凯姆、莫斯、马林洛夫斯基等的人类学著作中，都是非常重要的内容。工匠建房直接关乎人类生存生活，是人类"衣食住行"中必不可少的一端，相关民俗自然也就成为文化人类学、民俗学甚至民间文学研究的重要内容。由于中国的社会形态长期以农业为主，手工业为辅，与建房和工匠相关的民间传说、民间故事以及民俗也就非常发达，从覆盖的地域、延伸的时间、丰富的形式和内容、对社会影响的深度等方面来看，可以说在世界范围内是最为突出的。因此，国内学术界对建房和工匠民俗一直有着持续的兴趣，不时出现一些相关的研究成果也就不奇怪了，但是这些研究成果往往是零散的单篇，或者只是把工匠民俗作为某部民俗学总论、某个民俗学专论的部分内容或例证，还没有专题研究工匠建房民俗的著作。就我所能检视到的范围来看，李世武的书稿应该是国内第一部专门研究工匠建房民俗、并且把巫术的讨论与工匠建房民俗的阐释始终贯穿在一起的专著。由于着力开掘，有所发明，这部专著使巫术和工匠、建房这样传统的话题和材料获得了新的解读和意义。

　　李世武这部书对工匠建房民俗的研究，比较新颖的是把巫术的视角和讨论贯穿在整个建房的过程中，较为系统深入地挖掘了整个建房过程中的种种巫术现象。书中分别讨论了土地崇拜与工匠建房动土仪式、树木崇拜与工匠建房民俗、上梁仪式及仪式中灵物的使用、道教对工匠建房民俗的影响、"建房工匠匿物主祸福"巫术、房屋装饰部件鸱尾的起源和象征意义等问题，几乎涉及了选址、起土、伐木选材、竖房、装修装饰等建房的全过程，还涉及房主和工匠、邻里等关系，不同的工序步骤、不同的场合、不同的成员有不同的仪式、禁忌、法器、符咒，有积极意义的，也有消极意义的，十分烦琐复杂。彼此看似不相干，比如伐木选材、选址动土、竖房上梁之间少则相隔数月，多则相隔数年，相关的不同仪式看起来也像是彼此独立的，但是它们之间是有着内在联系的，是整个建房工程中的不同程序，所有的仪式、巫术、法器、灵物、符咒等的功能指向和象征意义都是一致的，形成了一个统一的工匠建房民俗系统。莫斯在《巫术的一般理论》中指出，在核心仪式之前往往有一些预备仪式，预备仪式是为举行核心仪式铺平道路的，是安排来实现核心仪式的。预备仪式跟核心仪式的重要性完全不相称，但却是实现核心仪式必不可少的。建房的核心仪式无疑是上梁仪式，但是之前的所有仪式和巫术，包括时间上相隔较远的选址、伐木等，对于实现上梁仪式的顺利完成都是必要的，如果某个环节出了纰漏，就可能带来整个系统的崩溃和核心仪式的失败，尽管房屋建筑过程中未必如此。总之，建房民俗是一个完整的系统，巫术贯穿了整个系统，在研究时最好做到整体观照，注意各个环节之间的联系，注意预备仪式与核心仪式之间的关系，不能孤立地去研究其中的某个方面。所以，在建房民俗中只注重研究上梁仪式的做法，是有欠缺的，至少是不够全面的，李世武书中也表达了对这种研究方法的不满。巫术、仪式贯穿了整个建房过程，在这个观点的观照下，那些往往被忽视、被遗漏的事物被照亮了，它们的巫术及象征意义得到了开显。

李世武对工匠建房民俗的一些论述也很有新意，谈论精彩。比如，书中论及原初形态的建房民俗时，以哈尼族的个案说明哈尼族工匠身份；提出工匠建房民俗从动土时就开始进入程序，动土仪式的巫术意义集中反映为动土不是一种随意的建筑行为，土不可妄动，从而把建房开工动土与土地崇拜联系起来；工匠建房民俗中传达出树木崇拜的一种独特表现形式，即工匠在祷词中往往将房屋之木梁呼为青龙、木龙或龙，接着论述了树木与龙联系的四种形式，再进一步借用互渗律解释了树与龙、梁与龙之间的联系；关于巫术与技术的讨论；关于工匠"匿物主祸福"的黑巫术的论述；等等。这些观点或讨论，有的是首次提出并集中探讨，有的则是在前人讨论的基础上，提出了新的意见，或向纵深推进一步。关于道教与工匠建房民俗之间的关系是书稿着力较多的部分，书中指出，许多学者对各民族工匠在建房时施行的民俗仪式分别作过详细的调查，但尚未有人对道教与工匠建房民俗之间的关系作过系统、深入的分析，致使工匠建房民俗的研究长期停留在资料之学的层面上，从工匠建房民俗的种种表现来看，其民俗系统内的神灵、神符及神咒都具有浓厚的道教色彩，有时甚至是对道教法术的直接借用。进而在相关章节中，书稿较为细致地论述了建房民俗各个环节、器物、行为、符咒、仪式中道教的特征、意义蕴含或影响，还有道教神仙对工匠民俗的影响，认为"从神仙信仰来看道教对工匠建房巫术的影响，可以清楚地看到道教的民间化和世俗化倾向，也可以验证巫术与道教之间'你中有我，我中有你'的关系"。李世武的观点我们未必完全认同，但是，他的这些看法对进一步探讨工匠建房民俗相关问题无疑是有推进作用的。

书稿中有不少精到的论述，这里我们节录两段，以证吾言不虚。在论述到中柱信仰时，书稿中说："在相对封闭的、社会组织结构相对简单的小规模族群社会之中的中柱信仰毕竟和受到鲁班传说、道教法术以及术数学影响的工匠民俗系统中的中柱信仰有着极大的差别，前者因为受到地域性的原始宗教的调节，后者的表现则和'昆仑神话'及'天梯'神话有关。"这样，实际上是矫正了把所有建房民俗都归因于原始宗教、图腾信仰的说法，也更符合中国汉族和许多少数民族工匠建房民俗的实际情形。书稿进一步指出，"许多民族的工匠在建房民俗中都在反复延续一个文化原点，即工匠所使用的梁木来自于昆仑圣地"，并例举了贵州仡佬族工匠伐木之前举行祭祀仪式中念诵的祭祀祷词、浙江省东阳市木匠在开斧斫木的祭祀仪式中念诵的祷词，认为"祷词所演绎的事实在于树木并非凡间之物，而是生长于昆仑山的木王"。在考证昆仑山"百仞无枝"的神树"建木"的原型和流变之后，得出结论："工匠建房巫术中之所以出现了'树木长在昆仑山'和'通天柱'等内容，无疑是受到昆仑神话中种种神树——尤其是'建木'这样的通天之树的启示所致。"论述民间各行业工匠的行业祖师一段也很精彩："中国民间各行各业的工匠都在构建自己的行业祖师，如铁匠奉太上老君为祖，画匠则奉吴道子为祖。本身就体现出工匠渴望提升行业社会地位的心理特征，同时也是道教神仙信仰民间化的表现之一。"这些观点之所以精妙，是因为建立在丰富的例证、严密的推论的基础之上，给人以突出的新鲜感，有着事实和逻辑的力量和魅力。

当然，李世武在这部书稿中，并不仅仅是要把工匠建房民俗的相关方面考论清楚，或者对工匠建房民俗的几个事象的源流进行考索，而是力求通过对工匠建房民俗的讨论，从而探讨一些民俗学、文化人类学的理论问题。他在书稿中这样明确表示："本书将要探讨的，只是整个庞大的民俗家族中的一个类别。通过这一类别的研究，无疑可以和整个民俗学、人类学理论进行对话。"理论对话集中于书稿的"结论"之中。在"结论"中，李世武对书稿中中国工匠建房民俗进行全面系统分析的基础上，集中讨论了传说和仪式、象征和阀限、宗教和巫术三个问题，这些都是民俗学、文化人类学理论中的基本问题，对它们进行讨论，提出自己的看法，既提升了整部书稿的理论学术水平，又使整篇文章更加开光显豁，前后敞亮，有"豹尾"之功效。

除了"结论"中上述三个问题之外，民俗中巫师的身份认定也是牵扯甚多的重要基本理论问题。按照传统文化人类学经典著作的说法，巫师是专职的，是行为神秘、以实施巫术为职业的人，因而在社会上有着特殊的地位。莫斯虽然承认，"巫术仪式不仅可以由专职的巫师实施，还可以由其他人来实施"（《巫术的一般理论》），但他把这里说的"其他人"看成是业余巫师，并不认可其巫师身份，他们和真正的巫师不同，真正的"巫师是具备特殊资格的人——特殊的关系，尤为甚者是特殊的力量。它是最高级的职业之一，或许还是第一种最高级的职业"；"巫师事实上更多的属于精灵的世界，而不是人的世界"；"巫师的职业不仅仅是一个专业化的职业，而且职业本身也有它自身专业化的特点和功能"；"巫师必然统统都是强烈的社会情感的对象"，巫师的身份"是可以被界定为反常的社会身份"。（《巫术的一般理论》）这种结论自然不错，因为有着大量的民族志实证材料的支持。但是，李世武同样以大量的田野调查材料证明，在中国的工匠建房民俗中，还可以看到另外一种形式的存在，即工匠既是技师，又是巫师，还是农民。举行仪式时，他就是巫师；在掌墨设计、挥斧推刨时，就是技师、工匠；建房完成之后，又回归农民身份。还有更为特殊的情况是，一些哈尼族在建房时，既是房主，又是木匠，同时，又是叫魂祈祷、举行仪式的巫师。

李世武指出的工匠、巫师、农民身份的三位一体应该是传统中国农业社会中的普遍存在形态。我的家乡剑川是有名的"木雕之乡"、"木匠之乡",那些技艺高超的木匠,被称为"山神",在建房过程中同时扮演着技师工匠和巫师的角色,包括动土、圆木、竖房、上梁、送木神等所有与建房相关的仪式都由"山神"主持完成,房屋完工后,他们也和其他村民一样,下田干活,上山砍柴,仍然是一名普通村民。在上大学之前,我也跟过这些木匠"山神"干过建房的活,参加过上述这些建房仪式,与这些"山神"一起吃住,一起干活,关系融洽,无话不谈,亲眼目睹过的仪式就更多,觉得这些"山神"没有什么特异神秘之处。但在进入仪式时,他们是专注的、严肃的、虔诚的,有着"祭神如神在"意味和气氛,动土、开斧、竖房、上梁这些工作,在"山神"的举止、念祷和仪式氛围中变得神圣起来。在这样的场合和时间,这些木匠"山神"成了巫师,或者说完全承担了巫师的角色,实施了仪式。所以,一个农民、工匠是否是巫师,更多的是取决于他在仪式中承担的角色,身份的确认往往由具体的仪式来判定。因此,李世武的看法是能够成立的:只有在仪式中平常的人物才具有了特殊的象征意义,具有了神圣的意味,巫师的身份要在仪式系统中来确定。我以为工匠、巫师、农民身份的三位一体的存在形态和巫师身份确定的这些论述,可以作为莫斯等人关于巫师身份理论的补充。同时,工匠和巫师关系的论述,对文化人类学中关于技术科学与巫术关系的讨论,也是有所增益的。

这部书稿也是李世武用功之作。李世武写文章眼疾手快,往往一题确定,手到擒来,被他的同学们称之为"快手",但是这部书稿却耗时较长,我记得从2009年年初他就在收集相关的材料,并开始写一些相关的文章,他的硕士论文篇幅较长,也是讨论工匠民俗问题的。其后他一直大量阅读文化人类学的理论著作和民俗志、民族志等文献,不断收集材料,还先后多次到楚雄彝族、西双版纳勐海哈尼族和大理巍山洱海村白族的村寨中进行田野调查,取得了不少第一手访谈和调查材料。同时,开始了这部书稿的写作,前后历经七八年,现在才正式出手,准备出版。袁子才曾经说,写作要像少女梳妆打扮一样,"头未梳成不许看",可以想象,七八年来李世武一直在梳理打磨这部书稿。这也看得出,李世武对工匠建房民俗的钟情和关注,确实,这是民俗的一个重要方面,是可以同文化人类学理论和民俗学理论进行对话的窗口,可以研究的空间还很多,比如道教和工匠建房民俗的关系,涉及面非常广泛,这部书稿已作了许多探讨,但仍然能够继续深挖拓宽;又如建房装饰问题,这部书稿专章讨论了鸱尾的起源和演变,但相似的建房附件装饰诸如鱼尾、瓦猫、纹饰(瓦当)、彩饰、雕饰(梁头、插片)等,也可一一探讨,从而进一步扩大建房工匠民俗研究的范围和内容,并且与更多的文化人类学、民俗学理论问题对话。

段炳昌

2016 年 12 月于昆明龙泉苑住宅

目　录

绪　论

一　居室的意义和建房工匠的神化

居室的创造，是人类文明发展史上的标志性事件之一。自从有了居室，从阴暗的洞穴到粗糙的茅屋，再到帐篷、石屋、木屋或瓦屋，甚至是为贵族、帝王修建的辉煌宫殿……人类终于为自身创建了一个庇护之所——不仅可以和猛兽、虫蛇相隔离，而且还构建了精神的栖息之地。工业社会以其无处不在的文化压力将人类居室的意义导向了实用为先的价值趋向，甚至有设计师断言："房子是一台用来居住的机器。"人类居所的意义并非原来如此，它在现代以来的世俗化表现原本演化自神圣的母体。"人类居住地世俗化的过程是由工业化社会世界的重大转变过程中的一个部分。这种转变之所以成为可能正是得益于科学思想尤其是物理学和化学的惊人发现所带来的宇宙世俗化的力量所致。"①

在相当长的时期内，人类居室的神圣性达到了深广无比的程度，在那时，"房子并不是一个物件，不是一个'用来居住的机器'。它是人类借助于对诸神的创世和宇宙生成模式的模仿而为自己创造的一个宇宙。每座建筑物和每次新居的落成都是一个新的开始，都是一个新的生命。"②确实，这种神圣空间的建立在蒙古人的民歌中如同宗教歌曲般虔诚地流露出来："因为仿造蓝天的样子，才是圆圆的包顶；因为仿造白云的颜色，才用羊毛毡制成。这就是穹庐——我们蒙古人的家庭。因为模拟苍天的形体，天窗才是太阳的象征；因为模拟天体的星座，吊灯才是月亮的圆形。

---

① ［罗］伊利亚德著：《神圣与世俗·序言》，王建光译，华夏出版社 2002 年版，第 21—22 页。

② 同上书，第 25—26 页。

这就是穹庐——我们蒙古人的家庭。"① 蒙古人从他们的居住结构中，获得了宇宙的象征意义；② 弥漫在蒙古包内的，是一种神圣的宗教情感。云南楚雄永仁县的彝族也用民歌来赞美房屋，他们不仅真实地体验到房屋的重要，而且用房屋的结构和社会组织进行类比："阿波阿惹，教子孙修房盖屋，确定方位，选定吉地。大梁是房屋的脊骨，家支离不开头人；中柱是房屋的中心，阿妈管理着家务。这座房屋真好，实在好！是我们祭祖的地方，是我们养儿女的地方。"③ 初民建立起来的居室，并非和居室以外的空间完全阻隔，他们所体验到的，是一种连续性的空间。独龙族巫师孔千杜里说，天有十层，其中一层至八层分别由各种鬼、神、灵魂居住，直到第九层，这一空间就是人间屋顶以上的天，是众鬼来到人间的必经之地；第十层则是每户人家的火塘上方。独龙族女巫克伦则说，天有九层，第八层是人间屋顶以上的天；第九层则是人间各户的火塘上方。④

人类对于居室的神圣体验，首先来源于人们在居室和宇宙之间建立的模拟关系，而且还因为大多数民族的居室观念里，这一空间之内不仅居住着人本身，还有在冥冥之中庇荫着生者的祖先亡灵，甚至还有神灵。这些亡灵或神灵，有时整体或部分地固定地和人共居⑤，有时来去自如。那些在居室中供奉财神、观音、灶君的民俗传统，至今还在中国的民间社会活跃着。此外，居室内还会有恶灵邪魅的闯入。总之，居室曾经一度成为人、鬼、神乃至妖邪的居住空间，居室不但是一个神圣的空间，而且也会成为邪恶的空间。我国的先民们，不仅在房屋建造技术上费尽心力，而且由于对超自然力的信仰，还将居室和家运密切联系，试图控制超自然力，

---

① 毛公宁主编：《中国少数民族风俗志》，民族出版社 2006 年版，第 15 页。

② ［罗］伊利亚德著：《神圣与世俗·序言》，王建光译，华夏出版社 2002 年版，第 23 页。

③ 中国民间文学全国编辑委员会、《中国歌谣集成·云南卷》编辑委员会：《中国歌谣集成·云南卷》，中国 ISBN 中心 2003 年版，第 1570 页。

④ 吕大吉、何耀华总主编，和志武等分册主编：《中国各民族原始宗教资料集成·纳西族·羌族·独龙族·傈僳族·怒族卷》，社会科学文献出版社 2001 年版，第 623—624 页。值得注意的是，孔千杜里描述的天层的第四层住着人间打铁人的亡魂"阿细"；克伦描述的天层的第五层住着世间的铁匠"阿细"，这是独龙族铁匠崇拜的体现。

⑤ 云南楚雄彝族一般认为，死去的祖先有三个灵魂，一个灵魂居住在家中供奉的灵位上守护家庭；一个灵魂在墓穴中守护坟地；第三个灵魂则去阴间。

从而使被邪恶侵扰的居室恢复纯净和神圣。古人重视人—宅关系的文化传统中出现了知识性的经典，他们曾这样总结道：

> 夫宅者，乃是阴阳之枢纽，人伦之轨模。非夫博物明贤，无能悟斯道也。就此五种，其最要者唯有宅法，为真秘术。凡人所居，无不在宅，虽只大小不等，阴阳有殊，纵然客居一室之中，亦有善恶。大者大说，小者小论，犯者有灾，镇而祸止，犹药病之效也。
>
> 故宅者，人之本。人以宅为家。居若安即家代昌。若不安，即门族衰微。坟墓川冈，并同兹说。上之军国，次及州郡县邑，下之村坊署栅，乃至山居，但人所处，皆其例焉。目见耳闻，古制非一。①

择宅、建宅、镇宅的信仰，因为广为流传的经典，形成了一套知识体系，令现代人叹为观止。②

对居室的信仰同时伴随着对建房工匠的顶礼膜拜，后来那种将建房工匠视为劳役、呼来唤去的现象，是人类社会不断演进的结果。自从人类开始了技术活动，工匠的社会定义就产生了——不存在没有工匠的人类社会。作为一种工匠思维，人类广阔的居住空间在一则伟大的创世神话中就是由大神盘古开辟的。《古今事文类聚·天道部·天》记载：③

> 天地混沌如鸡子，盘古生其中，万八千岁，天地开辟，阳清为天，阴浊为地。盘古在其中，一日九变，神于天，圣于地，天日高一丈，地日厚一丈，如此万八千。天数极高，地数极深，盘古极长，后

---

① 《宅经》卷上，文渊阁四库全书本。
② 四库全书本《宅经》卷上罗列的各类"宅经"如下：《黄帝二宅经》、《地典宅经》、《二元宅经》、《文王宅经》、《孔子宅经》、《宅绵》、《宅挠》、《宅统》、《宅镜》、《天老宅经》、《刘根宅经》、《玄女宅经》、《司马天师宅经》、《淮南子宅经》、《王微宅经》、《司最宅经》、《刘晋平宅经》、《张子毫宅经》、《八卦宅经》、《五兆宅经》、《玄悟宅经》、《六十四卦宅经》、《右盘龙宅经》、《李淳风宅经》、《五姓宅经》、《吕才宅经》、《飞阴乱伏宅经》、《于夏金门宅经》、《刁昙宅经》。
③ 三国时人徐整的记载只是盘古神话的异文之一。云南楚雄彝族的《毕摩经》之《洪水淹天》也记载说：天地是由盘古开辟的。见者厚培收集，楚雄民族宗教事务局编：《三女找太阳——楚雄民族民间文学集》，云南人民出版社 2001 年版，第 88—102 页。

乃有三皇。①

盘古是神话体系中人类居住空间的开辟者，自盘古开辟天地以来，人类才有了生存的空间，盘古神话中蕴含着一种工匠思维。② 纳西族东巴经名著《崇邦统》（人类迁徙记）记载，太古之时，天地尚未开辟，世界处于混沌状态。开辟天地的，是由天神九兄弟和神女七姐妹组成的十三位工匠。神话说："接着下一代，天神九兄弟，来做开天的匠师；天又不会开，把天开成峥嵘倒挂着。虎女七姐妹，来做开天辟地的师傅；地又不会辟，把地辟成松软湿烂的。天神九兄弟，会同地神七姐妹商量：大水的东方，竖起白螺天柱；大水的南方，竖起碧玉天柱；大水的西方，竖起墨珠天柱；大水的北方，竖起黄金天柱；天和地中央，竖起一根擎天大柱。天不圆满玉石补，玉绿大石来接天，补天很圆范。地不平坦黄金铺，黄金大石来压地，铺地很平坦。"③ 很明显，这则神话是模拟现实中的房屋建造过程来叙述天地开辟的远古记忆的，房屋在神话思维中被无限地扩大为天地，工匠则是本领高强的天神和地神。

建房工匠在人类早期一度被神化，如汉文典籍中的有巢氏就位居皇王之列。《太平御览·皇王部三》依次记载的皇王是：天皇、地皇、人皇、有巢氏、燧人氏、太昊庖牺氏、女娲氏、炎帝神农氏，有巢氏的地位仅次于人皇。有巢氏发明居室的功绩流传于神话之中，成为一个象征符号，他是神话系统中的建房工匠始祖，和其他重大文明首创者一样在人类社会中激起了一种令人崇拜的心理。有巢氏的神话有多种异文，《太平御览·皇王部三·有巢氏》记载：

> 《礼》曰：昔先王未有宫室，冬则居营窟，夏则居橧巢。（注：郑玄注曰：冬则居土，署则聚薪柴居其上也）《项峻始学篇》曰：上古皆穴处，有圣人教之巢居，号大巢氏。今南方人巢居，北方人穴

---

① （宋）祝穆：《古今事文类聚》前集卷二，文渊阁四库全书本。

② 此外，《汤问》中记载的"女娲氏炼五色石以补天"的神话以及女娲造人的神话，事实上都和工匠思维有关。工匠思维与神话思维的关系当另撰文进行详细分析。

③ 吕大吉、何耀华总主编，和志武等分册主编：《中国各民族原始宗教资料集成·纳西族·羌族·独龙族·傈僳族·怒族卷》，中国社会科学出版社 2001 年版，第 320—321 页。

处，古之遗俗也。（注：皇甫谧以为有巢在女娲之后）《韩子》曰：
上古之世，人民少而禽兽多，人不胜禽兽蛇虺。有圣人构木为巢，以
避群害，而人悦之，使王天下，号之曰有巢氏。《遁甲开山图》曰：
石楼山，在琅琊，昔有巢氏治此山南。（注：王天下有百余代，未详
年代也）①

　　有巢氏的智慧之力使得人类的居住质量有了历史性的突破，其事迹在
神话中流传。有巢氏并非工匠神话的孤证。哈尼族神话《三个神蛋》说，
远古时候的人类不仅生产技术低下，不会从事农业生产，只能采集野果来
充饥，而且，许多人还因为斗殴而死，被打死的人反过来伤害甚至吃活
人。总之，人类社会之初是混乱不堪的。社会由无序到有序的转变得力于
天神摩咪鸟生下的三个蛋孵出的三个能人：头人、祭司、工匠。这三个人
接受哈尼人的请求，开始各司其职：头人调解纠纷，治理人界秩序；祭司
惩治恶鬼，使人免于疾病；工匠发明提高生产力的工具，同时建造房屋，
使人免于风雨、野兽的侵害。由于三人在社会中发挥的重要作用改变了混
乱不堪的人间地狱，因此获得了较大的特权，并招致越来越多的人加入三
人的行业。哈尼人开始不尊重这三种人，这三种便离开了，而哈尼人的社
会再次陷入混乱中。哈尼人费尽千辛万苦将他们请回来，社会才重获幸
福。头人、祭司和工匠联合统治哈尼人的社会格局最终得到了确立。另一
则名为《直琵爵》的神话也讲述了类似的历史记忆。② 笔者在云南西双版
纳勐海县格朗和哈尼族乡大寨村访谈时，哈尼族老人阿波梅吴说，他幼年
时听老人传下的古话中说，最初人和老虎、豹子住在一起，人和鬼住在一
起，直到有了房屋，人才有了家。在格朗和哈尼族乡的僾尼人中，大多
数成年男子都掌握了木匠手艺。③ 在我国历时性和共时性的范围内影响最
为深远的工匠神要数鲁班。鲁班实际上已经演变为一位道教神仙，形成了
以建房工匠为主体的崇拜群体，被奉为名垂千古的行业祖师——一位集精

　　①　（宋）李昉等撰：《太平御览》，第一册，中华书局 1960 年版，第 363 页。
　　②　杨知勇：《哈尼族"寨心"、"房心"凝聚的观念》，载姜彬主编：《中国民间文化》总
第十六集《民间俗神信仰》，上海学林出版社 1994 年版，第 173—174 页。
　　③　被访谈人：阿波梅吴，64 岁，哈尼族，1970 年从格朗和哈尼族乡入赘到大寨，他同时
也是一位出色的木匠。访谈时间：2008 年 12 月 31 日下午。访谈地点：大寨。

湛技术与强大法力为一体的神匠。① 甚至于在当代的农村社会中，鲁班的信仰依然存在。作为鲁班弟子的木匠也具有神异色彩，如白族木匠中掌握《木经》的木匠就被称为山神，人们相信他们能支配山林命脉。② 布依族以歌谣来称赞建房的木匠："天下安乐太平春，起楼师傅到堂心。这间新楼师傅造，留给主人万年春。天下安乐太平春，起楼师傅到堂心。楼房虽是凡人造，手艺赛过活神仙。"③

二　原初形态的建房民俗

尽管人类的居室长期地被视为一种神圣的空间而受到膜拜，并且建房工匠也被许多社会群体所神化，但是本书所要研究的工匠建房民俗的中心限于以道教信仰为崇拜形式的工匠所施行的民俗。毫无疑问，在鲁班信仰广泛播布以前，以及在一直未受到鲁班信仰影响的地区，曾相对独立地保持着小型社会中特有的工匠建房民俗。在这一领域中，哈尼族无疑是一个典型个案。勐海县达巴山区的僾尼人建房的第一步程序是通过梦来占卜所选的房地基是否已经得到神灵的庇佑④，因为已经施行过建寨仪式的空间内也难免混入可怕的孤魂野鬼。规则是：好梦是吉兆，可以建房；噩梦是凶兆，要重新选地基；连续三晚无梦也可以在地基上建房。第二步程序是测定正房中心，主要是由本家族男性长者来通过向神灵祷告并求得神谕的指示，以此确定由祭司测定的地点是否可以作为正房的中心。第三步程序是立中柱。这一程序涉及了复杂的宗教仪式：

> 立中柱时，由男性家长挖好土坑，在坑中先洒水，放入三把糯米，然后亲手将中柱根部放入坑中。这时，其他人只能抱扶中柱上部，不能触摸柱底。随后，男性家长再用一碗米，米上放一鸡蛋，在

---

① 详见论文第五部分《从神仙、神符、神咒信仰看道教对工匠建房巫术的影响》中有关鲁班的论述。

② 大理白族自治州《白族民间故事》编辑组：《白族民间故事》，云南人民出版社 1982 年版，第 187—221 页。

③ 中国民间文学全国编辑委员会、《中国歌谣集成·云南卷》编辑委员会：《中国歌谣集成·云南卷》，中国 ISBN 中心 2003 年版，第 244 页。

④ 在建房前，他们先要进行建寨仪式，就是确定所有房屋将要建造的范围，主要是通过一系列的巫术仪式来驱鬼辟邪，同时祈求神灵的庇护。

坑边献祭，最后才亲手放土埋柱。此时，由舅舅在旁杀一狗，将狗血涂抹柱上。中柱立好后，才能立其他柱子，上板壁，盖茅草。房顶盖好的当晚，要在板壁上涂抹狗血，还要将旧房的茅草铺一些在新房顶。主人家要在女室内杀一只公鸡，在男室内杀一头母猪，并用土碗装米酒献祭中柱，方可迁入居住。中柱是供祭祖先的柱子，也是人间和天界地府的联系，所以哈尼人很重视中柱，耕牛也拴在楼下的中柱上。①

在这则材料中，我们发现调查者并未将工匠在建房仪式中的作用描述出来。这并不意味着观察者的失误。笔者在勐海县格朗和哈尼族乡大寨村有意侧重于对工匠建房巫术进行访谈，结果表明，在当地傻尼人建房仪式中，工匠在巫术中的地位并未从巫师／祭司、男性房主、男性房主的舅舅这些施巫主体中凸显出来。当然，工匠们有时参与了献祭对象、巫术灵物的制作；更为特殊的情况是，比如阿波梅吴建房时，他既是木匠，又是房主；同时，他在寨子中还替别人叫魂。② 可以将这种类型的民俗界定为原初形态的建房民俗。在这种类型的建房民俗中，工匠并未在民俗活动中成为地位显要的主体——但他们间接或直接地参与了民俗活动，也是民俗传统中的一部分。原初形态的建房民俗中，不同于鲁班信仰发挥作用的建房民俗。在这些群落中，工匠和男性房主有时就是一个人，社会组织结构中并未出现严格意义上的劳动分工，建房技术已经为大多数成年男性所掌握。在哈尼族中，人们对木匠的崇拜，更多是技术意义上的。勐海县的《贺新房》歌唱道："（柱子）抬回请师傅，画线打眼洞。此事要技术，不懂莫胡来。……（木料）横穿竖斗成框架，叮叮咚咚打楔子。师傅技术高不用钉子，地动山摇房不倒。"③

① 　杨知勇：《哈尼族"寨心"、"房心"凝聚的观念》，载姜彬主编：《中国民间文化》总第十六集《民间俗神信仰》，上海学林出版社 1994 年版，第 173—174 页。据笔者在西双版纳勐海县格朗和哈尼族乡的调查，当地的傻尼人认为舅舅地位最高，我们在仪式中发现舅舅在巫术仪式中扮演显要的角色，这和其受到特别的敬重有关。

② 　被访谈人：阿波梅吴，64 岁，傻尼人。访谈时间：2008 年 12 月 31 日下午。访谈地点：大寨。

③ 　中国民间文学全国编辑委员会、《中国歌谣集成·云南卷》编辑委员会：《中国歌谣集成·云南卷》，中国 ISBN 中心 2003 年版，第 198 页。

尽管如此，在民俗知识传承链上，一些原初形态的建房民俗知识却和后世以鲁班信仰为中心的工匠建房民俗保持着联系——后者继承了这些民俗知识。比如说，择吉、土地崇拜、树木崇拜、雄鸡的使用、血祭等。比如基诺人在伐木建房前，对于伐木的日期有严格的规定：父母忌日、个人生日不能伐木；伐木前一天晚上梦中有不吉的预兆不能伐木；最佳的伐木时间是月亮由盈转亏时。雷劈过的树不能伐。将树砍倒后，要用公鸡来祭祀树神，祭祀时公证人念道：

> 人要吃饭，鼠要吃果，鸟要吃虫。人要吃饭就要砍地下生的树，砍树前要用鸡作礼物献给树神。树神啊，我向你献了两只脚的鸡；地恶在树根，请你把它排除，叶恶在树尖，请你把它排除。这棵柱子要劈成十一方（四方形加边棱实为八方），其中一方是粮的魂，一方是银的魂，一方是大兽魂，一方是小兽魂，一方是女七魂，一方是男九魂。①

基诺族对树神虔诚地崇拜，试图通过礼物的献祭和念诵祭词来履行人与树神之间的契约；对于来自地下的恶鬼，则通过一些巫术灵物来对付它们。基诺人以黑狗血涂在柱子的根部，在柱洞内，他们放入竹鼠头骨、有刺猪头骨、穿山甲头骨，还有狗爪、火炭、铁砂。这些巫术灵物可以对付鬼："竹鼠、刺猪头可以打地洞对付地下来的鬼，火炭和铁砂可以镇鬼，狗血和狗爪是可以令鬼害怕的动物。"② 基诺山札果寨的木匠在砍树备料前的梦兆有巫术意义，所以主人在木匠伐木前的头一天晚上请木匠代他做一个好梦。木匠仔细地检查木料，因为要避免使用凶木——雷劈过、箭射过、弹弓、火枪打鸟兽时击中过的树木。③ 云南省临沧地区西盟县的佤族拆旧房和建新房时都要择吉日进行，甚至连树倒下时树还挂在别的树上没着地或倒下的树的树根压在了树桩上，都是不吉利的。对于所选定的宅基地，他们这样祈求鬼神的保佑："这是我们选定的地基，请鬼神多多保

---

① 吕大吉主编，何耀华等编：《中国各民族原始宗教资料集成：彝族·白族·基诺族卷》，中国社会科学出版社1996年版，第850页。

② 同上书，第853页。

③ 同上。

护，蚂蚁不再做窝，蛆虫不再爬入，病魔远远离去，凶鬼远远撵走。"①
居住在云南省怒江州贡山县的独龙族应当是我国原初形态的建房巫术保留
得最为纯正的一个群体之一，他们在选择建房地基时，将三粒谷子放在火
烧过的灼热的石板上来占卜吉凶，口中念道："我们准备在这里盖房子，
是吉是凶看你的！"② 同时，他们也虔诚地祭祀树神。他们的祭词说："洪
荒年代一开始，我们幸存在世间；土地你我对半分，树木你我对半有。今
天我要盖新房，请你赐给我树木；我用水酒换木材，残枝剩叶还给你。我
选地基那一天，空中阳光如金光；我竖中柱那一天，天山月亮如银亮。我
打地基那一天，地中湿气绕道走；我盖房顶那一天，天上雨水斜着落。"③
陇川县的景颇族建房时也要请地师来看风水，但他们显然已经不是以术数
学或《宅经》系统来解释的"风水"，而更多的是原始宗教的内容。有学
者曾用景颇文记载下了地师用董萨调唱出的关于地基风水的内容："这里
会挖断山筋，这里会镇着水源。前面的石头是野鬼的坐凳，后面的大树被
雷神踩着。风鬼会带着灾火从这里走过，病鬼也经常在这里歇脚。……"
这样充满邪恶的地方自然是不能建造房屋的，而适合建造房屋的地方，是
这样的所在：

　　祖先曾在这里祭过太阳，把好运气留在这里了。家鬼也很喜欢这
个地方，整斋祖戛带笑欢唱，在这里栽桩盖房，你家的子孙会昌盛、
牛马兴旺。看看这漫种树可以做木鼓了，来到这里的"沙龙"啊，
常常把依恋的尾巴拖得很长，"浪当"鬼不会顺木冲来，"志通"鬼
去了很远的地方。在这里能看见星星伴月亮，天一亮就能看见太阳。
坝子的风从右边吹上山了，病鬼已随风吹走，火神已发出了亮光。主
人家啊，我闭上眼睛剥开鸡蛋，看见家鬼高高兴兴地吃着。在这里可
以挖土了，在这里可以栽桩了。啊哩啰！④

　　① 中国民间文学全国编辑委员会、《中国歌谣集成·云南卷》编辑委员会：《中国歌谣集成·云南卷》，中国 ISBN 中心 2003 年版，第 1416 页。
　　② 同上书，第 446 页。
　　③ 同上书，第 442 页。
　　④ 同上书，第 763—764 页。

工匠在建房过程中完全不实施巫术的情况是确实存在的，在建房过程中，人们将人类和鬼神之间的事宜交给了专职的祭司或巫师。原初形态的建房民俗中，工匠在巫术仪式中并没有扮演巫师那样明显的角色，或者说这一角色是在巫术活动中被遮蔽的，工匠角色往往只是参与者，甚至是无足轻重的旁观者。但是，原初形态的建房巫术却是以道教信仰为中心的工匠建房巫术的前奏，前者影响了后者，后者吸收了前者，有时后者又渗透到前者中，而前者也有一直未受到外来民俗传统影响的情形。这些复杂的相互关系源于文化传播。可以肯定的是，两者之间在文化传承链上存在程度不同的连续性——因为许多民俗理念甚至是仪式不但适应于我国的情况，而且是世界性的人类文化中的一部分。它们有着悠久的历史，虽然它们在大部分地区已经整体性地衰减为一种遗留，但却还未出现彻底灭绝的有力证据。

三　学术史述评和资料来源

在开始进入对以道教信仰为中心的工匠建房民俗研究之前，有必要对前人的研究进行简要的述评，并对本书所使用的材料作交代。尽管民俗的研究已是文化人类学、民俗学研究的经典内容，从泰勒、弗雷泽这样的"安乐椅上的学者"，再到受到当代学界推崇的格尔兹以及维克多·特纳，我们完全可以列出一串长长的清单，再依次讨论，但那将是民俗研究史之类的命题，所有的民俗研究——总体的或个案式的，都是人类学、民俗学研究传统的延续，本书将要探讨的，只是整个庞大的民俗家族中的一个类别。通过这一类别的研究，无疑可以和整个民俗学、人类学理论进行对话，这一对话将在结论中展开。

工匠建房民俗可以说一开始就进入了文化研究者的观察视野。人类学之父泰勒是一位善于搜罗世界各地的材料来建构他的庞大学说——关于文化的科学，即人类学的学者。他在《原始文化》中论述遗留物现象时列举了那些在建筑中以人血来浇灌建筑或以动物、甚至人来作为牺牲的恐怖、残忍的手段。泰勒是将这些行为视为应该彻底清除的迷信，将它们同其他的文化遗留一样归入"初级文化阶段的生动的见证或活的文献"①，

① ［英］泰勒著，连树生译：《原始文化》，上海文艺出版社1992年版，第281页。

对待它们的态度，显然是这样的："对于进步的文化，以及所有的科学文化，比较高层次的态度应该是，尊重前人，但不卑躬屈膝；从过去获益但不为了过去而牺牲现在。我们的观念和习俗中许多东西的存在，与其说是因为它好，不如说是因为它老。但是，当我们遇到有害的迷信的时候，我们掌握了这样的事实，这事实证明了迷信是蒙昧文化所特有的，是同高级文化不相容的东西，而高级文化是力图消灭它们的，那么，我们就得到了跟这些迷信作斗争的令人信服的证据。"① 对于奠基仪式而言，泰勒敏锐地指出了这种仪式的目的。当然，对于这种习俗的演变史，以及习俗所具有的其他意义，他并未作更多的发挥。毕竟血腥的奠基仪式，只是他用来论证文化遗留理论的众多例子中的一类而已。

现代经典民族志的开创者马林诺夫斯基在他的《西太平洋的航海者》中虽然没有对工匠建房民俗的调查，但他发现土著人在制作独木舟时所施行的民俗仪式，这和工匠建房民俗在人类学意义上同属一源。他在书中辟专章描述了土著人建造 waga（独木舟）时举行的种种巫术仪典。其中有一则咒语这样说道："我会抓紧扁斧，我会大力砍伐！我会走进独木舟，我会令你飞行，啊！独木舟，我会令你跳跃！我们会像蝴蝶一样飞舞，像风；我们会在雾中消失，我们会无影无踪。"② 他所提出的有关巫术、宗教、科学、神话这些文化事项的经典论述，就是建构在他的田野调查上的。他的调查表明木匠们与他们的创造物之间有巫术上的联系。他的详尽记录，他提出的相关论点，对于讨论工匠建房巫术是有启示意义的。另外两位以研究巫术著称的法国学者也在著作中零星地涉及了工匠巫术的研究。让·塞尔韦耶在其名著《巫术》中指出，希腊木匠在伐木时举行的仪式实际上是出于人类将改变自然秩序视为一种危险行为的心理。③ 法国年鉴学派的重要人物马塞尔·莫斯是继弗雷泽之后又一位出色的巫术原理研究专家。他在《巫术的一般原理》中指出泰勒、弗雷泽等在巫术理论建构上的不足，创见性地提出了玛纳这一更具普适性的术语。他特别强调从集体力量和集体情感的角度来解析巫术。他在剖析巫师的特性时，发现

---

① ［英］泰勒著，连树生译：《原始文化》，上海文艺出版社1992年版，第164页。

② ［英］马林诺斯基著，梁永佳、李绍明译：《西太平洋的航海者》，华夏出版社2001年版，第118页。

③ ［法］让·塞尔韦耶著，管震湖译：《巫术》，商务印书馆1998年版，第35页。

了巫师及其职业间的联系，认为铁匠在工作中所使用的材料是很容易激发迷信的。是职业使其和普通人相区分，而且正是这种区分使其具有巫术力量。在论述巫师威信的崇高地位时，他举木匠及其实验的个案作为例证。① 尽管两位学者已将工匠巫术纳入研究视野当中，但他们只是将工匠巫术的个别案例作为构建整体巫术理论时的例证材料，并未将工匠巫术作为一个子系统来研究。以上这些学者的研究表明，工匠巫术具有世界性的意义，他们尽管无专题的讨论，但他们用工匠巫术及其他更多的材料来建立的理论，却是不容小觑的。

我国工匠民俗研究的肇始和两位民俗研究先驱联系在一起。一位是浙江的曹松叶，另一位是德国的爱伯华。爱伯华因著有《中国民间故事类型》一书而引起了人们的广泛关注。因为在 AT 分类法问世以来，在爱伯华之前，关于中国民间文学的类型研究可以说尚未开始，而他的《中国民间故事类型》，也是第一本将中国民间文学分类编排并提出见解的学术著作。这本著作有许多瑕疵，贾芝、董晓萍等学者都曾直言不讳它的缺陷。如从方法上，爱伯华并未依据 AT 分类法来编排；误将大量的神话、传说当作民间故事来处理等。平心而论，在当时的学术条件下，加之作者是德国学者，正如我国"民俗学之父"钟敬文所说的，爱伯华的学术热情是值得肯定的。事实上，曹松叶正是爱伯华在中国的学术资料收集者，而爱伯华的《中国民间故事类型》中保留了一些较为鲜见的资料，其中就包括工匠建房巫术类型的传说。他提炼出了"建筑牺牲者"这一传说类型的基本情节模式："（1）一项建筑没有成功。（2）委托的官吏以超自然的方式得知可以完成建筑的人的名字。（3）这个人被砌进建筑里。（4）建筑成功了。（5）牺牲者被奉为神明，永受香火。"他同时也提炼出了"工匠的绝招"这一类传说的基本情节模式："（1）泥瓦匠或者木匠认为，他受到了业主的亏待。（2）他在建筑中添加了一种有魔力的东西。（3）这个东西起作用了，业主受了损失。（4）这个东西被清除了，工匠受到损失。"爱伯华的著作对于"建筑牺牲者"类型的传说在源流上没有提出有益的见解，但对于"工匠的绝招"这一类传说，应当说他的见解是基本正确

① ［法］马塞尔·莫斯著，杨渝东译：《巫术的一般理论 献祭的性质和功能》，广西师范大学出版社 2007 年版，第 39 页。

的。他认为这种类型的传说"源出于人们的这一观念，即建筑中嵌入的东西影响住户的祸福。方法记载于《鲁班经》中，《鲁班经》的年代不详。汉朝，公元前100年左右，皇宫里埋入了据说可以使住户遭受损失的木偶。（《汉书》卷四十五和《汉书》卷六十六）。这故事当属此类。这一类型的基础至少可以追溯到这里，假如我们把建筑牺牲者看作预备阶段，那么可以把建筑牺牲者追溯到最古老的年代"①。他的著作中有一个重大的失误，即他所注明的"工匠的绝招"这一类型中出于《曹子建集Ⅰ》的内容无法对号检索。他在括号内注明的地名都是浙江的地名，而且他自己也写道："a—cy 源于浙江"，又："通过 cz 和 da 证明这一类型出现于18世纪末"②，而据笔者的查证，《曹子建集Ⅰ》中并没有这一类型的传说。其实在爱伯华的《中国民间故事类型》问世以前，其助手曹松叶就在《民俗》第108期上发表了《泥水木匠故事探讨》一文，该文是我国现代民俗学意义上第一篇专题研究工匠巫术的论文。该文将80余则传说按"恶作剧与暗算的原因、恶作剧暗算的方法、作怪、结果"四段列出，他指出了这些传说和《鲁班经》之间的关系，以及和习俗之间的关系，并且分析了传说中的显著点，文虽不长，但这篇文章在工匠建房民俗这一研究领域的开创作用是不言而喻的。③

　　日本学术界一直有研究我国文化的传统，他们对于汉文典籍的熟悉程度，有时甚至令我国学者汗颜。泽田瑞穗在《中国的咒法》一书中，广泛征引了中国古籍中关于工匠厌胜的材料，进行了较翔实的纵向梳理。他以史学家的眼光钩沉史籍，为工匠厌胜史的研究开创了良好的开端。④ 他考察了宋代以来的文人笔记和民间类书的材料，可谓用力甚勤。然而，他并没有结合这类巫术的生成、传播作出进一步的论述；同时，他所涉及的仅是工匠建房民俗系统中的一个类别。

　　国内学术界依然没有专题研究工匠建房民俗的著作，对于这一整体性的不可割裂的系统，学者们往往根据立论的需要，取其中一部分内容来分

---

① ［德］爱伯华著，王燕生、周祖生译：《中国民间故事类型》，商务印书馆1999年版，第163—173页。

② 同上书，第169、173页。

③ （民国）曹松叶：《泥水木匠故事探讨》，《民俗》第108期，第1—7页。

④ ［日］泽田瑞穗：《中国的咒法》，日本株式会社平河出版社1990年修订版。

析。张紫晨的《中国巫术》一书，其资料主要依托于全国各地的田野调查材料。① 他辟有"建房中的巫术"的专题内容，列举了苗族、普米族、彝族、侗族、哈尼族、基诺族建房中的巫术现象。值得肯定的是，他显然已经将工匠建房巫术视为巫术大系统中的一个子系统来看待了。

邓启耀著有《中国巫蛊考察》。这部出色的著作既注重历史文献的考证，也强调田野资料的分析。② 他将巫蛊的起源追溯至甲骨卜辞，从上古巫术中逐一梳理，结合文字学以及少数民族地区的巫蛊现象，勾勒出了巫蛊发展的历史。他在"损家宅坏风水"一节中延续了曹松叶和泽田瑞穗开创的学术传统。邓启耀的独到之处在于特别注重巫蛊信仰的当下性。他叙述的材料，不仅有知青生涯中的所见所闻，对巫蛊的亲身体验和现身说法，同时还追踪关于巫蛊的报道，其中如 1993 年的石狮子大战、1994 年的"木匠魇魅"纠纷等。由于他所关注的中心是巫蛊、魇魅之类的内容，所以从工匠建房巫术的研究来说，其范畴仍然在曹松叶和泽田瑞穗的传统之内，只是他作了历史的钩沉和当下的追踪，使其研究颇具特色。从方法论上，将历史钩沉、田野分析与当下追踪相结合，无疑是值得推崇和借鉴的。

以宏观视角来整体性研究民俗的学者显然也注意到了工匠建房巫术民俗的不可忽视。胡新生对古代巫术有着浓厚的探究兴趣，对于如此庞大、内容驳杂、时间漫长、地域宽广的文化综合体，他的《中国古代巫术》是一部较为厚重的作品。③ 这本书的特色是以汉文典籍为材料来源，辅之以一定的考古证据，将巫术分成若干类别，再加以文献分析，一边叙述一边发表评论，注重源流的考订。他梳理的几个内容，如"咒语的起源及演变"、"符箓的起源及演变"、"鸡禳法"、"埋石镇宅与石人辟邪风俗"、"厌胜钱的制作与运用"、"偶像祝诅术"等，对于研究工匠建房巫术是极有益的。

刘桂秋的《工匠"魇镇"——顺势巫术之一例》是一篇理论性的文章，该文以明清笔记中的一部分材料来分析工匠巫术现象，将这一巫术归

---

① 张紫晨：《中国巫术》，上海三联书店 1900 年版，第 207—216 页。
② 邓启耀：《中国巫蛊考察》，上海文艺出版社 1999 年版。
③ 胡新生：《中国古代巫术》，山东人民出版社 2005 年版。

入弗雷泽巫术理论中的个案。① 万建中从禁忌的角度来讨论工匠"魇魅"（厌胜）术，认为这是"转移式禁忌母题"的一种表现，对木匠厌胜术的研究颇具启示意义。对于这种巫术的原理，他依据的是弗雷泽提出的相似律。他说：

> 　　实际上，工匠们的这种"厌胜"术，乃是由原始巫术发展而来；同时，认为通过模拟的相似物便能使人致病招灾的观念，也是上古初民原始思维方式在后世人头脑中的遗存。弗雷泽在他的《金枝》一书中曾经指出：巫术所赖以建立的思想原则可分为两种形式：一种是"同类相生"，或结果相似于原因，称"相似律"；一种是"物体一经互相接触，在中断实体接触后还会继续远距离地互相作用"，称"接触律"或"感染力"。基于这两种规律而产生的两类巫术形式，前者称"顺势巫术"或"模拟巫术"，后者称"接触巫术"。我们这里所谈的禁忌正是"顺势（模拟）巫术"的一种，它是由原始思维的朴素联想发展而来，认为"彼此相似的东西可以成为同一事物"，因此，试图通过相似的模拟物，对屋宅主人施加巫术影响，因而使其招致灾祸。②

　　工匠建房民俗事实上伴随了建房的一整套程序。朱镇豪梳理了一些自仰韶文化时期以来的考古发掘资料，主要分析了上古时期建筑中的奠基仪式及其意义。③ 王小盾通过详实的考证对上梁"儿郎伟"的文体以及上梁仪式和社会风俗之间的关系进行了论证，他指出：上梁"儿郎伟"起源于驱傩"儿郎伟"，上梁仪式的目的在于驱邪求吉。工匠上梁时抛撒的米面等物其实最初的含义是抛给各方的鬼。④ 这一考证对于分析上梁仪式的巫术性质极为重要，因为上梁仪式经历了漫长的演化后，从当代的田野中

---

　　① 刘桂秋：《工匠"魇镇"——顺势巫术之一例》，《民俗研究》1989 年第 3 期。
　　② 万建中：《民间故事禳解禁忌的方式和禁忌之不可禳解》，《广西民族学院学报》（哲学社会科学版）2000 年第 7 期，第 51 页。
　　③ 朱镇豪：《中国上古时代的建筑营造仪式》，《中原文物》1990 年第 3 期。
　　④ 王小盾：《从朝鲜半岛上梁文看敦煌儿郎伟》，《古典文献研究》（第十一辑），凤凰出版社 2008 年版。

发现的资料呈现出一种假象——上梁仪式似乎是为了纯粹的娱乐。① 李峰整理了明代午荣编的《鲁班经》，对原典进行了注解，提供了有益的资料。② 杨立峰对滇南"一颗印"民居建造过程的关注显然已经不仅仅局限在纯粹的技术研究方面了，他记录了关于建房过程中涉及的民俗活动，并且对工匠及屋主在其中的角色、态度、他们对巫术的解释等都作了记录，并且是直接记录了木匠们的言语，是极有价值的关于当代滇南工匠建房民俗研究的材料。③ 欧阳梦以湖北省宣恩县老岔口村为例来研究土家族的建房习俗。她在论文中详细地记录了当地的建房习俗，再依照建房程序将其描述出来，这种在现代人类学、民俗学田野工作方法的理念下所收集整理的材料，无疑对于分析当代土家族民间建房习俗中对民俗的保存情况而言是非常有意义的参考资料。在论述部分她所采取的是仪式研究和文化内涵分析相结合的方法。仪典、戏剧、狂欢、体验、文化内涵、精神等构成了她在分析建房习俗的意义时所使用的关键词。她并没有集中来考察土家族建房习俗中种种文化符号的来龙去脉，而且巫术的意义也被仪式分析所遮蔽。当然，她的论述也是工匠建房巫术传播过程中发生变异的生动个案。④ 陈进国以历史人类学的视角来分析福建社会的风水信仰，他所呈现的福建客家人和闽南人的建造房屋的材料中，有大量的仪式内容，如上梁文、辞土文以及其他的巫术仪式中，可以清晰地看到工匠和风水先生、房主之间怎样密切配合，共同来完成建房巫术的各个环节。工匠在仪式中有着不可替代的作用，而且鲁班信仰、道教信仰以及术数学的许多内容都得到细致入微的描述。⑤ 当然，他是把建房民俗作为整体的风水研究的一部分来展开的，并没有对工匠民俗和各要素进行考论。事实上，并非所有的工匠建房民俗都属于风水学的范围，它们只是在目的上部分重合了。地方

---

① 一些建房民俗的调查报告正是这样来解释上梁仪式的意义的。

② （明）午荣编，李峰整理：《新刊京版工师雕斫正式鲁班经匠家镜》，海南出版社2003年版，第220页。

③ 杨立峰：《匠作·匠场·手风——滇南"一颗印"民居大木匠作调查研究》，同济大学博士学位论文，2005年12月。

④ 欧阳梦：《土家族建房习俗研究——以湖北省宣恩县老岔口村为例》，华中师范大学硕士学位论文，2007年5月，第8—41页。

⑤ 陈进国：《信仰、仪式与乡土社会：风水的历史人类学探索》（下），中国社会科学出版社2005年版，第410—434页。

性的个案调查与分析自有其学术价值，前辈学者的论述不但可以给工匠建房民俗的研究提供更多的材料，从而获得更为有力的支撑，而且这一类型的著述也为我们提供了一种地方性的视角。

本书将使用的材料分为五类：第一类材料是汉文古籍中的材料，本书尽量将那些对于考论至关重要的文献原文呈现。第二类材料是来自现代以来的民俗调查所记录的材料，这部分材料中，如《中国歌谣集成》内的一些歌谣，有的其实是属于祭祀神灵时的祷词，有的则是驱邪求吉的咒语，有的歌谣中叙述了建房的程序，自然包括了民俗的内容。在歌谣的附言里，往往还有调查者对建房民俗的补充性记录。《中国各民族原始宗教资料集成》中的资料也是较为珍贵的，这些资料记录了许多可以用来考论工匠建房民俗的文化遗留。明清以来记录的工匠建房民俗传说，以及关于建房习俗的解释性传说无疑不是客观意义上的真实作品，但这些在特定文化语境中具有信实性的散体叙事却最大程度地反映出民众对于工匠建房民俗的信仰心理，并且体现出工匠民俗在社会文化结构中的功能和意义。第三类材料是来自考古发掘的证据。第四类是国外人类学、民俗学家在著作中提及的材料。第五类材料是笔者分别于 2008 年 7 月、2008 年 12 月、2011 年 1 月至 2 月在云南楚雄彝族地区、西双版纳勐海县格朗和乡哈尼族村寨以及大理州巍山县紫金乡洱海村一带从事田野调查时获得的材料。

四　研究的目的、意义及方法

中国工匠建房民俗自产生至今已经有几千年的历史，是由人类自身创造的一种民俗传统。建筑工匠变为工人或工程师，专注于建筑技术是现代以来的事件，在更为漫长的人类历史演进过程中，建房工匠曾身兼巫师和技师两个几乎是同等重要的身份，因为他们不仅要在建造坚固、美观、舒适的房屋上耗尽心力，而且要施行各种仪式来对付那些会带来灾异的凶神恶煞、魑魅魍魉。当他们认为自身的巫力不足以胜任这一任务时，他们还要虔诚地向祖师、神仙祷告。工匠建房民俗在一些地区长期保持着原初形态，但是，工匠民俗历经长期的发展，吸收工匠祖师鲁班的神异传说，借助道教和术数学的知识，同时也继承了原初形态时的一些巫术观念，逐渐形成了自己的民俗经典。工匠们将这些民俗知识运用于建房过程中，由于历史上人口的迁徙、战争及贸易等造成的原因，有时又因工匠背井离乡从一个地区到另一个地区从事建筑活动，最终使得民俗知识不断传播到我国各地。这些民俗知识和当地本土巫术知识之间发生了交流，产生经典化的工匠建房民俗知识与地方民俗知识混合的巫术知识。本书的目的之一就在于描述这一工匠建房民俗知识形成、演变、传播的过程，追溯民俗要素的传统来源、原初意义和变异的结果，对于这一过程形成的原因，提出应有的解释。目的之二在于以工匠建房民俗传统作为整体性的人类民俗活动的个案，通过考论由泰勒、弗雷泽、马林诺夫斯基、涂尔干等人所建构的一系列理论，以个案研究来反向思考这些理论的优长与缺陷，从而试图获得民俗研究在理论上的突破。

正如在回顾学术史时所得出的结论那样，中国工匠建房民俗的系统化研究尚无开先河者。本书专题考论工匠建房民俗的源流，将弥补这一空白。为什么会产生这样一种系统化的民俗知识？又为什么人们会长期信仰这样的民俗知识？将其简单地视为迷信，嗤之以鼻，将不能对其有清楚的了解。要增进对人类自身的理解，连续性地看待人类文明的演进，既正视人类的文明成果，也正视人类曾有的误区。其实这些迷信和误区的背后，潜藏的是人类心理的深层次的焦虑和渴望。我们所见的表象下，还有巨大的冰山。据现有的资料，工匠建房民俗自仰韶文化时期以来，一直受到信仰，甚至在地域依然宽广的乡村社会，我们还是能看到它在当下的延续。从民俗研究的学术本体意义来说，系统化地考论工匠建房民俗，无疑是一个反思人类学、民俗学研究史的契机。学术界是否真的有了放之四海而皆准的民俗理论？笔者的看法是，目前看来，现有的民俗理论无法完美地解释民俗系统中的每一个要素，它们只具有解释部分要素的力度。此外，与工匠建房民俗相关的一些问题必须得到讨论，其中至少包括这样的几组关系：建房民俗与建房技术之间的关系；建房民俗与宗教之间的关系；经典化民俗知识与地方性民俗知识的关系。

对于文化事象的源流追溯式的方法论，有其不可置疑的优势。有学者曾说："要说明一个事物，最好的办法就是厘清它的源流，因为事物的本质是贯穿在发展过程之中的。"① 本书试图通过考证源流来解释文化现象，

---

① 王小盾：《从朝鲜半岛上梁文看敦煌儿郎伟》，《古典文献研究》（第十一辑），凤凰出版集团 2008 年版，第 131—132 页。

但同时也发现工匠建房民俗中一些现象是无法准确解释的。这也是文化研究中普遍存在的困境。格尔兹提出了一种方法论上的转型："就人类而论，如果我们放弃自然科学家会用于解释一群蜜蜂或一种鱼类的'行为的解释法'，转而进入对'文化的阐释'，那我们的境况会好得多。"① 从具体的操作方法上，阐释人类学提倡对文化事象进行深描。对于具体的田野调查，对于处于迅速变迁的当下社会，阐释无疑是较解释更为有力，但是，对于一种有着漫长历程并且有着丰富的文献资料可供参考的文化事项，考证式的解释是必需的。解释和阐释作为不同的方法论，适用于不同的研究对象，如果需要，那么就实现互补。本书所开展的研究试图将古籍文献记载和田野资料结合起来描述中国工匠建房民俗的源流演变，对于论述部分，则更多地采用人类学、民俗学的方法。

---

① ［美］包尔丹著，陶飞亚、刘义、钮圣妮译：《宗教的七种理论》，上海古籍出版社 2005 年版，第 322 页。

第一章　土地崇拜与工匠建房民俗

　　工匠建造房屋的过程中，动土是首要的环节。种种迹象表明，工匠建房民俗仪式从动土时就开始进入程序，动土仪式的巫术意义集中反映为：动土不是一种随意的建筑行为，土不可妄动，必须遵循择吉、献祭和驱除等原理，才能避祸得福，因为土地之中蕴含有某种不可见的神秘力量，诸如神灵、鬼魅，若有不慎，就会开罪它们。在原初形态的工匠建房民俗中，建房地点的选择必须通过巫术占卜来实现，人们认为只有服从神谕，才能找到建房的吉祥之地。傈僳族选择地基的占卜方法有贝壳、种子排位等多种不同的方法。种子占卜法的程序是将九粒种子平均分成三份，然后将它们分别种在三个不同的地方。他们将种子出齐或出不齐作为确定地基吉利或不吉利的征兆。不吉利的地方是不可以建房的。他们在《盖房调》中唱道："平坦的地方种苞谷，宽敞的地方点玉米，种后三月去看看，苞谷苗出土了，点后三天去瞧瞧，玉米叶片绿油油。我看着的是好地，我瞧着的是宝地，找到好地脉是姑娘的福气，找到好地基是老妹的运气。"此外，傈僳族对于动工的日子也要择吉。[①] 据笔者的调查，大理州巍山县紫金乡洱海村一带的白族民众在建房的过程中，主人家首先请地师选准方向，看看这里是否适合建房，再选择破土动工的日子，圆木的日子，竖房的日子。然后，再请泥瓦匠、石匠、木匠来帮忙建房。建房是一个技术和巫术紧密结合的过程。动土之前，主人家将盛有五谷的托盘交给泥瓦匠和石匠，由其中的领头师傅来破五土，撒五方。破五方的吉利话是：

---

　　① 云南省民间文学集成办公室、保山地区民间文学集成小组：《傈僳族风俗歌集成》，云南民族出版社1988年版，第229—271页。

接得主人一盘花，花是细粮成好看花；弟子破五方，一破东方甲乙木，东方出来满堂红；二破南方丙丁火，阴发子弟阳发财；三破西方庚辛金，盖得楼房再盖厅；四破北方壬癸水，五谷堆满仓；五破中央戊己土，保佑风水地脉旺；欢欢喜喜，喜喜欢欢；钱是乾隆皇帝钱，遍地撒金；两个包子交还主人家，生下儿孙做大官；你是官人他爹，她是官人他妈；风水地脉在你家，盖得房屋万年庄。

动土之前须念盖房动土吉利话：

今日黄道日，新开地灵阳基地；动土在东方，黄道动土开天地；家宅顺利保安康；勤俭劳建家宅好，满仓银库堆满仓。

追溯至古代文献的记载，春秋时期，向西边扩建房屋竟被纳入重大的忌讳之列。《论衡·四讳篇》云：

俗有大讳四。一曰讳西益宅。西益宅谓之不详，不详必有死亡，相惧以此，故世莫敢西益宅。防禁所从来者远矣。传曰：鲁哀公欲西益宅，史争以为不详。哀公作色而怒，左右数谏而弗听，以问其傅宰质睢曰："吾欲西益宅，史以为不详，何如？"宰质睢曰："天下有三不详，西益宅不与焉。"哀公大说，有顷，复问曰："何谓三不详？"对曰："不行礼义，一不详也；嗜欲无止，二不祥也；不听规谏，三不详也。"鲁哀公缪然深惟，慨然自反，遂不［西］益宅。[①]

如果说鲁哀公所遵循的关于益宅在方向上的禁忌尚且不能充分体现出土地崇拜对于建房的重要性，那么那些关于动土择日的禁忌则显得更加醒目。早在《论衡·讥日篇》中就曾提到，工匠经典将动土的时日禁忌作为一种重要的知识来记载：

工伎之书，起宅盖屋必择日。夫屋覆人形，宅居人体，何害于岁

---

① 北京大学历史系《论衡》注释小组：《论衡注释》第四册，中华书局 1979 年版，第 1364 页。

月而必择之？如以障蔽人身者神恶之，则夫装车、治船、着盖、施帽亦当择日。若以动地穿土神恶之，则夫凿沟耕园亦宜择日。夫动土扰地神，地神能原人无有恶意，但欲居身自安，则神之圣心必不忿怒。不忿怒，虽不择日，犹无祸也。如土地之神不能原人之意，苟恶人动扰之，则虽择日何益哉？①

在王充的记载中，世人曾广泛俗信动土的行为之下潜藏着死亡的威胁，所以依据五行相克的原理来辟除祸端，同时还要举行祭祀仪式。《论衡·谰时篇》曰：

> 世俗起土兴功，岁月有所食，所食之地，必有死者。假令太岁在子，岁食于酉，正月建寅，月食于巳，子、寅地兴功，则酉、巳之家见食矣。见食之家，作起厌胜，以五行之物悬金木水火。假令岁月食西家，西家悬金，岁月食东家，东家悬碳。设祭祀以除其凶，或空亡徙以辟其殃。连相效仿，皆谓之然。②

元代孔齐所撰《至正直记》卷四"大兴土木"亦称：

> 大兴土木必主不祥。盖土神好静，或动作则必不安，轻则工者仆役见咎，重则祸灾及主人。吾常见长官好兴土木修庙宇者，皆不得美任，虽未究其事理，亦劳民动众，俾土神不安之所致也。人家承祖父旧居最好，不得已则修葺无妨，然亦看《授时历》，前所定诸神煞方处处，合亦避之，此不可不信也。虽云东家之西即西家之东，然亦不可执而忽之，当详审耳。③

在《鲁班经》这部深受术数学浸染的工匠民俗经典中，多次提到了

---

① 北京大学历史系《论衡》注释小组：《论衡注释》第四册，中华书局 1979 年版，第1364 页。

② 同上书，第 1324 页。

③ （元）孔齐撰，庄敏、顾新点校：《至正直记》，上海古籍出版社 1987 年版，第 142—143 页。

动土仪式的择吉要领。《鲁班经》记载："动土平基：填基吉日，甲子、乙丑、乙卯、丁卯、戊辰、庚午、辛未、己卯、辛巳、甲申、乙未、丁酉、己亥、丙午、丁未、壬子、癸丑、甲寅、乙卯、庚申、辛酉。筑墙宜伏断、闭吉日。补筑墙，宅龙六七月占墙。伏龙六七月占西墙二壁，因再倾倒，就当日起工便筑，即为无犯。若俟晴后停留三五日，过则需择吉，不可轻动。泥饰垣墙，平治道途，瓮砌阶基，宜平日吉。"如果在不吉之日动土，会导致人生病，甚至招来盗贼。犯土皇会得疯癞、水蛊；触犯土符则会患浮肿水气；犯土瘟日会两脚浮肿；犯天贼日则会招来盗贼。《鲁班经》还说："论取土动土，坐工修造不出避火，宅需忌年家、月家杀杀方。"① 《鲁班经》对于动土平基的择吉和禁忌，受到了《玉钥匙》、《协纪辨方书》等术数学著作的影响。书中曾要求切勿和神灵相冲撞。如土符，是五土的掌管者。"五符者，乃土地握信符之神，使掌五土也。"② 《协纪辨方书》也记载了破土动工的禁忌日："青龙、明堂、金匮、天德、玉堂、司命，皆月内天黄道之神也。所值之日皆宜兴众务，不避太岁、将军、月刑，一切凶恶自然避之。天刑、朱雀、白虎、天牢、玄武、勾陈者，月中黑道也。所埋之方、所值之日皆不可兴土工、营房舍、移徙、远行、嫁娶、出军。"③

敦煌文献中有对土地之神祭献、祷告的记载，如 P.3281vb：又镇咒曰，一镇已后安吾心定吾意，金玉煌煌，财物满堂，子子孙孙世世吉昌，急急如律令。又咒曰，东西起土宅神攘之，南北起土宅神避之，贼害发动五神诃之，伏龙起土五神謇之，朱雀贼动五神安之。贵发三公无有病衰，皆酒脯食饭祭之，急急如律令。又安石镇咒曰，谨告地神，宅内众官，主人姓名，自宅居以来，未蒙福佑，今有厶事，请德良时吉日，以石若千斤，如法镇厌，一镇以后永享元吉，以酒脯祭之吉，仍（？）酒灌之，急急如律令。④ 从祭词的内容来看，土地之神有着护佑家宅的功能，可以通

---

① （明）午荣编，李峰整理：《新刊京版工师雕斫正式鲁班经匠家镜》，海南出版社 2003 年版，第 21—23 页。

② 同上书，第 240 页。

③ 《协纪辨方书》卷七，李零主编：《中国方术概观·选择卷》，人民中国出版社 1993 年版，第 252 页。

④ 陈于柱：《敦煌写本宅经校录研究》，民族出版社 2007 年版，第 177 页。

过礼物的献祭以及虔诚的祷告将人的愿望传递给神灵，从而获得庇佑。很
显然，土地之神在仪式中已经是一种人格化的神灵。至于《鲁班经》规
定的工匠动土规则，实在是土地崇拜对工匠建房民俗产生深远影响的例
证。敦煌文献中这种人格化并且温和的土地之神的观念以及《鲁班经》
中体系庞杂、和术数学交织在一起的民俗知识，毕竟是后起的事物。土地
崇拜导致的工匠建房民俗，最早可以追溯到仰韶文化时期以及后来的龙山
文化时期。那些上古时代的建房民俗行为，在现代的文明人看来，不仅仅
是荒唐可笑的，而且是野蛮、残酷和恐怖的，但这些行为又确实在人类民
俗史上客观地存在着，甚至成为人类从蒙昧时代进入野蛮时代的标志——
可憎的杀戮竟然是人类文化进程的标志之一，这已经是古典进化论学派所
详述过的观点了。

第一节　野蛮时代的血腥献祭及其遗存

半坡聚落遗址的发掘过程中，在房址西部的居住面下发现有建房时有
意埋入的带盖的粗陶罐一个，南壁下的白灰层中发现一个人头骨，人头骨
旁边有一个已经破碎的粗陶罐。[①] 河南永城王油坊遗址发掘过程中清理了
龙山文化时期的房基，在下层遗迹中发现房基内有人的遗骸，其中 T29 第
4 层一东西向墙内有三具儿童骨架，三具骨架头和墙一起面向东，无坟
圹，是筑墙之时有意埋入的人牲。中层遗迹中，发现在室内东北角的地基
内有三具相压的，为 25 岁至 35 岁之间的男性，可能均属非正常死亡，方
向是头北脚南，这些遗骸也无坟圹，显然是在筑地基时有意埋入的。上层
遗迹的房基中，在 T30 第 3A 层的一个圆角方形残房基的最底层发现长约
0.68 米、方向约 40 度的儿童骨架一具，无坟圹，可能是建房时有意埋入
的；T29 第 1 层东部的黄褐硬土内也发现了一具未见头骨、方向 255 度，
长约 0.7 米的儿童残骸一具，坟圹不清，可能与附近的房基有关。[②] 汤阴

---

①　中国科学院考古研究所编辑：《西安半坡——原始氏族公社聚落遗址》，文物出版社
1963 年版，第 18 页。

②　中国社会科学院考古研究所河南二队、河南商丘地区文物管理委员会：《河南永城王油
坊遗址发掘报告》，载《考古》编辑部：《考古学集刊》第五集，社会科学文献出版社 1987 年
版，第 81、84 页。

白营河河南龙山文化村落遗址发掘过程中，发现了大、小两种柱洞。在填土中或贴房基墙外，都发现了小孩罐葬，分三种葬式。在房基居住面下的填土中、墙外和门口的一侧发现埋有大蚌壳，是建筑中的一种习俗；在F65 房基第三层居住面东南外墙下发现了一个头南脚北、仰身直肢的小孩罐葬。①

　　1979 年安阳后冈遗址发掘过程中，发现属于龙山文化时期的灰土或房址垫土中有二十七座儿童墓葬，其中十座无葬具，十七座为翁棺葬。死者多为 1—5 岁之间的幼童，葬式分仰身直肢、仰身屈肢、侧身直肢和俯身直肢四种。这些儿童被埋的位置有房基、室外堆积或散水下、墙基下、泥墙中，一般情况下，埋在室外堆积或散水中的孩童头朝向房屋，埋在墙基下或泥墙中的孩童的墓圹一般与墙平行。埋在柱洞中的孩童是为立柱仪式而埋葬的，由于立柱时的重压，导致孩童的残骸中凹而下肢上翘。埋在墙基下的孩童皆为女性，头向南，墓口皆在墙基垫土下，坑底则挖在房基垫土中。埋在泥墙中的三名幼童有的配有葬具，他们是在建房的过程中被埋葬的，其埋葬次序是：先垫房基土，接着埋入两名幼童，然后筑墙，筑墙过程中又埋入另一名幼童。在散水下的幼童，有葬具，头向西南。埋葬西墙和北墙外的四个幼童的顺序是：首先在建房地面的生土上埋上三名幼童，在坑口上垫一层房基土，又埋入一个幼童，在坑口垫上一层房基土，最后再垒墙。② 报告的作者指出："在这次发掘中，共发现十五座房址下或其附近埋有儿童骨架，这些儿童是在建房过程中埋入的，最多的一座房址下埋有四个儿童。显然这些儿童是非正常死亡的，而应是在建房过程中进行某种宗教迷信活动时的牺牲。用人或牲畜作为祭祀活动的牺牲，过去曾在一些龙山文化遗迹中有所发现。但是在房基下大量用幼童作为奠基的牺牲现象，在我国原始社会遗址中还是首次发现。它反映了作为原始宗教活动的重要形式——祭祀，在龙山文化时期已经盛行。不过它和奴隶社会时期大量使用成年战俘或奴隶作为牺牲不同，其牺牲对象主

---

① 河南安阳地区文物管理委员会：《汤阴白营河河南龙山文化村落遗址发掘》，载《考古》编辑部：《考古学集刊》第三集，社会科学文献出版社 1983 年版，第3、6页。

② 中国社会科学院考古研究所安阳工作队：《1979 年安阳后冈遗址发掘报告》，《考古学报》1985 年第 1 期，第 51—54 页。

要是幼童。"①

河南登封王城岗龙山文化二期遗址内发现的十三个夯土坑内有层层夯打的建筑祭祀残骸，各层内发现的成人和儿童骨架从一至七个不等。如一号夯土坑深 2.66 米，里面残存的夯土达二十层，近底部的土层中发现七个人骨架，从坑底向上数第三层埋有一个儿童，第四层埋有成年男子，第五层则是成年男女各一，第六层填有一个青年女性和两名儿童。这些残骸大部分头东脚西，个别是头南脚北。②

郑州商代遗址发掘过程中，发现一座房基下埋有两个儿童和一只狗的遗骸；另一座房基下埋有和房基方向一致的三个儿童和三个成人的遗骸。③ 河南偃师二里头早商宫殿遗址发掘过程中，在宫殿台基上面发现墓葬十座，按遗骸的特征，其中一些有被捆绑的倾向；殿堂南面西起第二檐柱外的遗骸仰身直肢、足高头低，是填土夯打造成的结果；南墙基内侧柱子洞之间的墓穴内有木板灰和半个陶盆，填土的时候经过夯打，墓穴内未发现遗骸。④ 在河南安阳市所发掘的殷代建筑遗存中，发现在夯土围墙房子周围埋着许多小孩陶棺，埋葬似乎有一定的顺序；同时，在奠基坑 F8 的坑底中部发现有东西并列、头顶向南、面均朝向下的两个人头骨，西边的头骨下还压有一块肋骨和一枚牙齿，两个头骨很薄，据推测，这是两个儿童的头骨。⑤ 郑州商代城遗址发掘过程中，在商代二里岗期上层房基叠压商代城墙的房基中部发现一具完整的人骨架和一个人头，据推测，死者的身份是奴隶，似被捆绑而埋；另外房基北壁下，埋有猪骨架，据推测，人和猪是建房过程中用于奠基的。商代二里岗期上层城墙内还发现了大量的殉狗坑，殉狗坑内同时发现人骨，狗和人都是奴隶主祭祀时杀害的；西

① 中国社会科学院考古研究所安阳工作队：《1979 年安阳后冈遗址发掘报告》，《考古学报》1985 年第 1 期，第 83—84 页。

② 河南省文物研究所、中国历史博物馆考古部：《登封王城岗与阳城》，文物出版社 1992 年版，第 38—42 页。

③ 河南省文物工作队第一队：《八个月来的郑州文物工作概况》，《文物参考资料》1955 年第 9 期。

④ 中国科学院考古研究所二里头工作队：《河南偃师二里头早商宫殿遗址发掘简报》，《考古》1974 年第 4 期，第 238 页。

⑤ 中国社会科学院考古研究所编著：《殷墟发掘报告 1958—1961》，文物出版社 1987 年版，第 14、19 页。

城墙 CWT2 内的方形殉狗坑的四角各埋了一只狗，也是祭祀中的祭品。①

　　河南柘城孟庄商代遗址发掘过程中，在夯土中发现一具距地表深 1.1 米、向下约 0.3 米到生土的人骨架。这具骨架为 17—18 岁的女性，俯身直肢，双手蜷曲朝上，掌心骨被压在胸骨下，头向西，方向 270 度，有被绳子捆绑的痕迹，据估计，死者是建房时用来奠基的牺牲。② 河北藁城台西村商代遗址的发掘过程中，在一些房屋的四周、门侧、地基内以及柱础下发现用牲畜、人头和幼儿作为牺牲的遗骸残存物。③ 1976 年春小屯北地的发掘中发现一名站立在室内柱洞中的幼童，头向上，脚朝下。④ 商代甲骨文中出现了以犬、猪和羊来作为建筑奠基仪式中的祭品的现象，如庚戌卜，宁于四方，其五犬（南明 487）；乙亥卜，贞方帝一豕四犬二羊（甲 3432）⑤ 据《中国文物报》1990 年 2 月 22 日报道，新挖掘出的殷墟宫室遗址中的北排房中间门道西侧埋着两个东西排列的大陶罐；一道门的西侧发现有三具被砍头的人骨架，头朝东方，还配有陪葬品。"诸迹象表明，前者可能与宫室建造仪式中的正位或置础有关，后者祭祀坑可能属之安宅魇胜的遗迹。"⑥

　　这些以人、动物等来作为牺牲的建房民俗行为，其巫术目的是很明显的。有学者反复指出这种巫术的目的在于安宅，其中一些仪式是为了祭祀地神而举行的。⑦ 还有一种观点说，这种祭祀行为是将人和动物的作用混同在一起，"人祭是指杀死活人作为供奉给神灵、祖先'食用'的牺牲，作为祭品的人和作为祭品的狗、猪等畜生的用途一样"。⑧ 这一观点的前提是，人类早期确实存在着吃人的习俗。这一推论再向前就

---

　　① 河南省博物馆、郑州市博物馆：《郑州商代城遗址发掘报告》，载文物编辑委员会编：《文物资料丛刊》第一集，文物出版社 1977 年版，第 15、18 页。

　　② 中国社会科学院考古研究所河南一队、商丘地区文物管理委员会：《河南柘城孟庄商代遗址》，《考古学报》1982 年第 1 期，第 53—54 页。

　　③ 河北省博物馆、河北省文管处台西发掘小组：《河北藁城县台西村商代遗址 1975 年的重要发现》，《文物》1974 年第 8 期。

　　④ 杨宝成、徐广德：《1979 年安阳后冈遗址发掘报告》，《考古学报》1985 年第 1 期，第 84 页。

　　⑤ 朱镇豪：《中国上古时代的建筑营造仪式》，《中原文物》1990 年第 3 期，第 96 页。

　　⑥ 同上书，第 98 页。

　　⑦ 同上。

　　⑧ 王磊：《试论龙山文化时代的人殉和人祭》，《东南文化》1999 年第 4 期，第 22 页。

得出：因为人类社会曾存在着吃人的习俗，所以神灵或邪魔也会吃人；埋下的装饰品也是出于同样的推论，即神灵或邪魔也和人一样需要装饰物。为了侍奉神灵，讨好神灵，所以才有了填埋人、犬、猪、大蚌壳的巫术行为。

在建房的起步阶段血腥地使用牺牲不是中国仅有的习俗，世界上许多地区都曾有过这样的野蛮行为，泰勒在《原始文化》一书中就大量罗列了这方面的例子来论说什么是"文化遗留"。从他所举的例子中，我们可以对建筑奠基行为获得更为宽广的观察视野。他写道，苏格兰流行以血浇灌建筑基础的迷信；传说，圣柯龙巴认为必须把圣奥兰活埋在寺庙的地基下，是为了用活人来安慰地下会在夜间毁掉建筑的妖魔；1843 年的德意志的民间认为必须在建桥时将一个男孩埋在桥基内，人们迷信以人血或埋人的方式可以使墙和桥基础坚固；1463 年修建村庄诺加特的堤时，据说埋入了一个被灌醉的乞丐；丘林根传奇中说，石匠们为了达到使城堡墙建得坚固而不可攀越，所以在墙内砌入了一个花高价买来的男孩；传奇说，哥本哈根城城墙因为几次随建随倒，所以将穹窿造在一个小女孩的身上，从此，墙就稳固了；斯拉夫的大公们驱逐人们，其目的是为了将捉住的第一个孩子砌在墙内；塞尔维亚传奇中的石匠三兄弟建斯加得拉城堡，将小弟弟的妻子砌在墙内来慰藉毁坏他们建造成果的妖魔；德意志民间有建新房前埋一只猫或狗进去的迷信；在非洲的加拉姆，为了建筑的稳固，通常在正门前活埋一个男孩或姑娘；米拉纳乌的达雅克人在建造大房子前，将一个女奴放在要立第一根柱子的深坑里，让落下的柱子活活砸死；一个17 世纪的日本故事说，建筑大墙时，一个奴隶被重石砸死在坑中来防止各种不幸等。①

泰勒显然是怀着极度的愤慨和震惊来叙述这些丑恶的文化遗留的，当然倡导建设文化科学的泰勒仍然没有忘记理性地归纳这种血淋淋的奠基仪式的目的。他说："这一切都迫使我们承认，我们面前不只有时常重复和改变的神话主题，而且有在口头和书面的传说中保留下来的关于血腥的野蛮仪式的回忆，这种仪式不仅在古代实际存在，而且在欧洲历史上也曾长期保持。假如我们观察一下文化较低的国家，我们就会发

---

① ［英］泰勒著，连树声译：《原始文化》，广西师范大学出版社 2005 年版，第 83—86 页。

现，这种仪式保持到现在并且十分明显地具有这样的目的：或者用牺牲来慰藉地上的妖魔，或者把牺牲本身的灵魂变为庇护的鬼神。"① 泰勒从旅行家那里得到的事例以及从传奇中追溯的事实，以及我国考古学者在仰韶文化和龙山文化时期的考古发掘和分析，无可辩驳地证明了以人和动物作为牺牲的建筑奠基仪式的普遍性。关于这种仪式的巫术目的，还可以参考法国学者的研究结论："例如，在建筑献祭中，一个人要为正在建造或将要建造的房屋、祭坛、城镇创造一个护卫精灵，并成为该建筑里面的力量。因此敬献的仪式就发展出来了。人祭的头骨、公鸡或者猫头鹰的头颅，就被埋进墙里。同样，根据建筑的特性，是神庙、城镇、还是仅仅一幢房子，牺牲的重要性也不同。根据建筑已经建好还是将要兴建，献祭的目的将是创造精灵或创造保护神，或安抚建筑将要伤害的土地之灵。"② 献祭要平息的是拥有该土地的精灵的愤怒，有时则是平息建筑本身的愤怒。③

现在我们可以肯定地说，仰韶文化时期和龙山文化时期所填埋的大量婴儿、少女、成年男女以及动物、饰品等，其巫术意义绝不是当工匠民俗发展到可以通过各种咒语来控制神秘力量时的主观自信，也不是借助术数的推算、预测之学来趋吉避凶时的胸有成竹，而是对神灵、恶魔的奴隶式的屈服和侍奉。"当然，意识起初只是对周围的可感知的环境的一种意识，是对处于开始意识到的个人以外的其他人和其他物的狭隘联系的一种意识。同时，它也是对自然界的一种意识，自然界起初是作为一种完全异己的、有无限威力的和不可制服的力量与人们对立的，人们同它的关系完全像动物同它的关系一样，人们就像牲畜一样服从它的权力，因而，这是对自然界的一种纯粹动物式的意识（自然宗教）。"④ 正是因为在这样的思维支配之下，远古人类才会残忍地杀害同类来慰藉神灵、邪魔之类的神秘力量。

关于建筑中用人献祭，还可以举我国四大民间传说之一的孟姜女传说

① ［英］泰勒著，连树声译：《原始文化》，广西师范大学出版社 2005 年版，第 85 页。

② ［法］莫斯等著，杨渝东等译：《巫术的一般理论——献祭的性质和功能》，广西师范大学出版社 2007 年版，第 218 页。

③ 同上书，第 283 页。

④ 《马克思恩格斯全集》第 3 卷，人民出版社 1960 年版，第 35 页。

在历史演变中的一些特点作为有力的证据。孟姜女的传说最早的源头说的其实是一个极懂礼法的齐国妇女悼念战死的丈夫杞梁的事，但是在唐代诗人贯休的诗中，却出现了杞梁为秦始皇修长城时被筑入城墙的内容，这一内容成为后世孟姜女传说悲剧性演变的重要依据之一。① 据顾颉刚先生的研究，后世的孟姜女传说中出现了一种现象：孟姜女丈夫的死亡和厌胜的巫术习俗紧密相连，他是被筑在城墙中作为厌胜品的。不妨将顾颉刚先生关于孟姜女传说与厌胜习俗之间关系的论述摘抄下来：

> 清宣统二年（一九一〇），上海推广马路，开至老北门城脚，得一石棺，中卧三尺余石像，当胸镌篆书"万杞梁"三字。上海的城是嘉靖三十二年（一五五三）筑的，这像当是筑城时所凿。筑城时何以要筑这一个像，这不得不取《孟姜仙女宝卷》的话作解答。宝卷上说秦始皇筑长城，太白星降童谣，说："姑苏有个万喜良，一人能抵万民亡；后封长城做大王，万里长城永坚强"；于是秦始皇下令捉他，筑在城内。这是江苏的传说，为的是太湖一带"范"和"万"的音不分，范姓转而为万，又加上了厌胜的信仰，以为造长城要伤一万生民，只有用了姓万的人葬在城墙内才可替代。上海既在这个传说的区域之内，筑城的年代又正值这件故事风靡一时，各处都造像立庙的时候，所以就凿了石像埋在城底，以求城墙的坚固。在这个传说里，说万喜良是苏州人，孟姜女是松江人。这也是现在最占势力的传说。②

---

① 顾颉刚先生说："最早见的，是唐末诗僧贯休的《杞梁妻》：秦之无道兮四海枯，筑长城兮遮北胡。筑人筑土一万里，杞梁贞妇啼鸣鸣——上无父兮中无夫，下无子兮孤复孤。一号城崩塞色苦，再号杞梁骨出土。疲魂饥魄相逐归，陌上少年莫相非！（见《乐府诗集》卷七十三，尚未检他的《禅月集》）这诗有三点可以惊人的：（一）杞梁是秦朝人。（二）秦筑长城，连人筑在里头，杞梁也是被筑的一个。（三）杞梁之妻一号而城崩，再号而其夫的骸骨出土。"见顾颉刚编著：《孟姜女故事研究集》，上海古籍出版社 1984 年版，第 14 页。此外，贯休在《禅月集》中的《杞梁妻》内容是："秦之无道兮四海枯，筑长城兮遮北隅。筑人筑土一万里，杞梁贞妇啼鸣鸣——上无父兮中无夫，下无子兮孤复孤。一号城崩塞色苦，再号杞梁骨出土。疲魂饥魄相逐归，陌上少年莫相悔！"两首诗虽稍有相异，但关于杞梁死于筑长城，杞梁贞妇哭倒长城的内容确实一致的，特记于此。参见（唐）释贯休撰：《禅月集》卷一，文渊阁四库全书本。

② 顾颉刚编著：《孟姜女故事研究集》，上海古籍出版社 1984 年版，第 34—35 页。

他们说崩的城是齐城，贯休之误是由于不考《列女传》。①

这些传说有两点是该注意的：其一，万喜良和孟姜女的本体就是神仙，不像他处的传说必须死后成仙或神人投胎；其二，是把这件故事落在厌胜的模型里，不像别的地方说范郎因私逃被杀或体弱病死而筑在长城内的。厌胜的传说，浙江一带都很流行。就绍兴说，明知府汤绍恩在三江筑应宿闸不成，梦神告需用木龙血胶合；正踌躇间，忽见一学童的书包上署名莫龙，顿悟神语，执置之石下，闸基乃固；后在闸旁立莫龙庙祠他。近年造沪杭甬铁路到曹娥江，预备筑铁桥，适见教育厅调查学龄儿童，一时谣言蜂起，说凡是调查到的儿童都要填塞在桥底的。因为有了这种背景，所以这件故事也就跟着变了。②

秦朝的余杭人范启忠与赵高不睦，死后其妻蔡氏继逝，单传得一子纪良，在家里读书。始皇要造万里长城，赵高借此报仇，说长城工程浩大，需伤百姓万人；范纪良是一个奇异之人，若得他祭禳，可抵万人之用。始皇准奏，令蒙恬前往捉拿。③

李斯奏请郊天祭地，赐万喜良王爵，封为"长城万里侯万王尊神"。始皇从之，亲往致祭（祭文上写"正统十年"。)④

又如范郎筑在城内，最早的记载不过说他逃避工役，故处死填城。后来为了解释他何以处死填城之故，或说万喜良自愿替代万民灾难；或说仙人有意降下童谣，说只有他能抵万人生民；或说赵高和他父亲不睦，故意要杀他祭禳长城。因为各人有解释传说的要求，而各人的思想智识悉受时代和地域的影响，所以故事中就插入了各种的时势和风俗的分子。⑤

墙中之小棺：浦江清云："《野获编》中记有于城墙中得小棺甚多，谓是僬侥国人。此或是为'厌胜'者，如范杞梁之类。"此说甚是，当检之。⑥

---

① 顾颉刚编著：《孟姜女故事研究集》，上海古籍出版社 1984 年版，第 35 页。

② 同上书，第 56 页。

③ 同上书，第 57 页。

④ 同上书，第 61 页。

⑤ 同上书，第 71 页。

⑥ 同上书，第 292 页。

从顾颉刚先生的论述中，我们看到了更多关于以人厌胜的民俗信仰在中国社会确实存在以及影响深远的证据。他认为，孟姜女之夫被用于厌胜的情节是因为传说受到了风俗影响的缘故，这种将传说置于文化背景中进行研究的方法实在令人钦佩。顾颉刚先生曾说："赫连勃勃筑统万城，铁锥刺入一寸，即杀作人而并筑之，此大概是贯休诗所谓'筑人筑土'者，与孟姜女故事不无关系。"① 他所观察到的其实是见于《北史·列传第八十一》中的屈丐在监督工匠筑城时暴虐无情、杀人如麻的历史记载。屈丐令工匠筑城，如果工匠们所筑的城能被铁锥刺进一寸，那么他就残忍地将工匠杀死，然后筑入墙内。② 三国时人陈琳有诗句说："君不见长城下死人骸骨相撑拄！"③ 可以说，贯休的诗句中"筑人筑土"的内容应和这一类残暴不仁的社会现象有关联。但是，根据考古发现对建筑厌胜习俗的证实，笔者认为可以作出大胆的推测，即孟姜女传说中有关厌胜习俗的渗入可能更早，即在唐以前就开始渗入了，不过，这只是推测而已。本书所要进一步考论的是，在建造程序中，将人作为献祭品的目的何在。

正如泰勒所叙述的例子中所说的那样，人牲或动物作为奠基的目的尽管是为了慰藉地神或创造庇护的鬼神，但是，奠基巫术所要达到的现实的目的是为了建筑的牢固，建筑工匠将建筑物倒塌的原因不是按现代文明人的逻辑归咎于技术上的低劣和粗糙，而是归咎于神灵的愤怒。那么，就需要考量技术和巫术之间的关系。是否就能得出结论说，正是对巫术的愚昧的崇拜，所以才阻碍了技术的进步？巫术是阻碍文明进步的敌人，似乎正符合文化进化论逻辑推理的需要。考虑到在巫术盛行的时代，依然有大量建筑史上的奇迹——如神庙、坟墓和宫殿等存在，笔者认为不能就此确定巫术和技术之间的关系。马林诺夫斯基对巫术的独到见解是建立在现代人类学田野工作的基础上的，他说："巫术从没有被用来代替工作。……就在这无能为力的一部分，他们才诉之于巫术。"④ 应该说，确实存在巫术阻碍技术进步的情况，但并非总是那样。巫术和技术可以同时登场，并行不悖，这就是原始文化的真相。巫术有时甚至会促进技术进步，因为巫术

① 顾颉刚编著：《孟姜女故事研究集》，上海古籍出版社1984年版，第290页。
② 周国林分史主编：《北史》第四册，汉语大辞典出版社2004年版，第2050页。
③ 顾颉刚编著：《孟姜女故事研究集》，上海古籍出版社1984年版，第15页。
④ [英]马林诺夫斯基著，费孝通译：《文化论》，民间文艺出版社1987年版，第61页。

的施行可以给人以心理上的自信，譬如说，如果没有对地神或建筑精灵的慰藉，人类恐怕无法迈出建筑的第一步：因为土地甚至建筑本身属于神灵和邪魔，对它们的侍奉才让人类敢于动土，敢于建造。

第二节　土地之灵的人格化演变与动土仪式

土地崇拜与工匠建房民俗之间的关系并未停留在以人、动物等来慰藉神灵、邪魔的阶段上，而是随着土地崇拜的内涵不断丰富、工匠建房民俗的不断发展而变化着的。虽然《鲁班经》详细规定了择吉动土的日期，但是动土往往不是工匠独立完成巫术过程，而往往有地师或风水先生，甚至还有新房主人的密切配合。工匠建房巫术的其他仪式也有非工匠人员的参与，然而，工匠毕竟是建房巫术仪式中的主体。动土仪式中的工匠巫术主体性则相对弱化，由于仪式参与者的多元化，使得工匠在仪式中处于多元主体中的一元，他们的巫术指向却始终没有脱离对土地的崇拜。比如说择吉，云南通海的工匠们也掌握了一些择吉知识，但如果要准确，则要请地师去看。[①]事实上，地师所依据的就是在民间广为流传的通书。作为乡村知识分子，地师们所拥有的文化知识使得他们在村落生活中扮演着堪舆风水及择吉的角色，由于工匠和地师之间在建房程序中的密切关系，一些风水知识和择吉知识也为工匠所掌握，只是从现有的民俗调查资料来看，地师和工匠之间确实存在着不同的分工。鉴于风水知识和工匠民俗知识毕竟属于相互交叉却又可以将其区分为二的两种知识体系，我们还是将视线集中在工匠所扮演的角色上来讨论问题，同时也略微涉及其他民俗参与者。

福建地区建造新房之前，首先由民间风水先生来勘察地基，选择风水宝地，并确定动土吉日。闽南人的动土仪式中，风水先生将由东家准备好的两根具有符号意义的新杉木，分别插在房基地中轴线前后。这时泥水匠登场，他们大约在房基后厅位置插上"土地公神位"或"福德正神"的牌位。这样的牌位象征着神灵，是将要祭祀的对象。祭品由东家来准备，

---

　　① 杨立峰：《匠作·匠场·手风——滇南"一颗印"民居大木匠作调查研究》，同济大学博士学位论文，2005年12月，第16页。

由东家向天公、土地公、地基主祷告、献祭。在有的情况下，土地公的祭祀是在动土之后插上土地公牌位，然后泥水匠唱颂土地祝文。一则祝文是："日吉时良天地正，五方土地安自在。二十四山行大利，帮助宅主是应该。"另一则是："五谷下种来，大厝坐正龙，人丁真昌盛，子孙万年兴。"客家人中也有祭祀土地龙神、土地公或地主的习俗。泉州的起基仪式中，由风水先生来指导工匠确定方位。据闽南的一位风水先生介绍，择日下基时，要将丰盛的祭品放在八仙桌上祭祀天公、土地公和地基主等神灵。晋江一带的石匠或泥师在定好石磉之后，要念诵祝文："一开地基，千年富贵；二开地基，百年兴旺；三开地基，人丁大旺千万口，代代科甲美名扬，流芳千古人赞赏。"① 在上梁仪式之后，风水先生、建房工匠、东家和土地之神及其他神灵之间还未曾了结关系，还需举行"谢土／辞神仪式"，闽南工匠要念"辞土文"或"送神辞"。惠安县山霞镇东坑村一带的"辞土文"说："维共和岁次×年×日×时×省×县×镇×村信士××谨备牲礼、果蔬、酒馔、香烛、寿金等祭品，恭迎福德正神及本宅地基主驾临，信男自×年×月×日×时兴土动工，至×年×月×日×时，历经×年×月时间之修造，现已全部竣工，因恐修造期间工匠不慎惊犯神祇，信男特备祭品于尊前，仰蒙厚德宽佑，进宅万事大吉，居家财丁两旺，伏希尚享，此求此祈。"②

从福建建房仪式中工匠对与土地相关的神灵进行献祭的过程中，可以看到他们所祭祀的神灵已经是可以通过献祭和祷告来建立和谐关系的神灵，也就是拥有了人格的神灵，已经不同于仰韶文化和龙山文化时期的土地那样阴森恐怖。在历史的时空序列中，人格化的土地神的出现实在是经历了漫长的演变。

人类时常将大地喻为母亲，但可以想见，不是所有的远古人类都在同一程度上崇拜土地。"由于各地自然条件和生物种类不同，各地对自然的崇拜也千差万别，如猎人和山居部落突出崇拜山神和树神，农业部落突出信仰水神和地神；沿海居民则虔诚地崇拜大海。"③ 农耕民族确实对土地

① 陈进国：《信仰、仪式与乡土社会：风水的历史人类学探索》（下），中国社会科学出版社 2005 年版，第 412—417 页。
② 同上书，第 424—425 页。
③ 宋兆麟：《巫与巫术》，四川民族出版社 1989 年版，第 75 页。

的依赖较其他狩猎或渔猎民族要强，而华夏民族是较早进行农耕定居的民族。《释名·释地第二》解释说："地，底也，其体底下载万物也。亦言谛也，五土所生莫不审谛也。《易》谓之坤。坤，顺也，上顺乾也。土，吐也，吐生万物也。"① 土地包藏万物，是和天一起受到尊崇的至高神灵。《说文解字》对地的解释则是受到"混沌说"的影响："地，元气初分，轻清阳为天，重浊阴为地，万物所陈列也。""土，地之吐生物者也。二象地之下、地之中，物出形也。凡土之属皆从土。"② 土地上承载着万物，这就是先民对于土地的初次体认，她的宽广无垠，不用说是难以以现代交通工具游历而只能通过传说及想象来描述土地的初民，就是某些现代人，也对大地充满敬畏之情。

初民并不认为他们是大地的主人，在大地面前，人类显得渺小、虚弱。直到中国文化史上出现了"社"，人们开始有了明确的祭祀对象，因为"社"就是大地之主。《说文·示部》："社，地主也。……《春秋传》曰：'共工之子句龙为社神。'《周礼》：'二十五家为社，各树其土所宜之木。'"③ 社神在中国文化史上的地位极高，因为"社神与人民关系之密，实胜于上帝多多"。④ 初民对于上天是遥不可及的臣服和敬畏，而对于地则是紧密相连的亲近和依恋。人要遵从天的法则，服从天命；人从大地上获取生存资源，大地对人有活命的恩德。《礼记·郊特牲》："社，所以神地之道也，地载万物，天垂象，取财于地，取法于天，是以尊天而亲地也，故教民美报焉。家主中霤而国主社，示本也。（注：中霤，亦土神也。）"汉代经学家郑玄为《礼记》作注时说："国中之神，莫贵于社。"⑤土地又分五土，社即是五土之总神。与社神同时受到祭祀的还有稷神，社是五土之神，稷是五谷之神。《礼记注疏》："《孝经》曰：'社者土地之

---

① （清）王先谦撰集：《释名疏证补》，上海古籍出版社1984年版，第52页。

② （汉）许慎撰，（宋）徐铉校定，王宏源新勘：《说文解字》（现代版），社会科学文献出版社2005年版，第763页。

③ 同上书，第7页。

④ 杨宽：《中国上古史导论》，《古史辨》第七册上编，上海古籍出版社1982年版，第128页。

⑤ 《十三经注疏》整理委员会整理：《礼记正义》，北京大学出版社2000年版，第917—918页。

主，土地广博，不可遍敬，故封土以为社。'"① 据今人的考证，稷出现于周代。"殷人只有社而无稷。"② 孔颖达疏《礼记·郊特牲》中"社祭土而主阴气"一句是说："'社祭土而主阴气'者，土谓五土，山林、川泽、丘陵、坟衍、原限也，以时祭之，故云社祭土。土是阴气之主，故云'而主阴气'也。"③ 社神有其名。郑玄为《礼记·月令》作注时说："社，后土也，使民祀焉。神其农业也。祀社日用甲。"④《礼记·祭法》记载的社神后土是一位神话中能平定九州的文化英雄，他是共工之子："夏之衰也，周弃继之，故祀之以为稷。共工氏之霸九州也，其子曰后土，能平九州，故祀之以为社。"⑤ 后土被封为社神的事迹，在《国语·卷四·鲁语上》中也有记载："共工氏之伯九有也，其子曰后土，能平九土，故祀以为社。"⑥ 周代的祭祀礼仪中，社神后土受到隆重的膜拜。《周礼·春官宗伯·大祝》："建邦国，先告后土，用牲币。（注：后土，社神也。）"⑦ 后土不仅仅是社神，五行观念的兴起，使得后土被尊为五行神之一，但后土神在五行中地位最高，为五行之主。《礼记·月令》："中央土，其日戊己，其帝黄帝，其神后土。其虫倮，其音宫。"⑧《左传·昭公二十九年》列出了五行神的名号：

> 社稷五祀，是尊是奉。火正曰祝融，金正曰蓐收，水正曰玄冥，土正曰后土……共工氏有子曰句龙，为后土（孔疏云：祭法曰："共工氏之霸九州也，其子曰后土，能平九州，故祀以为社。"能平九州，是能平水土也。言共工有子，谓后世子耳。亦不知句龙之为后

---

① 《十三经注疏》整理委员会整理：《礼记正义》，北京大学出版社 2000 年版，第 992 页。
② 陈梦家：《殷墟卜辞综述》，科学出版社 1956 年版，第 583 页。
③ 《十三经注疏》整理委员会整理：《礼记正义》，北京大学出版社 2000 年版，第 918 页。
④ 同上书，第 552 页。
⑤ 同上书，第 1524 页。
⑥ 上海师范大学古籍整理组点校：《国语》上册，上海古籍出版社 1978 年版，第 166 页。
⑦ 《十三经注疏》整理委员会整理：《周礼注疏》，北京大学出版社 2000 年版，第 792 页。
⑧ 《十三经注疏》整理委员会整理：《礼记正义》，北京大学出版社 2000 年版，第 601—602 页。

土，在于何代。），此其二祀也。①

《吕氏春秋·纪夏纪》曰："中央土，其日戊己，其帝黄帝，其神后
土……"② 董仲舒在《春秋繁露》中所说的土，乃是五行之主："金木水
火虽各职，不因土方不立……土者，五行之主也。"③《淮南子·时则训》
中的五帝和五行神管理着四方和中央：

> 五位：东方之极，自碣石山过朝鲜，贯大人之国，冬至日出之次
> 榑木之地，青土树本之野。太皞句芒之所司者，万二千里。……南方
> 之极，自北户孙之外，贯颛顼之国，南至委火炎风之野。赤地祝融之
> 所司者，万二千里。……中央之极，自昆仑东绝两恒山，日月之所
> 道，江汉之所出，众民之野，五穀之所宜，龙门河济相贯，以息壤埋
> 洪水之州，东至碣石。黄帝后土之所司者，万二千里。……西方之
> 极，自昆仑绝流沙沈羽。西至三危之国，石城金石饮气之民，不死之
> 野。少皞蓐收之所司者，万二千里。……北方之极，自九泽穷夏晦之
> 极。北至令正之谷。有冻寒积冰雪雹霜漂润群水之野。颛顼玄冥之所
> 司者。万二千里。……④

周代对社的祭祀依据祭祀者的地位高低而有差别，《礼记·祭法》：
"王为群姓立社，曰大社。王自为立社，曰王社。诸侯为百姓立社，曰国
社。诸侯自为立社，曰侯社。大夫以下成群立社，曰置社。"⑤

照理说来，后土既然是共工氏之子，又有可以平定九州或九土的辉煌
事迹，那么社神后土就应当是人格化的土地神之鼻祖。但是，后土毕竟是
至尊的土地神，文献记载中的后土始终占有无比崇高地位，是受天下人祭
祀的大神，从人神关系上来看，毕竟是疏远的。直到社神像男性长者那样

---

① 杨伯峻编著：《春秋左传注（四）：昭公、定公、哀公》，中华书局1981年版，第
1502—1503页。
② 张双棣等著：《吕氏春秋译注》，吉林文史出版社1986年版，第150页。
③ （汉）董仲舒撰，（清）凌曙注：《春秋繁露》，中华书局1975年版，第393—401页。
④ 刘安著，高诱注：《淮南子注》，上海书店出版社1986年版，第83—85页。
⑤ 《十三经注疏》整理委员会整理：《礼记正义》，北京大学出版社2000年版，第1520页。

被亲切地以"公"称之，土地神的世俗化才拉开了序幕。

称土地神为"公"的风俗至迟在汉代就已经出现。《太平御览·卷五三二·礼仪部一一·社稷》引《五经异义》："今民谓社神为公社，社位上公，非地祇也。"① 从《后汉书·列传第七十二·方术传·费长房》的记载来看，社公已经不再是不可侵犯只可祭祀的大神，而已经演变为可以被神仙驱使的一般神灵了。《后汉书》记载：

> 长房辞归，翁与一竹杖，曰："骑此任之，则自至矣。既至，可以杖投葛陂中也。"又为作一符，曰："以此主地上鬼神。"长房乘杖，须臾来归，自谓去家适经旬日，而十余年矣。即以杖投陂，顾视则龙也。家人谓其久死，不信之。长房曰："往日所葬，但竹杖耳。"乃发冢剖棺，杖犹存焉。遂能医疗众病，鞭笞百鬼，及驱使社公。或在它坐，独自恚怒，人问其故，曰："吾责鬼魅之犯法者耳。"②

《搜神记·贺瑀》记载的传说中，社公甚至可以为人所驱使。传说称：

> 会稽山阴贺瑀，字彦琚。曾得疾，不知人，唯心下尚温。居三日乃苏，云：吏将上天，见官府，府君居处甚严，使人将瑀入曲房。房中有层架，其上层有印，中层有剑，使瑀唯意取之。印虽意所好，而瑀短不及上层，取剑以出。门吏问曰："子何得也？"瑀曰："得剑。"吏曰："恨不得印，可以驱策百神。今得剑，唯得使社公耳。"疾既愈，果有鬼来白事，自称社公。每行，即社公拜谒道下，瑀深恶之。③

费长房在道教神仙中法力并非高深莫测之辈，贺瑀则是因为奇遇而得到神剑的奇人，社公为他们所驱使，可见社神的地位已经下降为小神了。当然，社神也已经不再专指共工氏之子句龙，而出现了凡人死后为土地神

---

① （宋）李昉等撰：《太平御览》，中华书局1960年版，1998年重印第三册，第2414页。

② 许嘉璐分史主编：《后汉书》，汉语大辞典出版社2004年版，第1659—1660页。

③ （晋）干宝撰，李剑国辑校，《新辑搜神记》；（宋）陶潜撰，李剑国辑校：《新辑搜神后记》（上），中华书局2007年版，第362页。

的传说之滥觞。《搜神记·蒋子文》记载了蒋子文死后为一方土地神的传说：

> 蒋子文者，广陵人也。嗜酒好色，挑挞无度。常自谓已清骨，死当为神。汉末为秣陵尉，逐贼至钟山下，为贼击伤额，因解绶缚之，有顷遂死。及吴先主之初，其故吏见文于道头，乘白马，执白羽扇，侍从如平生。见者惊走，文进马迫之，谓吏曰："我当为此土地之神，以福尔下民耳。尔可宣告百姓，为我立祠，当有瑞应也；不尔，将有大咎。"是岁夏大疫疾，百姓辄相恐动，颇有窃祠之者矣。未几文又下巫祝曰："吾将大启佑孙氏，官宜为吾立祠。不尔，将使虫入人耳为灾也。"孙主以为妖言。俄而果有小虫如鹿虻，入人耳皆死，医巫不能治。百姓愈恐。孙主尚未之信也，既而又下巫祝曰："若不祀我，将又以火吏为灾。"是岁火灾大发，一日数十处。火渐延及公宫，孙主患之。时议者以为鬼有所归，乃不为厉，宜告乡，有以抚之。于是使使者封子文为中都侯，次弟子绪，为长水校尉，皆加印绶，为立庙堂。转号钟山为蒋山，以表其灵，今建康东北蒋山是也。自是灾厉止息，百姓遂大事之。①

这种传说对于土地神信仰的演变有几点值得注意：其一，土地神可以是人死后所变，并且所变之人可以是沉湎于酒色之中的放荡之徒；其二，土地神可以通过托梦的形式威胁人们来祭祀他；其三，土地神管辖的范围是有限的，甚至是非常狭小的地界，已经无法同后土所司的"中央之极……万二千里"相比，也不是能定九土的大神；其四，祭祀土地神之后，"自是灾厉止息，百姓遂大事之。"有着七情六欲和喜怒哀乐的人格化的土地神开始出现了。正是因为地方性的人格化土地神的出现，才导致了土地神地位式微——反过来说，地位式微的是地方性的土地神，而不是"皇天、后土"意义上的五土之主。正如明代顾张斯所

---

① （晋）干宝撰，李剑国辑校：《新辑搜神记》；（宋）陶潜撰，李剑国辑校：《新辑搜神后记》（上），中华书局 2007 年版，第 107—108 页。

归纳的那样，土地神已经逐渐演变为各管一地的小神，遍布各地："后汉《方术传》有社公之名，盖本此。是则天下社神，宜通谓之公，后讹为土地公公，而稗官演义所载，皆白发翁矣……土地祠各乡镇多有之。按《周礼·春官》大示而外有土示、地示，此后代土地神之所由名也，土示，五土之示，即社也。"① 土地神非但可以小至一乡一镇之土地公，甚至有专管住宅的土地神，如唐人孙光宪所撰《北梦琐言》记载：

> 闽从事崔员外，正直检身，幕僚所重。奉使湖湘，复命在道，逢寇贼，悉遭杀戮，唯外郎于仓惶中，忽有人引路获免。驱驰远路，复患疟疾，行迈之次，难求药饵。途次延平津庙，梦为庙神赐药三丸服之，惊觉顿愈。此亦鬼神辅德也。彭城刘山甫自云：外祖李公敬彝郎中，宅在东都毓财坊，土地最灵。家人张行周事之有应，未大水前，预梦告张求饮食。至其日，率其类遏水头，不冲圯李宅。异事也。②

《夷坚志》中记载的省史翰就是在住宅土地神的指点下才免于鬼物之害：

> 史省幹者，本山东人，后寓居广德军兴教寺。寺侧有空宅，颇宽广，而前后居者率为鬼物扰乱，不能安处。宅主欲售于人，亦无敢辄议。史贪其价贱，独买焉，姻友交劝之，不听。乃择日命匠绘缉葺，自往临视。方坐堂上，一叟乌帻白衣，揖于庭。史素不识之，趋下谢之曰："翁为何人？何事至此？"对曰："予乃住宅土地神也。今闻足下治第舍，愿贡诚言。"史曰："敢问何谓也？"曰："此屋为怪魅所据，其类甚繁，然岂亦能与人竞，但向来处者皆非正直有德之士，故不能胜邪。君既正人，居之何害，特当徙房于东南隅，而以故房为庖

---

① 顾张斯《土风录》卷十八，嘉靖三年刻本。见（宋）孟元老撰，邓之诚注：《东京梦华录》，中华书局1982年版，第254页。

② （宋）孙光宪著，林青、贺军平校注：《北梦琐言》，三秦出版社2003年版，第217页。

厨，必可奠枕。"语毕不见，史悉从其戒，且一新土神宇，其后帖然。①

　　方隅土地神的出现，从神格上与司九州、五土的巨神相去甚远，土地神所管辖的范围日趋具体，其职能范围甚至可以是弹丸之地。《坚瓠补集》卷之五"祭花园土神"曰：

　　宋孝宗植一松于园，特以牲醴祭花园土神。文曰："神有百职，职各不同。典守草木，土祀是供。我游湖园，乃获奇松。植之禁苑，百态千容。婆娑偃盖，夭娇腾龙。翠色凝露，清音舞风。醉吟闲适，予情所钟。壅培封植，久或力穷。乌乌外扰，蚁蠹内攻。神其勤绝，勿使有终。精邪窃据，盗斧适逢。神其呵逐，勿使遗踪。常今劲质，生阅隆冬。坚逾五柳，弱异双桐。历年万禩，郁郁葱葱，牲牢旨酒，嗣录汝功。"②

　　从宋孝宗的祭文中可窥见方隅土地神的职能范围趋向于狭小的特征。同时，土地神除了拥有超越凡人的灵力之外，在神格上，明显具有凡人七情六欲的特点，这也充分体现出民众造神运动中由人推神的思维模式。如《坚瓠余集》卷三"土神娶妇"记载：

　　《说听》：汉景帝庙在荆州之麻山，相传昭烈下江陵时，寓于中。居民因祀为土地神，每元旦设乐迎像入舍奉之，岁更一家。正统初，有张氏女十六，有殊色，求聘者父母未尝轻许，女每晨盥面，水中有黄盖影，而家人弗见也。一日病死复苏，云："初合目时，仪从塞目，称麻山神来迎夫人。因升盥而行，半道忽忆失将梳具，从者言夫人须自往取，故暂归耳。"命取梳具置棂中，寻气绝。父母悲甚，为

————————

① （宋）洪迈撰，何卓点校：《夷坚志》，中华书局1981年版，第781—782页。
② （清）褚人获集撰，李梦生点校：《坚瓠集》，《清代笔记小说大观》，上海古籍出版社2007年版，第1862页。

肖像庙之别室祀之。①

这则传说中的土地神借着神灵之力与张氏之女成亲，足见其虽为神，却并未除去人间男子对美女的情欲，而人死为神的模式，正是人格化神灵神格得以建构的逻辑起点。人格化土地神与人之间事实上存在着一种契约关系，即一方面，土地神具有保一方平安的功能；另一方面，人必须敬神、祀神，才能获得神的庇护。人神之间是一种彼此需要的关系。这就是所谓的人神契约。《子不语》卷七"土地奶奶索诈"载：

> 虎踞关名医涂彻儒，与余交好。其子妇吴氏，孝廉讳镇者之妹也。乾隆丙申六月，吴氏夜梦街坊总甲季某，持簿化缘，口称虎踞关将有火灾，纠费演戏以禳之。簿上姓名，皆里中相识者。正徘徊间，有老妇黄衫绛裙，从门外入，谓吴曰："今年此处火灾，是九月初三日，君家被其祸，数不可逃。须烧纸钱，买牲牢还愿，庶下不致烧伤人命。"吴氏梦醒，方悟总甲李某早已物故，乃往各邻家告以故，并问："此间可有衣黄衫妇人否？"皆曰："无之。"吴有戒心，乃祷土地庙，见所望土地奶奶，宛然梦中所见，惊惧异常。诸邻闻之，亦大骇，彼此演戏祭祷，费数百金。将至九月，涂氏一门衣箱器具，尽搬移戚里家。自初一日起，不复举炊矣。至期，四邻寂然，并无焚如之患，涂氏至今安好。②

在一些记载中，土地神居然会受饿，并且需要人的帮助。《子不语》卷八"土地受饿"：

> 杭州钱塘邑生张望龄，病疟。热重时，见已故同学顾某者跟跄而来，曰："兄寿算已绝，幸幼年曾救一女，益寿一纪。前兄所救之女，知兄病重，特来奉探，为地方鬼棍所诈，诬以平素有黯昧事。弟

① （清）褚人获集撰，李梦生点校：《坚瓠集》，《清代笔记小说大观》，上海古籍出版社2007年版，第2082页。

② （清）袁枚撰：《子不语全集》，河北人民出版社1987年版，第131页。

大加呵饬，方遣之去。特诣府奉贺。"张见故人为己事而来，衣裳蓝缕，面有菜色，因谢以金。顾辞不受，曰："我现为本处土地神，因官职小，地方清苦，我又素讲操守，不肯擅受鬼词，滥作威福，终年无香火，虽作土地，往往受饿。然非分之财，虽故人见赠，我终不受。"张大笑。次日，具牲牢祭之。又梦顾来谢曰："人得一饱，可耐三日；鬼得一饱，可耐一年。我受君恩，可挨到阴司大计，望荐卓异矣！"张问："汝如此清官，何以不即升城隍？"曰："解应酬者，可望格外超升，做应酬者，只好大计卓荐。"①

此说自然体现出民众借鬼神之事来影射现实生活的思想趋向，而土地神与人的距离也就不再遥不可及，人神之间通过梦得到了沟通。梦境成为神谕传达的场所。从以上的分析中，我们或许可以看到为何在福建的工匠建房民俗中要祭祀土地公和地基主了。土地并非是人类的土地，而是由神来管辖的，神是土地之主，必须对神进行虔诚的祭祀和祷告，才能动土，建房，否则会受到惩罚。大理市洱海西岸才村白族建房时，在动土之前要进行隆重的祭祀仪式。人们在地基正中画下八卦，按东西南北中五方方位安放未沾过粪便的干净泥土来代表五方大神；同样的仪式还要在确定未来的天井和堂屋位置处举行。在天井位置的正中，需要祭祀的天地神、龙神和土地神，祭品是鸭蛋一个、生鱼一条、猪血一盆、米饭一碗、酒一杯、茶一盏。接下来的祭祀活动有浓重的戏剧色彩，但却是严肃的戏剧。有两位福寿双全的老人扮演的土地公和土地婆要唱白族调祈求各路诸神保佑主人"清吉平安，人丁兴旺，万事大吉"。这一系列由阴阳先生、道士、邻居、房主等共同参与的巫术仪式中，蕴含有道教、佛教以及白族民族文化的众多因素，可见人们对仪式的重视。② 在这个仪式中，并没有对工匠发挥的仪式作用的叙述，但在乡村社会中，工匠们绝对不是仪式的旁观者，而是参与者和体验者，他们体验到的是群体对

①　（清）袁枚撰：《子不语全集》，河北人民出版社1987年版，第139页。

②　吕大吉主编，何耀华等编：《中国各民族原始宗教资料集成：彝族·白族·基诺族卷》，中国社会科学出版社1996年版，第748页。

于土地的崇拜。他们即将要建造的新房，只有在这样的仪式发挥作用之后，才能获得合法性。因此，这些祭祀行为制约着工匠的活动，是工匠建房民俗体系中不可或缺的部分。

工匠建房时祭祀土地神的仪式在汉代的文献中有记载，《论衡·解除篇》："世间缮治宅舍，凿地掘土，功成作毕，解谢土神，名曰解土。为土偶人以象鬼形，令巫祝延，以解土神。已祭之后，心快意喜，谓鬼神解谢，殃祸除去。如讨论之，乃虚妄也。"① 我们在前面所叙说的福建闽南工匠所进行的"谢土／辞神"仪式的源头就可以探源至王充所描述的"解土"仪式。此外，大理洱源茈碧乡白族工匠建毕新房之后，要举行安龙谢土的解除仪式。当地的白族认为建房时会惊动土地神和龙神，如果不请求神灵宽恕，以祭品加以安抚，就会遭到惩罚。他们或请洞经会的老人、或请老妈妈会老人来念经，即使不请的人家也要自行祭祀。祷文的内容是："吾神显身镇动，恶魔自退灭亡，大德盛焉。今有人修造房屋，安垅垫土，祈请龙神、土神归位，欢喜悦跃，保家宅清吉平安，人兴财发，生产长旺。"祭祀用的元宝和纸衣、纸裤是用金色和银色的纸制作的，这些祭品烧完之后要将灰烬倒入水沟中让水冲走。② 这则材料调查的时间为1988 年 4 月，从仪式的内容来看，是保存得较为古老和完整的谢土神仪式，它的源头仍然是汉代王充所记载的在几千年以前就流行的宗教祭祀。昆明谷律、团结两乡的彝族人在新房落成之后，要请西波（彝族巫师）来举行"安龙祭土"（又称压土）仪式，其中西波念《回熟经》时，新房的主人要依次向东南西北中五方跪拜，表示对五方土主的感谢，因为五方土主保佑了新房的落成。③ 五方土主的源头当是山林、川泽、丘陵、坟衍、原限。④

我们还可以从各地的建房民俗中举出许多祭祀土神的例子，而且会发现民俗在千古传承之后所发生的变异现象。土地神或社神是我国原始宗教孕育出来的本土神灵，但是在一些地区，土地神却和

---

① 北京大学历史系《论衡》注释小组：《论衡注释》，中华书局 1979 年版，第 1440 页。

② 吕大吉主编，何耀华等编：《中国各民族原始宗教资料集成：彝族·白族·基诺族卷》，中国社会科学出版社 1996 年版，第 730 页。

③ 同上书，第 353 页。

④ 《十三经注疏》整理委员会整理：《礼记正义》，北京大学出版社 2000 年版，第 918 页。

佛教神发生了融合。奉贤地区的工匠在动土之前，先要举行"暖土"（俗称斋土地）的祭祀仪式，祭祀的神灵是土地菩萨。从调查材料的内容来看，这一神灵虽然有佛教法号，其实是可以沟通鬼神，保护一方土地的土地神，也即社神。祭祀的神龛称为土地神码，设在八仙桌上，贡品依据的是鱼和玉、余谐音的求吉思维。祭祀完毕，焚烧土地神码以及锡箔折成的元宝，通过焚烧，体现祭祀者对神灵的虔诚膜拜。① 湖州工匠在动土前，东家要进行祭祀土地神的仪式，祭祀的时间在动土前的前夜，由算命先生或"亲爸"（巫术）选定时间，在半夜举行祭祀仪式。祭祀内容是将"土地正神"的马幛立于八仙桌上，以祭品祭毕之后，将马幛在大门外焚烧掉。② 四川的石匠师傅在安墙角石"下地基"之前，先祭祀土神，土神的神龛被立在地基的正堂，石匠下的第一块质地坚硬的好石将被安在土地神的神龛下。在安石的前后，都要向土地神祈祷，祝福一切顺利。③

对于工匠建房民俗仪式中人们所祭祀的神灵的人格化过程，我们已经作过分析，现在的问题是，对于祭祀仪式行为本身的一些细节，还存在解释的必要。因为，对于祭品的内容和祭祀的方式，除了与人所享用的食物相同或相近的方面之外，还有其他方面无法就人格神的祭祀内容和方式加以分析。譬如前文所叙说的大理市洱海西岸才村白族的祭祀仪式中，当祝福完毕之后，新房的主人要将供奉过的祭品倒在一个罐内，然后埋在附近的土里（1988 年调查时，人们多将装祭品的罐子丢入湖内）。如果不这样做，会导致神灵愤怒并惩罚，后果是居家不宁甚至死亡。④ 昆明谷律、团结两乡的木匠

① 宋根新：《奉贤地区的居住信仰与习俗调查》，上海民间文艺家协会编：《民间文化·民间文学研究》（第六集），科学出版社 1992 年版，第 220—221 页。

② 钟铭：《湖州建房习俗调查》，姜彬主编：《中国民间文化·民间口承文化研究》，学林出版社 1993 年版，第 240—241 页。

③ 朱仕珍：《四川建房民俗探索》，上海民间文艺家协会、上海民俗学会编：《中国民间文化·民间仪俗文化研究》，学林出版社 1993 年版，第 141 页。

④ 吕大吉主编，何耀华等编：《中国各民族原始宗教资料集成：彝族·白族·基诺族卷》，中国社会科学出版社 1996 年版，第 748 页。

在奠基时，也要将鸡血淋入地基四角的坑内，并将石块放入坑内。① 再如考古工作者发现的仰韶文化和龙山文化的奠基仪式中，也广泛地存在着血祭和掩埋祭品的现象。

这种祭祀方式是祭祀土地神所特有的方式。掩埋祭品祭祀地神的方法已经成为古人的规约。《礼记·祭法》："燔柴于泰坛，祭天也。瘗埋于泰折，祭地也。用骍犊。"注云："坛、折，封土为祭处也。坛之言坦也。坦，明貌也。者，炤晢也。必为炤明之名，尊神也。地，阴祀，用黝牲，与天具用犊，连言尔。"② 瘗埋之礼俗在《山海经》中被广泛记载，如《南次二经》："凡南次二经之首，自柜山至漆吴之山，凡十七山，七千二百里。其神状皆龙身而鸟首，其祠：毛用一璧瘗，糈用稌。"③ 《北山首经》："凡北山经之首，自单狐之山至于堤山，凡二十五山，五千四百九十里。其神皆人面蛇身，其祠之，毛用一雄鸡、彘瘗，吉玉用一珪，瘗而不糈。"④《周礼·春官宗伯·司巫》："凡祭事，守瘗。"注："瘗，谓若祭地祇有埋玉牲者也。守之者，以祭礼毕，若有事然。祭礼毕则去之。"⑤《尔雅·释天》："祭天曰燔柴，（注：既祭，积薪烧之。）祭地曰瘗埋。（注：既祭，埋藏之。）"⑥《吕氏春秋·任地》："天下时，地生财，不与民谋。有年瘗土，无年瘗土。无失民时，无使之治下。"注："年，收成。瘗土，祭祀土神。'有年瘗土'是为报谢土神；'五年瘗土'是为禳除灾祸。"⑦ 种种证据表明，瘗埋祭品是为了祭地，是一种特别的有意为之的祭祀方式。因为地之神灵居住于地下，所以祭祀时将祭品埋于地下，使得祭品更加接近于神灵，神灵也可以更加方便地享用祭品。所谓"天神在上，故燔柴以上达。于地示在下，故瘗埋以下达于地，使之实歆其

---

① 吕大吉主编，何耀华等编：《中国各民族原始宗教资料集成：彝族·白族·基诺族卷》，中国社会科学出版社 1996 年版，第 353 页。

② 《十三经注疏》整理委员会整理：《礼记正义》，北京大学出版社 2000 年版，第 1509—1510 页。

③ 郭郛：《山海经注证》，中国社会科学出版社 2004 年版，第 48 页。

④ 同上书，第 268 页。

⑤ 《十三经注疏》整理委员会整理：《周礼注疏》，北京大学出版社 2000 年版，第 810 页。

⑥ 《十三经注疏》整理委员会整理：《尔雅注疏》，北京大学出版社 2000 年版，第 200 页。

⑦ 张双棣等译注：《吕氏春秋译注》，吉林文史出版社 1986 年版，第 924—927 页。

气味也。"① 祭祀土地神时提供的祭品——特别是供食用的祭品，其逻辑往往在将土地神视为一种食用祭品的神灵，这一观点也是从人类自身来类推神灵。《论衡·祀义篇》曰："夫天者，体也，与地同。天有列宿，地有宅舍。宅舍附地之体，列宿着天之行。形体具，则有口，乃能食。使天地有口能食，祭食宜食尽。"②

以血祭地的习俗也是由来已久。《周礼·春官宗伯·大宗伯》："以血祭祭社稷、五祀、五岳……"注云："不言祭也，此皆地祇，祭地可知也。阴祀自血起，贵气臭也。社稷，土穀之神，有德者配食焉，共工氏之子曰句龙，食于社；有厉山氏之子曰柱，食于稷。"③《管子·揆度》中有杀人祭祀社神的记载："轻重之法曰：自言能为司马不能为司马者，杀其身以衅其鼓。自言能治田土不能治田土者，杀其身以衅其社。"④ 清人金鹗以阴阳观念来解释以血祭地的依据："血祭，盖以血滴于地，如有鬱鬯之灌地也。气为阳，血为阴，故以烟气上升而祀天，以牲血下降而祭地，阴阳各从其类也。"⑤ 孙治让提出不同的观点："今考地示血祭，与天神裸祀相拟。疑当先荐神，后灌祭，使其气下达。"⑥

有两点必须得到强调：其一，土地之神确实经历了漫长的人格化的演变过程，土地神从神的等级到所管辖的范围、各自的功能存在大小、强弱的差别，应当是民众根据现实政治形态对神界的主观构想和模拟；其二，建房民俗中人们对土地神的崇拜在其传承的过程中，历经时间和空间的洗礼，出现了古今差异和地区差异，但大多可以在几千年前的材料中找到它们的源头。

那些拥有神异力量的土地之神或宅神，人们在工匠触犯土地、建造房屋之前要虔诚地进行祭祀；甚至在新房落成之后，还要再次感谢神灵的庇佑，辞别神灵。但是，神秘的土地中并非只有友善的神灵存在，而且还有

① （清）金鹗：《求古录礼说》卷十三，《祭天神地示不求神说》，齐鲁书社2001年版。
② 北京大学历史系《论衡》注释小组：《论衡注释》，中华书局1997年版，第1446页。
③ 《十三经注疏》整理委员会整理：《周礼注疏》，北京大学出版社2000年版，第536页。
④ 黎翔凤撰，梁运华整理：《管子校注》，中华书局2004年版，第1374页。
⑤ （清）金鹗：《求古录礼说》卷十四，《燔柴瘞埋考》，齐鲁书社2001年版。
⑥ 孙诒让：《周礼正义》，《春官·大宗伯》疏，中华书局1987年版。

各种各样的凶神恶煞、鬼魅妖邪。对于这些不吉之物，人们采取的是通过巫术仪式来驱逐——这就是往往和祭祀仪式同时出现的驱邪仪式。

工匠动土时所忌讳触犯的凶神中，太岁神无疑具有典型意义。从一开始的择吉，往往就是为了避开太岁这样的凶神，以免招来灾祸。"所谓'太岁'，指'太岁星'，它是一颗虚拟的星体，被说成与'岁星'（木星）同轨道、反方向，以十二年为一周天的凶星。传说，它常出现于地下，谁在砌房造屋中掘到它，便会带来凶殃。因此，人们在相地选址、择时破土方面形成了一些禳辟太岁的风俗，以免在'太岁头上动土'。"① 《现代汉语词典》对太岁神的解释是："传说中神名。旧时迷信，认为太岁之神在地，与天上岁星（木星）相应而行，掘土（兴建工程）要躲避太岁的方位，否则就要遭受祸害。"② 人们通过栽符桩、埋茶米、挂筛子、"发预告"（放符画）等方法来趋避太岁，太岁凶神显然是一种古代星相学中的迷信成分，加上传说的不断传播而形成的。动土仪式中的祭拜土地神的驱逐凶神太岁这两种各居一极的巫术仪式，可以从浙江淳安地区的《踏地歌》中看出来："吉日良辰，天地开张，凶神太岁，退辟远方，焚香燃烛，祭拜土地，建造新房，万古流芳。"③ 太岁神的可怕之处还在于它不仅存在于传说中，还在现实中掘到了类人的怪物，从而更增加了人们对太岁的敬畏。明代郎瑛所撰《七修类稿》记载："余尝纂《谈圃》，载元丰间修城，掘得一物，活而如人，但无眉目。或谓之'太岁'。"清代朱梅叔《埋忧集》卷十所记载的事件中，太岁竟然吓死了胆小的妇女："余二姊家张氏之族，有同居娣妇某氏者，素病咯血。一日，日方中，至厨下午炊，瞥见墙下水瓮之侧一手伸出。五指皆备，俨然人也。妇大骇。方呼众往视。倏已不见。众即其处掘之，无所得。然妇自是常心悸，未几竟死。"④

民众关于太岁的信仰，可以说是层出不穷。这些关于太岁的令人毛骨悚然的民间传说，已经在相当长的时期内造就了一类辐射力极强的民间禁

① 沈利华、钱玉莲：《中国吉祥文化》，内蒙古人民出版社2005年版，第192页。
② 中国社会科学院语言研究所词典编辑室编：《现代汉语词典》（修订本），商务印书馆1996年版，第1220页。
③ 沈利华、钱玉莲：《中国吉祥文化》，内蒙古人民出版社2005年版，第192页。
④ 同上。

忌。这些传说在反复强化一个主题：太岁是为人带来厄运的凶神，应当予以严格的避讳。《续夷坚志》记载了不少这类传说，《续夷坚志》卷一"土禁二"：

> 乙巳春，怀州一花门生，率仆掘地，得肉块一枚，其大三四升许，以刀割之，肉如羊有肤膜。仆言："土中肉块，人言为太岁，见者当凶，不可掘。"生云："我宁知有太岁耶？"复令掘之，又得二肉块。不半年，死亡相踵，牛马皆尽。古人谓之有凶祸而故犯之，是与神敌也。申胡鲁邻居亲见之，为予言。①

《续夷坚志》卷一"土中血肉"：

> 何信叔，许州人，承安中进士。崇庆初，以父忧居乡里。庭中见月光，信叔曰："此宝器也。"率僮仆掘之，深丈余，得肉一块，如盆盎大，家人大骇，亟命埋之。信叔寻以疾亡，妻及家属十余人相继殁。识者谓肉块太岁也，祸将发，故光怪先见。②

《续夷坚志》卷一"郑叟犯土禁"：

> 平舆南函头村郑二翁，资性强，不信禁忌。太和八年，其家东南有所兴造，或言是太岁所在，不可犯。郑云："我即太岁，尚何忌耶？"督役夫兴作，掘地二尺，得妇人红绣鞋一双，役夫欲罢作，郑怒，取焚之，掘地愈急。有二三尺，得一黑鱼，即烹食之。不旬日，翁母并亡，又丧长子，连延十余口，马十，牛四十，死病狼藉。存者大惧，避他所，祸乃息。③

这些传说在强化这样的认识：所谓不信邪之人对于禁忌的约束充耳不

① （金）元好问撰，常振国点校：《续夷坚志》，中华书局1985年版，第5页。
② 同上书，第7页。
③ 同上书，第4页。

闻，将民间知识视为无稽之谈，以身犯禁，其结果只能是家破人亡。毋庸讳言，这样的传说无疑在警示动土这一活动存在着内在危机，需择吉以避太岁煞神。有时，对于违禁的惩罚甚至是立竿见影的报应。《秋灯丛话》卷四"烹食太岁"称：

> 栖霞林某，性凶悍，不信鬼神。偶于田间掘得肉球，色黑大如斗，形蠕蠕动，众惊曰："此俗传太岁也，遇者不利。"林叱其诞。持归，妻孥咸奔避诮让。林怒曰："冥顽一物也，何畏乃尔？"烹而食之。方举箸，忽倒地，七窍流血而死。①

或许因为太岁凶神对民众心理的威慑已经到了一种高压的极限，使得人已经无法承受这样令人闻风丧胆的魔咒，同时，太岁神可能想尽办法依然无法避开，所以又有了另一类的传说作为解压的依凭。《坚瓠秘集》卷一"太岁"：

> 《睽车志》：平江黄埭张虞部，为人质正，每有兴筑，不选日时。尝作一亭，掘地得一肉块，俗谓太岁神，张不为异，命取瓦盆，合而送之水中，就基而创，名曰太岁亭。又有客到，命取衣冠，俄而犬首顶其冠，束带于背以出。张笑谓之曰："养汝几年，今日始解人意。"就取服之，乃出揖客。客退而犬自毙。谚云："见怪不怪，其怪自败。"殆谓是与？②

再如《子不语》卷十三"遇太岁煞神祸福各异"：

> 徐坛长侍讲未遇时，赴都会试。如厕，见大肉块遍身有眼，知为太岁。侍讲记某书云："鞭太岁者脱祸。"因取大棍，与家丁次第笞击，每击一处，见遍身之眼愈加闪耀。是年成进士。蒋文肃公家中开

---

① （清）王椷著，华莹校点：《秋灯丛话》，黄河出版社1990年版，第52页。
② （清）褚人获集撰，李梦生校点：《坚瓠集》，《清代笔记小说大观》，上海古籍出版社2007年版，第1900页。

井，得肉一块，方如桌面，刀刺不入，火灼不焦，蜿蜒而动，徐化为水。是年文肃公卒。任香谷宗伯未遇时，遇一人口含一刀，两手持刀，披发赤面，伛身而过。宗伯后登第。苏州唐姓者，立孝子坊，忽于衣帽中得白纸贴，书一煞字，如胡核大。是年其家死者七人。①

或曰"见怪不怪，其怪自败"，或曰"祸福各异"，其实都是在试图缓解太岁信仰带来的禁忌压力。事实上，民间掘土时见到的太岁其实是一种介于原生菌和真菌之间的大黏菌，容易引起恐怖的联想。② 据中国古籍记载，土怪由来已久。《搜神记·贲羊》记载：

> 季桓子穿井，获如土缶，其中有羊焉。使问之仲尼曰："吾穿井而获狗，何耶？"仲尼曰："以丘所闻，羊也。丘闻之：木石之怪，夔蛧魍魉；水中之怪是龙罔象；土中之怪曰贲羊。"《夏鼎志》曰："罔象如三岁儿，赤目，黑色，大耳，长臂，赤爪，索缚则可得食。"《王子》曰："木精为毕方，火精为游光，金精为清明也。"③

有的情况下，工匠动土前需要驱逐的对象不一定有具体的指称，而是一种泛指的鬼魅邪祟。大理洱源茈碧白族工匠在挖地基前所举行的驱邪仪式是：用拌有香灰的水在地基上撒一遍，边撒边说："清吉平安！""今日起新房，保佑全家和顺！"这一仪式的巫术目的是为了驱除邪气和晦气。民国时期的江南人在建房时大多将书有"姜太公在此，百无禁忌"的红条幅压在地基上，人们相信这样做过之后，建房时就不会出事故了。④

土地之神和土地中的邪灵从建房的一开始就困扰着建房事宜，对于神灵，人们用祭品讨好它们，通过虔诚的祷告来祈求神灵的庇护、恳求它们的宽恕；对于邪灵，人们或通过避讳凶日，或用咒语、巫术灵物等作为战

---

① （清）袁枚撰：《子不语全集》，河北人民出版社 1987 年版，第 219 页。

② 沈利华、钱玉莲：《中国吉祥文化》，内蒙古人民出版社 2005 年版，第 193—194 页。

③ （晋）干宝撰，李剑国辑校：《新辑搜神记》；（宋）陶潜撰，李剑国辑校：《新辑搜神后记》（上），中华书局 2007 年版，第 262—263 页。

④ 钟敬文主编，万建中等著：《中国民俗史·民国卷》，人民出版社 2008 年版，第 151—152 页。

斗的武器,而且往往在幻觉中的神灵之力庇护之下,进行驱逐。神的善恶两分依然依据人本身作出的构想和模拟。对于土地,那些小心翼翼地遵循着民俗规则,传承着传统民俗知识的人不敢肆无忌惮地占用,因为人类并非是土地唯一的主人,人类必须尊重神意,驱赶恶魔,才可以在大地上建立自己的居室。在以土地崇拜为中心的民俗环节中,施行巫术的人有时是工匠本身,有时则是风水先生、道士、巫师或即将居住在新房之内的主人,但这一切,都是为工匠们进一步的营建做好奠基或完成善后的仪式,因而这一环节在工匠建房巫术中是举足轻重的;而从它的历史源流来看,它几乎又与人类的建筑史同步而起,乃至遗存至今,在时空序列中发生着历时性和共时性的变异。

第二章　树木崇拜与工匠建房民俗

树木几乎是所有工匠建房时不可或缺的材料之一，特别是信仰鲁班的工匠，其所建造的房屋大多是土木结构，从技术上来讲，柱和梁对于房屋的稳固、久居具有异常重要的作用。考虑到和民俗相关的种种内容，我们将发现，工匠建房民俗和一个世界性的民俗现象——树木崇拜有关。

树木崇拜的世界性，已为众多的人类学、民俗学先驱在其经典著作中作过论述。人类学之父泰勒在《原始文化》中铺排罗列了世界各地多达几十个民族的树木崇拜案例，崇拜观念的主要表现形式为：认为精灵以树木为住所，精灵可以向人吐露神谕；森林女神可以和人类结合，成为英雄的妻子；家族名字来源于树神；森林成为许多部族举行神圣宗教崇拜的地方，树木起到作为供奉祭品的祭坛的作用。泰勒所举的例子是为了向世人呈现一个事实：树木"是神圣的对象，是被崇拜的某种神或与它相关，或是它的象征形象"。① 在他看来，树木崇拜是因为人类思维尚处于低级阶段，所以他说："这在人类思维的那一阶段上显得特别清楚。当时人们看待单个的树木像看待有意识的个人，并且作为后者，对它表示崇拜并奉献供品。"② 这位倡导文化进化论的学者用于解释原始文化现象的重要理论思想之一在于"万物有灵论"，他认为"万物有灵"是一切宗教、巫术的根源。他指出："显然，处在低级文化阶段上的能独立思考的人，尤其关心两类生物学问题。他们力图了解，第一，是什么构成生和死的肉体之

---

① ［英］爱德华·泰勒著，连树生译：《原始文化》，上海文艺出版社 1992 年版，第 666—672 页。

② 同上书，第 66 页。

间的区别，是什么引起清醒、梦、失神、疾病和死亡？第二，出现在梦中的人的形象究竟是怎么回事？看到这两类现象，古代的蒙昧人——哲学家们大概首先就自己做出了显而易见的推理，每个人都有生命，也有幽灵。显然，两者同身体有密切联系：生命给予它以感觉、思维和活动的能力，而幽灵则构成了它的形象，或者第二个'我'。由此看来，两者跟肉体是可以离开的，生命可以离开它出走而使它失去感觉或死亡；幽灵则向人表明远离肉体。"① 蒙昧人将灵魂信仰类推至万物，所以才有了万物有灵的观念。树木崇拜是因为认为树木和人类一样拥有灵魂，所以才出现了崇拜行为。

另一位学术声名之显赫不亚于泰勒的学者——弗雷泽爵士数十年在图书馆中翻阅资料，完成了他的巨著《金枝》。有趣的是，《金枝》的开篇就和树木崇拜有关。开篇的故事叙述了一种在古罗马曾经存在过的古老习俗，即被选为森林女神狄安娜神庙祭祀一职的奴隶将获得"森林之王"的头衔，并要手持利刃、日夜守护在神庙旁的圣树旁，以警惕另一逃奴摘取到圣树上的树枝，获得同他决斗的权力。如果原来的祭司在决斗中被杀，那么守在圣树旁的危险人物将转交给胜者。② 在该书的第一章中，弗雷泽专门转述了世界各地的以树木为对象的种种信仰现象，如树有灵魂、有性别；树上栖息着人类祖先的灵魂；树能使天气改变；通过对树木的祭祀可以提高妇女的生育能力等。③

从现有的田野调查资料中来考察树木崇拜的广泛性，不但丝毫不会对泰勒、弗雷泽这两位曾经一度被试图通过田野作业来突破学术方法的学者不无嘲弄地讥讽为"轮椅上的人类学家"的观察构成反驳的依据，反而会令人再次惊羡于他们的博学与睿智。仅就中国的情况来看，树木崇拜现象在不同民族、不同地域中广泛而长期地存在着。中国古代曾有关于以泥封神枫树而祈雨有应的记载；④ 纳西族东巴祭天时奉松、柏、栗等树种为

① ［英］爱德华·泰勒著，连树生译：《原始文化》，上海文艺出版社1992年版，第368页。

② ［英］詹·乔·弗雷泽著，徐育新等译：《金枝——巫术与宗教之研究》，中国民间文艺出版社1987年版，第17页。

③ 同上书，第177—181页。

④ 《钦定大清一统志》卷二百四十九，文渊阁四库全书本。

神树，将神树立于祭天坛中进行膜拜；① 云南彝族中曾有相信本民族的祖先是从竹筒中走出的男性同松树变化的女子结合之后繁衍而成的；② 东北的满族先民崇拜柳树，认为柳树是生命之源。③ 西双版纳景洪县的基诺人砍伐树木之后要念《求树神宽容的咒语》："阿麦，主人砍的树木桩卡到树丫中去了，主人要我求你了，今天是避开的日子，你就别跟他过不去了。箐神和中山神，请宽容主人吧，让主人砍的那个树桩，重新站起来，好好活下去吧。"④ 他们还相信树木中有恶神在缠绕，所以要虔诚地祈祷："凶恶的地神地鬼，我们已把树桩树根留给你；邪恶的风神风鬼，我们已将树枝树权丢给你；我们只要这中间的一小截，希望你别把我们来纠缠。"⑤ 我们发现树木崇拜总是和原始宗教信仰相关，在信众看来，树木并不仅仅是现代理性的"文明人"眼中那种由各种元素构成的生命体，不仅仅是物质意义上的树木，而总是将一种神秘的精神意义赋予了它们。

博尔尼曾经总结过树木崇拜在人类文化史中的地位，他认为远古人类一开始就从草木那里索取有关食物、居住、燃料和衣着之类的生活必需品，特别是在他们以采集树木果实为生的过程中，不可避免地会遇到有毒果实、麻醉性的果实或其他具有医药性质的果实。树木的这一特性以及人类与树木之间的关系，使得神话和祭仪在一种需要、恐惧和神秘的复杂心理状态下产生了。根据博尔尼的分析，早期人类对草木充满恐惧的崇拜甚至超过了对太阳、月亮、暴风雨、雷电、山脉和江河湖海的崇拜。并且由于从自身的心灵出发，草木也被认为是和人一样有感觉、意识和人格的，他们相信，一些草木有着巫术性质的或超自然的性能和力量。这就是人类

① 白庚胜：《纳西族祭天民俗中的神树考释》，《云南民族学院学报》（哲学社会版）1997年第2期，第32页。

② 刘爱忠：《云南楚雄彝族植物崇拜的调查研究》，《生物多样性》2000年第1期，第130—131页。

③ 吴来山：《论满族萨满文化中柳崇拜的形成》，《辽宁师大学学报》（社会科学版）2004年第3期，第111—122页。

④ 中国民间文学全国编辑委员会、《中国歌谣集成·云南卷》编辑委员会：《中国歌谣集成·云南卷》，中国 ISBN 中心 2003年版，第687页。

⑤ 同上书，第715页。

崇拜树木的原因所在。① 严格意义上来讲，博尔尼尚未充分解释人类崇拜树木的原因。事实上，树木具有很多优于人类之处，比如说树木的寿命长于人类，树木家族庞大、根须发达、枝叶茂盛、果实累累。许多乔木高大伟岸，直刺苍穹。某些树木被砍伐后还会重新生长，某些树木流出的树汁和鲜红的人血颇为相似等。某种自然物要蜕变为人类的崇拜对象，基本的要素就在于其拥有超越于人类的优势，拥有激发人类崇拜心理情感的特性，也就是某物值得人类崇拜，人类才崇拜它。一般来说，崇拜者处于弱势、渺小的位置，而崇拜对象则是强大的存在。无论这种强大的力量是善还是恶，这种力量都使得自然物成为了显圣物，成为了为人类所恐惧、尊敬的对象。

第一节　伐木禁忌及其禳解仪式的根源

如此具有世界性的树木崇拜习俗自然会在工匠建房民俗中表现出来，反过来说，树木崇拜的思维必然会强有力地支配着工匠建房巫术。水族人选择春分和清明两个节气之间择吉上山伐木，工匠们要用肉、香、纸钱、水来祭祀第一棵砍伐的"采青伐木"，这棵祭祀过的树抬回家后必须对它守禁——不许人跨越。② 据笔者的田野调查，大理州巍山县紫金乡洱海村一带的白族木匠敬奉鲁班为行业祖师，围绕鲁班崇拜要举行复杂的民俗祭祀。传说称，鲁班仙师建房时，要选一棵树王，这棵树王是太上老君封赠的。太上老君出来封官，去到松树下避雨，结果被雨淋成个落汤鸡，他便十分生气地说："砍了你的头，烂了你的根，剥了你的皮。"

此后，松树只要被砍伐，两三年根部就腐烂。太上老君转了一圈，肚子饿了，见山上有李子树，便吃了几颗，肚子就不饿了。回到家中，太上老君吩咐他的徒弟出去封李子树为树王，结果徒弟们懒惰，因为李子树远，而红椿树近，所以砍了红椿树回来做树王。李子树没有成为树王，以至于被砍倒以后，皮干了，树心却不干。鲁班师傅用来用去就把红椿树用

---

① ［英］查·索·博尔尼著，程德祺等译：《民俗学手册》，上海文艺出版社 1995 年版，第12 页。

② 毛公宁主编：《中国少数民族风俗志》，民族出版社 2006 年版，第 946 页。

成了树王。所以到现在为止，鲁班师傅的树王就是红椿树①，造木榫、千斤铛、梁帽都要用一点红椿木在其中。

洱海村有一种"鬼锯木"。据说此木会在半夜三更发出响声，须用红椿木来克制它，大架上必须用一段红椿木就是据此在民间传下来的。鲁班师傅在砍树之前献祭山神，用大活公鸡先祭祀一次，五谷、茶器、酒器、红香三炷，烧纸钱祭祀；然后，再用熟鸡祭祀一次，称为领生回熟。因为山神既吃生食，又吃熟食。以生鸡祭祀山神的祭词为：

> 东南西北中各路山神，因为主人要建房子，要选树；来这里砍树，敬一下各位，希望各位保佑主人顺顺利利！这是第一次献祭，我献给你们生的；再一次我献给你们熟的！

煮熟鸡之后献祭时的祷词是：

> 东南西北中各路山神，因为主人要建房子，要选树；来这里砍树，敬一下各位，希望各位保佑主人顺顺利利！这是第二次献祭，第一次我献给你们生的；再一次我献给你们熟的！

念罢祭词，鲁班师傅在山神面前磕头，献山神仪式完毕。木匠做活时，一般主人家要求开多大的尺寸就开多大的尺寸，一般以六、八为吉利。如八尺六、一丈二、九尺六、一丈零六、一丈一尺六等。但是特殊情况下，一丈二尺七也用。木匠现在不祭祀山神了，因为很多木料都是从外面买来，不再上山伐木。

送木神仪式在竖房子的头一天晚上举行。鲁班师傅锯一个圆形的木片，中间写上圆木大吉或木神大吉。把锯子、墨斗、凿子、弯尺等工具放在木神前面，烧三炷香，酒、茶各一小杯，米饭一碗，杀一只打鸣的大公鸡，将大公鸡一整只地煮熟。煮公鸡时将公鸡头捏成一个朝向上的弯刀形。放一双筷子、一把菜刀在煮熟的鸡上祭祀。鲁班师傅在祭坛前磕头，念祷词，祈祷时还敲打木料的代表柱子、椽子等，驱赶木神。祈求木神保

---

① 旧时洱海村一带称木匠为鲁班师傅。

佑建房过程中师傅徒弟平平安安，竖房子的过程中无人受伤，保佑主人家顺顺利利。献祭完毕，鲁班师傅把木神装在一个粪箕、箩箩、纸箱或木箱中送出去，一般是木料从哪边运回来，就从哪边送。第二天建房时是否顺利，木匠们是否会被木渣子刺中，抬东西是否能顺利等，在送木神那天晚上就可以从鸡冠上见到预兆。

《鲁班经》对工匠伐木有严格的规定："入山伐木法：凡伐木日辰及起工日，切不可犯穿山杀。匠入山伐木起工，且用看好木头根数，具立平坦处斫伐，不可了草，此用人力以所为也。如或木植到场，不可堆放黄方杀，又不可犯皇帝八座，余日皆吉。"① 对于伐木吉日，《鲁班经》也有交代："伐木吉日：己巳、庚午、辛未、壬申、甲戌、乙亥、戊寅、乙卯、壬午、甲申、乙酉、戊子、甲午、乙未、丙申、壬寅、丙午、丁未、戊申、乙酉、甲寅、乙卯、己未、庚申、辛酉，定、成、开日吉。又宜明星、黄道、天德、月德。"② 工匠如果不遵守这些规则，就会带来不利。四川土匠架板筑墙之前先要对木王进行祭祀，吟诵《木王》："清晨起来三炷香，点起香蜡拜木王。"拜木王的原因是"弟子用你做墙板。"木匠进山伐木前也要先祭祀树神，所吟诵的祷词《木根生》对树木进行了神话般的赞颂。③

工匠建房，多用松、柏等木质优良的高大乔木。《史记·列传第六十八·龟策》载："竹外有节理，中直空虚；松柏为百木长，而守门闾。"④ 树木不仅仅是工匠制作梁、柱的原材料，而且还要对其进行祭祀或巫术性的强力控制。这种控制方法有时是虔诚地祭祀，有时是强行地驱赶。在一些工匠建房巫术中，梁或柱往往被认为有神仙或妖邪附着在其中。土家族工匠举行送梁仪式时将梁作为神仙来膜拜，掌墨师傅的送梁词是："梁木仙，梁木仙，我送木梁去登仙，代代儿孙做高官。（众人齐应'好的啊'）"⑤

---

① （明）午荣编，李峰整理：《新刊京版工师雕斫正式鲁班经匠家镜》，海南出版社 2003 年版，第 1 页。

② 同上。

③ 朱仕珍：《四川建房民俗探索》，上海民间文艺家协会、上海民俗学会编：《中国民间文化·民间仪俗文化研究》，学林出版社 1993 年版，第 147 页。

④ 安平秋分史主编：《史记》，汉语大辞典出版社 2004 年版，第 1526 页。

⑤ 欧阳梦：《土家族建房习俗研究——以湖北省宣恩县老岔口村为例》，华中师范大学硕士学位论文，2007 年 5 月，第 12 页。

其巫术逻辑在于木匠送梁木登仙之后，可以达到东家儿孙为宦，享受富贵荣华的目的。云南大理、腾冲等地的木匠中曾流行一种被称为"送木神"的巫术仪式，对木神要进行虔诚的祭祀，并送走。通过烧木神甲马来祭祀由木匠在良辰吉日所锯下的"圆木"，请求神灵的帮助，使仪式发挥人们所期望的效力。用"树神"、"木神"这些甲马来祭祀象征着木神的圆木片，是为了祈求木神满意地离开。木神的可怕之处在于它所带领的"鬼斧神工"如果留在屋中，"房子会有响动，居家不安，家业不顺，六畜不旺"。①

　　树木成仙、成神在古代文献中是一个历久弥新的话题。秦文公遇树神的传说广见于《录异传》、《搜神记》、《玄中记》、《春秋别典》等典籍中。其内容说的是：秦文公时代的雍南山有一棵大梓树，秦文公砍伐这棵树时，天气忽然变化，风雨大作，树合起来，无法砍断。当时有一个病人夜间前往山中，听见有鬼对树神说："如果秦文公让人披垂着头发，用朱丝绕在树上，然后砍伐你，你就不会被困在树中了。"第二天病人将听到的话转告秦文公。秦文公按照鬼所说的方法将树砍断，树中出来一头青牛。青牛入水后又出来，有人和青牛相斗，无法取胜。将头发解开之后，青牛畏惧，入水中再也不敢出来。② 传说中"被发"、"朱丝"等细节显然和先秦时期的巫术信仰有关。大梓树之神是一头青牛，树不过是其所困之躯壳的情节无疑是古人崇拜树木的信仰文学化的结果。有的传说记载，古木之中藏有令人毛骨悚然的怪物。《搜神记·白头老公》载：

　　　　桂阳太守江夏张辽，字叔高，居鄢陵。田中有大树，十余围，盖六亩，枝叶扶疏，蟠地不生谷草。遣客斫之，斧数下，树大血出。客惊怖，归白叔高。叔高怒曰："树老枝赤，此何得怪？"因自斫之，血大流出。叔高更斫枝，有一空处，白头公长四五尺，突出趁叔高。叔高以刀逆斫，杀之，四五老公并死。左右皆惊怖伏地，叔高神虑恬然如旧。诸人徐视，似人非人，似兽非兽。此所谓木石之怪夔魍魉者

① 杨郁生：《云南甲马》，云南人民出版社 2002 年版，第 137—139 页。
② （宋）李昉等撰：《太平御览》，中华书局 1960 年版，1998 年重印第一册，第 210 页。

乎？其伐树年中，叔高作辟司空侍御史，兖州刺史。①

《隋书》等史书曾记载了"女国"之人用人或猕猴祭祀树神的习俗，这则记载描述道："女国，俗事阿修罗神，又有树神，岁初以人祭，或用猕猴。祭毕，入山祝之，有一鸟如雌雉，来集掌上，破其腹而视之，有粟则年丰，沙石则有灾，谓之鸟卜。"② 这则史料对域外风俗的记录，"女国"人对树神就不再像传说中的秦文公那样肆无忌惮，而是要以牺牲祭祀。另一则传说叙述的是松树神和道教八仙之一吕洞宾相见的逸事。传说岳州唐白鹤寺前有一棵古松，粗数围，树顶如龙形。吕洞宾曾经在树下小憩。有一位老翁从树顶下来，十分尊敬地拜见吕洞宾。老翁说他是树神，吕洞宾问他是正还是邪。老翁说，如果我是邪物，怎么又会认得出您这位真人呢？说完之后，老翁又回到松树顶上去了。吕洞宾十分感慨，在寺壁上题诗一首曰："独自行时独自立，无限世人不识我。惟有千年老松精，分明知是神仙过。"③ 道教典籍中也有"树中有神"之类的记载。《抱朴子内篇·卷之九·道意》说：

> 又南顿人张助者，耕白田，有一李栽，应在耕次，助惜之，欲持归，乃掘取之，未得即去，以湿土封其根，以置空桑中，遂忘取之。助后作远职不在。后其里中人，见桑中忽生李，谓之神。有病目痛者，荫息此桑下，因祝之，言李君能令我目愈者，谢以一肫。其目偶愈，便杀肫祭之。传者过差，便言此树能令盲者得见。远近翕然，同来请福，常车马填溢，酒肉滂沱，如此数年。张助罢职来还，见之，乃曰，此是我昔所置李栽耳，何有神乎？乃斫其便止也。④

树神幻化成人形，通过梦幻与人神交的传说也不在少数。《秋灯丛话》卷七"树神乞哀"载：

---

① （晋）干宝撰，李剑国辑校：《新辑搜神记》；（宋）陶潜撰，李剑国辑校：《新辑搜神后记》（上），中华书局 2007 年版，第 270—271 页。
② 孙雍长分史主编：《隋书》，汉语大辞典出版社 2004 年 1 月版，第 1674 页。
③ （元）陶宗仪：《说郛》卷五十下，文渊阁四库全书本。
④ 王明：《抱朴子内篇校释》，中华书局 1985 年版，第 175 页。

先外高祖张公云从，登郡蓬邑人，性仁慈，喜推施。岁饥，捐谷千石，以赈贫乏，活者千计；路获遗金，踪迹失主归之；除夕获盗，知为故人子，与以钱布遣之，终不泄于人。尝南游，宿沐阳旅舍。梦黑丈夫欣而鬐，跪床下曰："来朝之危，望君见怜！"惊寤，不解其故。晨行，见道旁有柞树一株，扶疏特异，匠伐之，津出如血，恍悟梦中所见。询其值，倍价以偿，并立石于左，识曰："山东树。"康熙丙戌，先外祖北岳公成进士，筮仕沐阳。访其地，石在而树无存。父老曰："数年前，树已朽，来一异僧，剞木合药为丸，疗病甚效。人争取之，树遂尽。"公乃祭其石，复植柞树十余株，以忘故迹。大宗伯许公儒霖，闻而异之，为作《柞树记》。①

基诺族长期传承着一个古老的习俗，即家家户户在开荒种地的前一天都要杀一只狗到砍树开荒的地方去祭祀树神。之所以要举行这样的祭祀仪式，是因为基诺人在刀耕火种的过程中，每次都要砍伐大量的树木，并将砍倒的树木烧毁。而有一次，他们发现头天砍倒的树木竟然又站起来了。族人中的五个小伙子为了揭开疑团，就在夜间偷偷观察。"只见树林边那棵未砍倒的千年古树的两根大树枝变成两只巨手，在上下活动，就像整理衣服似的。整着整着，古树突然变成了一个白发苍苍的老人。"在老人的指挥下，白天被砍倒的树纷纷站立起来。一方面不让树木断子绝孙；一方面又让人们可以种粮食吃，所以基诺人和树神之间达成了人神契约——即基诺人不再乱砍滥伐，而用以祭祀树神的狗则是基诺族人供奉给树神用来看林的。杀狗祭祀的时间、地点都是听从树神的安排。②

对于木匠而言，砍伐成神之树有流血的迹象是树神受到伤害时的表现，而在另一则传说中，木工则被树神之血夺取性命。《秋灯丛话》卷十六"树能著异名有邪正"：

钱塘某帅欲伐黄相国茔木建署，梦金甲神求救，不允，忽惊叫

---

① （清）王椷著，华莹点校：《秋灯丛话》，黄河出版社1990年版，第52页。
② 《基诺族民间故事》编辑组：《基诺族民间故事》，云南人民出版社1990年版，第29—32页。

曰："神射我矣。""遂以心痛死。苏松方观察国栋，造舟缺材，伐阳
羡善卷洞前古木，梦七男子黑而伟，环树乞哀，弗许。促斫之，血出
射木工死，方亦惊悸卒。慈溪张昺令铅山，见大树妨嫁，率众往伐，
有衣冠三人拜道左，叱之，忽不见。比运斤，血注，昺怒，立仆之。
巢中坠妇人二，系妖魅摄去。昺官至四川佥事。夫同一木也，皆能著
异，而伐者所遭各别，岂人与木各有邪正欤？"①

传说中的金甲神与附着于树中的妖魅，其能力亦有差异。有时，树神
则成为一种具有预兆功能的生命存在。《啸亭杂录·续录》之"树神"：

> 永陵中，原皇帝享殿侧，有榆树一株，高数十丈，荫庇神殿。其
> 树枝干诘屈若虬龙状，树腰有瘿数百颗，闻土人云："每帝后上宾
> 时，其瘿自陨一枚，五朝皆然。"实为国家亿万年无疆之兆，宗周卜
> 世之详，未足比也。②

就是在近代以来，人们对树神的崇拜依然形成了一股强势的民间力
量。《续子不语》卷一"万年松"：

> 广东香山县凤凰山，有万年松数株。西洋人架梯取之，其松忽上
> 忽下，随梯转移。洋人怒，用鸟枪击之，连发数十枪，卒不能得。松
> 至今青葱如故。③

当然，作为人类长期崇拜的对象，树木之中一直存在两种神异的情
况：一种是树木之中有神灵；二是树木之中存在的是精怪之类的邪灵。一
些树精并没有树神的强大力量，而只有迷惑人的雕虫小技。《湖海新闻夷
坚续志·后集卷二·精怪门·树木·樟精惑人》：

---

① （清）王椷著，华莹点校：《秋灯丛话》，黄河出版社 1990 年 6 月版，第 270 页。
② （清）昭梿撰，冬青点校：《啸亭杂录》，《清代笔记小说大观》，上海古籍出版社 2007
年版，第 4606 页。
③ （清）袁枚撰：《子不语全集》，河北人民出版社 1987 年版，第 461 页。

　　咸淳甲戌冬，有二男子赍官会于杭州三桥，请路岐人祗应，云是张府姻事，先议定不许用黄钟曲调。路岐人曰："在何处?"曰："在江阴无锡县界。"路岐人曰："此间相去五百余里，又日暮，如何可到?"应曰："汝等皆卧舟中，我自撑去。"众从之，舟行如飞。经长安崇德、苏秀、吴江，约二更，上岸至一大府地，路岐人如约奏乐，见坐客行酒人皆短小，灯烛焰青，既而幽暗。至四更无饮馔，人饥且怒，因奏黄钟宫。坐客与行酒人皆惊，皆有止之者。乐人不愿。须臾黑风一阵，人与屋俱亡，但见一大树满天星宿。因犬吠，投人家问之，人曰："此间有樟树精，能惑人，汝被惑矣!"天明，果一大樟树也。男子乃树近庙中二使，其余皆其庙神也。①

　　甚至于某些树怪还会幻化成人形与人共居，为人类的生活增添乐趣。《湖海新闻夷坚续志·后集卷二·精怪门·树木·榆木为怪》：

　　吕申公夷简常通判蜀中，忘其郡名，廨宇中素有鬼物，号俞老姑，乃榆木精，其状一老丑妇，常出厨中与群婢为偶，或时见之。家人见之久，亦不为怪。公呼问之，即下阶拜云："妾在于堂府日久，虽非人，然不敢为祸。"公亦置而不问。常谓公他日必大贵。一日会怀妊，群婢戏之。自言非久当难产，遂月余不见。忽出云："已产矣，请视之，后园榆木西南生大赘者是也。"视之，果然。②

　　看来变形信仰在树木与人类之间已经形成一种传统。不但树能变为人形，人也可能会变为树形。《续子不语》卷四"人变树"载："外国兀鲁特及回部民，从不肯自尽，云自尽者必变树，树易遭斩伐，故不愿也。秦中明府蒋云骧云。"③

　　若是就此断言树怪危害人类的能力有限，则就会忽视了民众树木崇拜的深刻性。《子不语》卷十九"树怪"：

---

①　（金）无名氏撰，金心点校：《湖海新闻夷坚续志》，中华书局1986年版，第262页。

②　同上书，第263—264页。

③　（清）袁枚撰：《子不语全集》，河北人民出版社1987年版，第501页。

费此度从征西蜀，到三峡涧，有树孑立，存枯树而无花叶。兵过其下则死，死者三人。费怒，自往视之。其树枝如鸟爪，见有人过，便来攫拿。费以利剑斫之，株落血流。此后行人无恙。①

这则记载中的树怪虽然凶残，但毕竟为人所制服。而民间生活中流传的某些树怪在与人类的较量中，却也有全胜的例子。《子不语》卷九"木箍颈"：

庄怡园在关东，见猎户有以木板箍其颈者，怪而问之，曰："我兄弟二人，方驰马出猎，行大野中，忽见一人，长三尺许，白须幅巾，揖于马前。兄问何人，摇手不语，但以口吹马，马惊不行。兄怒，抽箭射之。其人奔窜，兄逐之，久而不返。我往寻凶，至一大树下，兄仆于地，颈长数尺，呼之不醒。我方惊惶，幅巾人从树中出，又张口吹我。我觉颈痒难耐，搔之，随手而长，蠕蠕然若变作蛇颈者，忽抱颈持马逃归，始免于死。然颈已痿废，不能振起，故以木板箍之而加铁焉。"或曰，此三尺许人，乃水木，之前，游光、毕方类也。能呼其名，则不为害，见《抱朴子》。②

除树中生神之外，还有大量与树木相关的成仙传说。《真诰·稽神书第二》记载："昔有一人好道，而不知求道之方，唯朝夕拜跪，向一枯树辄云，乞长生，如此二十八年不倦。枯木一旦忽然生华，华又有汁，甜如蜜。有人教令食之，遂取此华及汁并食之，食讫即仙矣。"③《真诰》记载的道士侯道华成仙升天之前先是飞升在"云鹤盘旋，笙箫响亮"的古松之顶。据传说记载，侯道华已经事先知晓要从松顶升天，所以事先斫去松枝，以备后用。④

---

① （清）袁枚撰：《子不语全集》，河北人民出版社1987年版，第335页。

② 同上书，第151页。

③ （梁）陶弘景：《真诰》卷十二，文渊阁四库全书本。

④ （宋）张君房编，李永晟点校：《云笈七签》第五册，中华书局2003年版，第2485—2486页。

有时，人们相信树木也会流血。"中国书籍甚至正史中有许多关于树木受斧劈或火烧时流血、痛哭、或怒号的记载。"①《搜神记·零陵树变》：

> 汉哀帝建平三年，零陵有树僵地，围一丈六尺，长一十四丈七尺。民断其本，长九尺余，皆枯。三月，树卒立故处。汝南西平遂阳乡有树仆地，生枝叶如人形，身青黄色，面白，头有须发，稍长大，凡长六寸一分。京房《易传》曰："王德欲衰，天下将起，则有木生为人状。"其后有王莽之篡。②

《唐开元占经》记载，树自鸣、哭泣、出血、生齿等怪异现象乃是凶兆："《地镜》曰：木生一只偏无叶，岁恶民饥。又曰：木忽自鸣主死，自鸣作金声者，主地方分裂。《地镜》曰：木泣，天下有兵。……《京房》曰：伐木有血，侯王有忧。又曰：林木生齿，有兵起。"③

无论是关于树神、树妖还是其他的民间传说，都是民众崇拜树木的心理表征。民众对于树木的崇拜心理自然导致木匠伐木时的慎重。《秋灯丛话》卷九"弗伐樗树得报"载：

> 通州文昌阁居城上，阁前一樗树，高数丈，大十余围，三四百年物也。乾隆初重修阁，欲去之。一老匠曰："树历年久，恐有神凭焉，勿伐。"督工者不可，匠再三晓譬止。次日，匠登阁脊，偶失足，旋转而下至檐际，将坐，檐俯临城濠，坠即齑粉碎矣，幸为樗树所承得免。匠心悸，欲以病辞。夜梦伟丈夫曰："昨蒙拯救，稍为报效，来朝恐仍不免，恳再往，感且不朽。"匠醒，急诣公所，适州牧杜公至，以树生城颠非宜，命去之。匠力阻，且诉其故，仍不得伐。阁今为潞河书院。予尝至其处，老树婆娑，生意郁郁也。④

---

① ［英］詹·乔·弗雷泽著，徐育新等译：《金枝——巫术与宗教之研究》，中国民间文艺出版社 1987 年版，第 172 页。

② （晋）干宝撰，李剑国辑校：《新辑搜神记》；（宋）陶潜撰，李剑国辑校：《新辑搜神后记》（上），中华书局 2007 年版，第 188—189 页。

③ （唐）瞿昙悉达：《唐开元占经》卷一百十二，文渊阁四库全书本。

④ （清）王椷著，华莹点校：《秋灯丛话》，黄河出版社 1990 年版，第 149 页。

树木之种种怪异特征对信众产生的威慑作用迫使人们不得不对树木采取祭祀或强力的巫术控制。大理洱源苝碧白族建新房时，主人要和木工相配合，施行一种被称为送"木气"的巫术仪式。送"木气"的仪式紧接着祭祀鲁班的仪式之后进行，当地木匠认为通过对木工祖师鲁班的祭祀之后，可以获得祖师的帮助，从而使巫术获得成功。其过程如下："祝毕，主人拿小木槌，在每棵柱子上打一下，击出音响，将躲在里面的邪妖赶跑；再拿一个木盘，装上祭品和'木气'，放进香一对，红纸包一个。红纸包里封着三角六分或六角六分钱。由一个壮年男子捧着木盘，几个木工跟在他身后，将'木气'送到村里十字路上的中心地点。"送"木气"仪式必须遵循种种禁忌，因为"木气"是一种会作怪的妖邪之物，如果不送出去就会作怪："人们说，有些人家建新房后，会看见梁上有穿红衣裳的鬼吊着，或听见怪异声响，或主人受精邪鬼魅作祟，以致患重病或死亡等等，皆因没有送'木气'之故。"① 在相信"木气"作怪的民众看来，树木之中存在着会作祟的妖邪精怪，因而人们不得不毕恭毕敬地祭祀它，然后将其送走；为了讨好它，在祭品上必须精心准备，诸如备下象征性的红包。

工匠建房民俗在其流变中必然遇到和本土信仰相接触的情况，而在这种文化接触的过程中，异文化的本土化经历的却是一种融合的历程，其原因在于工匠建房民俗本身和民众的树木崇拜心理有着同源的关系。以大理白族为例来解释这一状况的确实存在，应当可以窥见工匠民俗地方化进程——即流变历程的全豹之一斑。田野资料向我们展示了树木崇拜在大理白族地区的深厚积淀和广泛渗透。嘉庆年间的《滇南杂志》卷一三记载，喜洲镇灵会寺右边的古梅树"过者拱之，不敢亵视"。② 1932 年的《海东志》记载了名庄村孟获祠外的一棵万年大青树被当地人认为树中有半神半鬼的女或精灵变的女子——"金姑"藏身于内，碰上"金姑"会使人生病，必须通过对神树进行祭祀、祈求才能消除病痛。海东乡海岛村白族民众传说新中国成立前金梭岛上几百年的大树变为妖精，使人患病，人们

① 吕大吉主编，何耀华等编：《中国各民族原始宗教资料集成：彝族·白族·基诺族卷》，中国社会科学出版社 1996 年版，第 730 页。

② 同上书，第 509 页。

不得不对它进行祈求和祭祀；海岛村南面的万年青松被当地人奉为树神，不敢妄动，1958 年，神树被年轻人砍伐时，一群老妈妈在树旁祈求树神的宽恕。沙村历代白族奉一棵万年青为神树，村中发生火灾，其原因被归结为当年神树被砍掉，招致神树的报复。鹤庆白族有祭祀树神、树精的风俗；剑川沙溪乡中登村的白族在除夕日隆重祭祀村前的大冬青树“吾拜嘿整”，即“五百年天神树”，由家中女长者边磕头边念的祭祀祷词是：“五百年天神树，今天我们全家都来祭祀您，老的来了，小的也来了，没有一个不来。求您像过去的一年那样，保佑我们全家老小平平安安，无灾无病。保佑来年风调雨顺，五谷丰登。”①

　　大理白族对树木成神、树木成妖的信仰，无疑使白族民众和树木建立了一种精神意义上的、长期的人—神关系或人—妖关系。这种关系为工匠建房民俗在当地获得信仰依据奠定了历史性的根基。白族木匠施行巫术所依据的是一本名为《木经》的工匠经典，这本集技术与巫术为一体的著作原型出于《鲁班经》和《鲁班书》一脉，是一种流传在民间的抄本。《鲁班经》、《鲁班书》等著作深受鲁班传说、道教法术和术数学的影响，是整个中国传统文化中的一部分，波及范围几乎到达全国各地、各民族，白族工匠使用的《木经》是一种民俗文化传播于地方之后与地方文化相结合而产生的一种变异性的新模式。白族木匠中，“凡是能掌握《木经》的匠师，就成为工匠领班，主持建筑、设计构图，尊称之为山神，言其能支配山林命脉”。② 工匠建房巫术的传入无疑易于和白族本土的树木崇拜习俗相融合，而千百年以来当地民众对树神、树妖的恐惧、祭祀，因为鲁班弟子——建房工匠们依据祖师经典来施行祭祀和强力的巫术控制，民众们开始为树木崇拜找到了一个新的、具有浓郁巫术倾向的逻辑起点。

　　并非只有房屋建筑中起显要作用的梁和柱才会和被作为木仙、木神或“木气”而受到人们的敬畏和祭祀，一些工匠建房民俗的表现中，大量的邪魅之物聚集在十分微小的物件上。浙江省淳安县的木匠为主人家建完新房之后，要举行一种驱赶凶煞神的巫术仪式。木匠在新房落成的当晚，手

---

① 吕大吉主编，何耀华等编：《中国各民族原始宗教资料集成：彝族·白族·基诺族卷》，中国社会科学出版社 1996 年版，第 508—514 页。
② 大理白族自治州《白族民间故事》编辑组：《白族民间故事》，云南人民出版社 1982 年版，第 187—221 页。

执木槌，"将量木用过的度杆送出村外烧掉，并手舞木槌，以示赶走凶煞神，保佑新屋主人家道平安"。① 这种类型的巫术仪式是在鲁班仙师和其他神灵的护佑之下对凶煞神的强制性驱逐，是一场驱魔战斗。

第二节　昆仑神话对梁、柱的圣化

我们看到从人类所经历的漫长的原始宗教时期就统摄着人类思维的树木崇拜习俗，即将树木和神、仙、妖邪、凶煞相联系在一起；也看到了木匠们对它们的祭祀或驱逐。然而，树木崇拜和工匠建房民俗之间的关系尚且未被较全面地解释，因为树木和人在精神领域的关系不啻于此。工匠建房民俗活动中使用的柱和梁，由于受到源远流长的上古神话的影响，许多情况下还起到沟通人神的纽带作用。

中柱在木架结构类房屋中所起的不仅是支撑木架，实现房屋稳定的建筑学意义上的技术性实用价值，而且具有宗教信仰上的意义。有学者指出："然而，基于天、地、神、人不同空间层次以及灵魂不灭之类这样一种古老的观念、信仰，我国少数民族木架构结构传统民居中的中柱，却多被人为地赋予一种超现实的精神意义，被认为是沟通天、地、神、人的工具而成为居室里相当神圣的宗教信仰载体。"② 这一总括性观点，是作者在研究了大量少数民族田野作业资料的前提下提出来的。比如黔东南雷公山腹地自称"德闹"的苗族支系要在中柱脚下植被称为"花树"的金竹，这棵"花树"在丧葬仪式中意义重大，"花树"成为了逝者灵魂通往祖先灵魂聚居地的通道；丽江塔城一带自称"鲁西"的纳西族人相信死者的灵魂可以沿中柱而上，和已逝世的祖先团聚；黔东南的苗族将选择枫香树作为中柱看作一件神圣之事，因为枫香树和苗族祖先的灵魂密切相关，他们不仅在砍伐枫香树时要对其祭祀，甚至当枫香树成为房屋中柱之后，对它的祭祀依然伴随着他们的日常生活……这些例子表明了中柱在信仰中的地位。但是，笔者认为，在相对封闭的、社会组织结构相对简单的小规模

---

① 中国民间文学集成全国编辑委员会、中国民间文学集成浙江卷编辑委员会：《中国歌谣集成·浙江卷》，中国 ISBN 中心 1995 年版，第 146 页。

② 罗汉田：《中柱：彼岸世界的通道》，《民族艺术》2000 年第 1 期，第 115 页。

族群社会之中的中柱信仰毕竟和受到鲁班传说、道教法术以及术数学影响的工匠民俗系统中的中柱信仰有着极大的差别，前者因为受到地域性的原始宗教的调节，后者的表现则和"昆仑"神话及"天梯"神话有关。所以，当诸如黔东南苗族枫香树崇拜和工匠民俗系统相遇时，需要小心鉴别它们在源头和表现上的不同。如文中以掌墨师傅以鸡血发墨、弹墨线占卜吉凶这一过程，是工匠民俗系统在苗族地区传播的结果，而不是当地苗族本土信仰体系中原来就有的内容。①

许多民族的工匠在建房民俗中都在反复延续一个文化原点，即工匠所使用的梁木来自于昆仑圣地。主要分布于贵州境内的仡佬族工匠师伐木之前先举行对树木的祭祀仪式，祭祀祷词说："木王、木王，生在何处？长在何方？生在昆仑前，长在昆仑山。哪个赐你生？哪个赐你长？土公土母赐你生，阳光雨露赐你长。上头长起枝对枝，叶对叶，乌鸦飞过不敢歇。下头长起根对根，藤对藤，根根藤藤放光明。文官过此不敢砍，武将路过不敢斩。鲁班弟子法力大，手提金斧到跟前，砍一斧，吼一声，树子倒在地尘埃，截了头，栽了颠，去掉两头要中间。劈的劈，锛的锛，刨子口里推光生。此木伐来作何用？拿来主家做栋梁。"② 祷词所演绎的事实在于树木并非凡间之物，而是生长于昆仑山的木王。相类似的祭祀祷词被浙江省东阳市的木匠在破树木的祭祀仪式中念诵着："伏西伏西，树木出在哪里？树木出在昆仑山中。哪个看见？小将军游山玩水看见。哪个出判？王母娘娘出判。哪个开斧？程咬金开斧。哪个取料？鲁班仙师取料。大头取来做啥用？大头取来做大梁。小头取来做啥用？小头取来做小梁。中间取来做啥用？中间取来做紫金梁。大头量来小头一点不短，小头量去小头一点不长。不短不长是栋梁。"③ 在地理上相距如此遥远的木匠们同时在祷词中叙述到树木长在昆仑山之中的内容，而且浙江东阳市的祷词中还出现了王母娘娘这一神话中由居住于昆仑山的西王母演变而来的神仙。这一现象显然不能用巧合来解释，而只能是文化传播的结果。诸如《鲁班经》、《鲁班书》、《木经》等工匠经典应当在巫术信仰的传播过程发挥着载体的作用。武灵县

---

① 罗汉田：《中柱：彼岸世界的通道》，《民族艺术》2000 年第 1 期，第 122—123 页。

② 毛公宁主编：《中国少数民族风俗志》，民族出版社 2006 年版，第 1327 页。

③ 中国民间文学集成全国编辑委员会、中国民间文学集成浙江卷编辑委员会：《中国歌谣集成·浙江卷》，中国 ISBN 中心 1995 年版，第 138 页。

的《上梁歌》再次提到了浙江东阳市木匠所说的紫金梁:"双牛并行拉了上来,请上能工巧匠做成材。一根做成通天柱,一根又做紫金梁……"由此看来,只有回到昆仑圣地才可能解开这一文化基因遗传过程的真相。

关于昆仑这一话题,学界已颇多论述,可谓众说纷纭,难有定论。这一学术争鸣现象的出现,和昆仑含义的丰富性有直接的联系。有学者认为,尽管昆仑在中国文化史上含义十分丰富,但从宏观上来区分,昆仑的含义其实可以从地理和神话两个维度来加以辨别。作为神话体系中的昆仑,其所指称的对象是有限制的。昆仑之丘是一个万神聚集的圣山,相当于古希腊神话体系中的奥林匹斯山。此外,昆仑还是"天地之脐"和"天之中柱",具有连接天地的重要功能。[1]

许多地区遗存的工匠建房民俗都表明:工匠建房民俗吸收了昆仑神话的一些要素。在一些巫术仪式中念诵的祷词里,反复出现了昆仑或昆仑主神西王母(有时是由西王母演变而来的王母娘娘)。工匠们所使用的鸡往往是来自昆仑的神物。大理州白族木匠点梁时念道:"这只鸡,什么鸡,昆仑飞来凤凰鸡,一次下了三个蛋,一窝抱得三只鸡。"祷词说点梁鸡、天宫鸡以及家养的鸡属于同一个母亲——昆仑凤凰鸡的后代。[2] 昆明嵩明县的工匠所念的《祭梁仪式歌》说:"……昆仑山上抱鸡子,凤凰巢里出鸡儿。……"[3] 浙江省建德市的工匠在上梁仪式的祷词中说,他们使用的雄鸡是西天王母仙家所养;东阳市的工匠则说雄鸡是王母娘娘的报晓鸡。王母娘娘是由《山海经》中昆仑诸神演化而来的一位女性神仙。《山海经·大荒西经》:

> 西海之南,流沙之滨,赤水之后,黑水之前,有大山,名曰昆仑之丘。有神——人面虎身,有文有尾,皆白——处之。其下有弱水之渊环之,其外有炎火之山,投物辄燃。有人,戴胜,虎齿,有豹尾,穴处,名曰西王母。此山万物尽有。[4]

---

① 刘锡诚:《神话昆仑与西王母原相》,《西北民族研究》2002 年第 4 期,第 176 页。

② 中国民间文学全国编辑委员会、《中国歌谣集成·云南卷》编辑委员会:《中国歌谣集成·云南卷》,中国 ISBN 中心 2003 年版,第 44 页。

③ 同上书,第 572 页。

④ 郭郛:《山海经注证》,中国社会科学出版社 2004 年版,第 847—848 页。

工匠们在民俗活动中将所使用的巫术灵物附会于昆仑圣地和西王母，是为了获得一种传统意义上的归属。

在昆仑神话中，昆仑是高耸入天的神山，所以昆仑是登天之处，"十巫"即是由此往返于天地之间。《山海经·大荒西经》：

> 有灵山，巫咸、巫即、巫盼、巫彭、巫姑、巫真、巫礼、巫抵、巫谢、巫罗十巫，从此升降，百药爰在。西有王母之山、壑山、海山。有沃之国，沃民是处。沃之野，凤鸟之卵是食，甘露是饮。凡其所欲，其味尽存。……①

后世神话又传昆仑之上有登天之阶，如《论衡·道虚篇》：

> 天之于地，皆体也。地无下，则天无上矣。天无上，升之路何如？穿天之体，人力不能入。如天之门在西北，升天之人，宜从昆仑上。淮南之国，在地东南，如审升天，宜举家先从徙昆仑，乃得其阶。如鼓翼邪飞，趋西北之隅，是则淮南王有羽翼也。今不言其徙之昆仑，亦不言其生羽翼，空言升天，竟虚非实也。②

在昆仑神话传播过程中，昆仑逐渐演变为天柱，或称昆仑山上有天柱。《初学记》卷五引《河图括地象》："昆仑山为天柱，气上通天。昆仑者，地之中也。地下有八柱，柱广十万里，有三千六百轴。互相牵制，名山大川，孔穴相通。"③《太平御览·卷三八·地部三·昆仑山》引《神异经》："昆仑有铜柱焉，其高入天，所谓天柱也。围三千里，圆周如削，铜柱下有屋壁方百丈。"④《太平御览·卷三八·地部三·昆仑山》引《龙鱼河图》："昆仑山，天中柱也。"⑤传昆仑山为天柱或昆仑山有铜天柱的前提在于昆仑是地之中心，这从郭璞对《山海经》的注释中可以找

---

① 郭郛：《山海经注证》，中国社会科学出版社 2004 年版，第 834—835 页。
② 北京大学历史系《论衡》注释小组：《论衡注释》，中华书局 1979 年版，第 413 页。
③ 徐坚等：《初学记》，中华书局 1962 年版，第 87 页。
④ （宋）李昉等撰：《太平御览》，中华书局 1960 年版，1998 年重印第一册，第 182 页。
⑤ 同上。

到线索。《山海经·海内西经》:"昆仑之虚,方八百里,高万仞。"① 郭
璞注:"去崇高五万里,盖天地之中也。"② 所以郦道元《水经注·河水
一》云:"昆仑墟在西北,去崇高五万里,地之中也。"③ 昆仑为天柱或昆
仑山有铜天柱之说无疑都以不同的表述在传达同一个主旨:昆仑是天地的
中心,是来往于天地之间的通道。从文献角度来看,整体化的昆仑为登天
柱显然是后起的说法,昆仑之上的登天柱,应该就是一棵被称为"建木"
的神树。

万仞之高的昆仑山上生长着各种神奇的树木。《山海经·海内西经》:

> 海内昆仑之虚,在西北,帝之下都。昆仑之虚,方八百里,高万
> 仞。上有木禾,长五寻,大五围。面有九井,以玉为槛。面有九门,
> 门有开明兽守之,百神之所在。在八隅之岩,赤水之际,非仁羿莫能
> 上冈之岩。……昆仑南渊深三百仞。开明兽身大类虎而九首,皆人
> 面,东向立昆仑上。开明北有视肉、珠树、文玉树、玗琪树、不死
> 树。凤皇、鸾鸟皆戴蕺。又有离朱、木禾、柏树、甘水、圣木曼兑,
> 一曰挺木牙交。……④

昆仑山有一棵名为"建木"的参天巨树有着专门的用途,因为它是
通往天界的天梯。《山海经》曾多次提到"建木"。《山海经·海内南
经》:"其木,其状如牛,引之有皮,若缨、黄蛇。其叶如罗,其实如栾,
其木若蓝,其名曰建木。……"⑤《山海经·海内经》:

> 南海之内,黑水青水之间。有九丘,以水络之:名曰陶唐之丘、
> 有叔得之丘、孟盈之丘、昆吾之丘、黑白之丘、赤望之丘、参卫之
> 丘、武夫之丘、神民之丘。有木,青叶紫茎,玄华黄实,名曰建木,

① 袁珂:《山海经校注》,巴蜀书社1993年版,第344—345页。
② 同上书,第346页。
③ (清)王国维、袁英光、刘寅生整理标点:《水经注校》,上海人民出版社1984年版,第
1—2页。
④ 袁珂:《山海经校注》,巴蜀书社1993年版,第344—345页。
⑤ 同上书,第329页。

百仞无枝，上有九欘，下有九枸，其实如麻，其叶如芒，大暤爰过，黄帝所为。①

其他典籍中也提到了"建木"。《吕氏春秋·有史览》记载："白民之南，建木之下，日中无影，呼而无响，盖天地之中也。"高诱注："极星与天俱游，而天枢不移。冬至日行远道，周行四极，命曰玄明。夏至日行近道，乃参于上。当枢之下无昼夜。建木在广都，南方，众帝所从上下也。复在白民之南。建木状如牛，引之有皮。黄叶若罗也。日正中将下，日直，人下皆无影。大相呼叫，又无音响人声。故谓盖天地中也。"②

《淮南子·地形篇》记载："建木在都广，众帝所自上下，日中无景，呼而无响，盖天地之中也。若木在建木西，末有十日，其华照下地。"高诱注："建木，其状如牛，引之有皮，若璎、黄蛇，叶如罗。都广，南方山名也。……众帝之从都广山上天还下，故曰上下。日中时日直，人上无景晷，故曰盖天地之中。"③

袁珂先生对"大暤爰过，黄帝所为"中"过"的含义进行的解释是：

郭郝之说俱非也。过非经过之过，乃"上下于此，至于天之意也。"《淮南子·坠形篇》："建木在广都，众帝所自上下。"高诱注："众帝之从都广山上天还下，故曰上下。"云"上天还下，故曰上下"，得"上下"之意矣，然云"从都广山"，则尚未达于一间也。揆此文意，"众帝所自上下"云者，实自建木"上下"，非自都广"上下"，此"建木，……大暤爰过"之谓也。古人质朴，设想神人、仙人、巫师登天，亦必循阶而登，则有所谓"天梯"者存焉，……自然物中可藉凭以为天梯者有二：一曰山，二曰树。山之天梯，首曰昆仑。……唯此建木，乃云"大暤爰过"。"过"者非普通于树下"经过"之"过"，如仅系普通于树下经过，亦不值如此大书特书。此"过"者，实"众帝所自上下"之"上下"；此"为百王先"

① 袁珂：《山海经校注》，巴蜀书社 1993 年版，第 507—509 页。
② （战国）吕不韦著，高诱注：《吕氏春秋》，上海书店 1986 年版，第 126 页。
③ （汉）刘安著，高诱注：《淮南子注》，上海书店 1986 年版，第 57 页。

（《汉书》、《帝王世纪》）之大皞庖羲，亦首缘此建木以登天也。于是乃有记叙书写之价值。

袁珂先生对"黄帝所为"之"为"的解释是："此'为'者，当是'施为'之为，言此天梯建木，为宇宙最高统治者之黄帝所造作、施为者也。"① 也就是说，建木的独特价值在于它充当着登天之梯的角色，所谓"过"其实是通过建木来往于天地之间，而不是简单地从树下经过。

如果说袁珂先生的考证属于文献意义上的梳理和推测，那么来自考古学界的发现则将这种推测推向了前进。四川广汉三星堆二号祭祀坑中出土的铜制神树是古蜀人崇拜树木的考古证据，有学者推测："三星堆大铜树的发现，可能正是这种'建木天梯'传说的物证。铜树高大挺直，一条飞龙盘旋而下，正是古代帝王首领或神巫变幻为'龙身'，往来于天地人神之间的具体写照，体现出神树是沟通'人界'与'天界'阶梯的宗教意义。"②

"百仞无枝"的神树"建木"应当是以一种高大的乔木为原型的。由此看来，工匠建房巫术中之所以出现了"树木长在昆仑山"和"通天柱"等内容，无疑是受到昆仑神话中种种神树——尤其是"建木"这样的通天之树的启示所致。广西崇左县的壮族工匠这样描述上梁的目的："爬上楼梯步步高，鲁班弟子上屋梁；盖屋上梁有何用，摘个仙桃送王母娘娘。"③ 传达出一种和神仙沟通的愿望。人类和天界诸神交流，本来在上古时期是一种被普遍相信的行为，圣王颛顼"绝地天通"的宗教改革之后④，"及少皞之衰也，九黎乱德，民神杂糅，不可方物。夫人作享，家为巫史，无有要质"的社会状况发生了改变。⑤ 但是，作为"通天"的信仰，却一直在中国文化体系中得到延续，工匠建房民俗也受到了浸染。

---

① 袁珂：《山海经校注》，巴蜀书社 1993 年版，第 510—513 页。

② 曾维加：《成都平原的树崇拜与道教关系探奥》，《宗教学研究》2008 年第 1 期，第 69 页。

③ 中国民间文学集成全国编辑委员会、《中国歌谣集成·广西卷》编辑委员会编纂：《中国歌谣集成·广西卷》，中国社会科学出版社 1992 年版，第 153 页。

④ 《尚书·吕刑》记载：王曰："……皇帝哀矜庶戮之不辜，报虐以威，遏绝苗民，无世在下。乃命重黎绝地天通，罔有降格，群后之逮在下，明明棐常，鳏寡无盖。"李民、王健撰：《尚书译注》，上海古籍出版社 2004 年版，第 399 页。

⑤ 上海师范大学古籍整理组校点：《国语》，上海古籍出版社 1978 年版，第 562 页。

第三节　龙与木的神秘"互渗"

工匠建房民俗系统内出现了一种不容忽视的现象，也传达出树木崇拜的一种独特表现形式。这一形式就是工匠在祷词中往往将房屋之木梁呼为青龙、木龙或龙。这种民俗思维背后所隐藏的信仰来源是很复杂的。浙江宁波的工匠在上梁仪式之前所举行的浇梁仪式呼梁为青龙。工匠手拿酒壶，以酒浇梁，同时唱《上梁歌》："浇梁浇到青龙头，下代子孙会翻头；浇梁浇到青龙中，下代子孙做总统；浇梁浇到青龙脚，下代子孙会发迹；团团浇转一盆花，宁波要算第一家。"① 浙江射阳县的木匠所举行的浇梁仪式对被呼为龙木的木梁有更加细致的祭祀，他们的浇梁祷词说："一浇龙木头，主家代代出诸侯。二浇龙木颈，主家儿孙大安宁。三浇龙木眼，主家事事都平安。四浇龙木爪，荣华富贵发主家。五浇龙木尾，主家做官清如水。浇上三浇，子孙高造，滴上三滴，连升三级。"② 从浇梁祷词的表层关联来看，浇梁仪式的直接巫术目的无疑在于实现富贵、平安等现世人生的美满；关于"木"和"龙"之间的关系，也可以依据文学意义的修辞得出一个貌似合理的结论。但是，如果考虑到作为背景的整个巫术时代的信仰内容，我们却不能就此停下思考的进程。

我国古代关于龙的文献记载极为丰富。在相当长的时期内，龙被视为一种行踪莫测、形象多变的神物。《周易·上经·乾卦（一）》："初九：潜龙，勿用。九二：见龙在田，利见大人。……九五：飞龙在天，利见大人。上九：亢龙，有悔。用九：见群龙无首，吉。"③ 龙是何形象，不得而知。春秋时期，龙有了虫类之属的形象可以联想，但虫类之属却只是一种暂时的形象想象，因为龙善于变化。《管子·水地》："龙生于水，被五色而游，故神。欲小则化为蚕蠋，欲大则藏于天下，欲上则凌于云气，欲下则入于深泉。变化无日，上下无时，谓之神。"④《左传》所记载的龙有

① 钟敬文主编，万建中等著：《中国民俗史·民国卷》，人民出版社 2008 年版，第 153 页。
② 中国民间文学集成全国编辑委员会、《中国歌谣集成·江苏卷》编辑委员会：《中国歌谣集成·江苏卷》，中国 ISBN 中心 1998 年版，第 176 页。
③ 周振甫译注：《周易译注》，江苏教育出版社 2006 年版，第 36—37 页。
④ 黎翔凤撰，梁运华整理：《管子校注》，中华书局 2004 年版，第 827 页。

以下特征：龙属于水中之物；有神曾化为黄龙；龙可以被人驯服、畜养；龙分雌雄，可为坐骑等。①《山海经·海外南经》："南方祝融，兽身，人面，乘两龙。"《山海经·海外西经》："西方蓐收，左耳有蛇，乘两龙。"《山海经·海外东经》："东方勾芒，鸟身人面，乘两龙。"②

学者们一般认为，龙的形象定型于汉代。从司马迁《史记》的记载来看，龙和帝王有着密切的关联：龙是帝王的象征，汉高祖甚至是龙的后裔。《史记·本纪第八·高祖本纪》："其先刘媪尝息大泽之阪，梦与神遇。是时雷电晦冥，太公往视，则见蛟龙于其上，已而有身，遂产高祖。"③ 古代文献中有"四灵"的记载，其中就包括龙。《礼记·礼运》："四灵以为畜，故饮食有由也。何谓四灵？麟、凤、龟、龙谓之四灵，故龙以为畜，故鱼有不淰。凤以为畜，故鸟不猵。麟以为兽，故兽不狨。龟以为兽，故人情不失。"④ 汉代文献中的青龙，是镇宅主神之一。《论衡·解除篇》："由此言之，解除宅者，何益于事？信其凶去，不可用也。且夫所除，宅中客鬼也。宅中主神有十二焉，青龙、白虎列十二位。龙虎猛神，天之正鬼也。飞尸流凶，安敢妄集，犹主人猛勇，奸客不敢窥也。"⑤ 许慎对龙的解释是："龙，麟虫之长。能幽，能明，能细，能巨，能短，能长；春分而登天，秋分而潜渊。从肉，飞之形，童省声。凡龙之属皆从龙。"⑥ 对龙之形象解释最为细致的要数宋代的罗愿，他在《尔雅翼·释龙》中记载道："角似鹿，头似蛇，眼似鬼，颈似蛇，腹似蜃，鳞似鱼，爪似鹰，掌似虎，耳似牛。"⑦ 据记载，乾隆年间发生了"龙坠"的神秘事件，其中就有关于龙形的描述。《秋灯丛话》卷一"龙坠"：

① 杨伯峻编著：《春秋左传注》，中华书局 1981 年版，第 1502—1503 页。

② 郭郛：《山海经注证》，中国社会科学出版社 2004 年版，第 595、620、661 页。

③ 安平秋分史主编：《史记》，汉语大辞典出版社 2004 年版，第 121 页。

④ 《十三经注疏》整理委员会整理：《礼记正义》，北京大学出版社 2000 年版，第918—919 页。

⑤ 北京大学历史系《论衡》注释小组：《论衡注释》，中华书局 1979 年版，第 1436 页。

⑥ （汉）许慎撰，（宋）徐铉校定，王宏源新勘：《说文解字》（现代版），社会科学文献出版社 2005 年版，第 652 页。

⑦ （宋）罗愿：《尔雅翼》卷二十八，文渊阁四库全书本。

乾隆壬申七月，长山大雨浃旬。有龙坠东郭外，长数丈，大十余围。首如牛，颔下碧须累累，鳞甲皆白，闪烁有光。顶微凹，大如盘，一虾蟆伏其中，时出跳跃，顷复入。阖邑聚观，县令命架棚覆之。经数日，忽雷雨暴作，乃飞去。①

系统地讨论龙的形象及其功能、相关风俗等不是本书的主题，以上只是对古代文献中关于龙的记载的粗线条勾勒。

现代以来，人们对于"龙之原型为何物"的追问出现了百家争鸣的局面，有"恐龙说"、"外来物说"、"扬子鳄说"、"龙卷风说"、"华夏图腾说"等，皆莫衷一是。对于龙之原型的争鸣，和古代人们对龙的描述各执一词一样成为公案。在众多的说法中，闻一多所论证的"华夏图腾说"曾具有较大的影响力，但有学者却批驳闻一多的观点，提出了"龙之原型是松"的看法。这位学者写道："我以为，中国人传说中的龙，原是树神的化身。中国人对龙的崇拜，是树神崇拜的曲折反映，龙是树神，是植物之神。龙的原型是四季常青的'松'、'柏'（主要是松）一类乔木。……远古人以松的形象为基础，加以想象发挥，塑造了龙的形象，松是龙的原型，所以他们想象中的龙身上也保留了松树的不少特征，久而久之，虽然龙的概念在人们头脑中已经与松脱离，但真正的龙（即松）的形象却在后来的'动物龙'身上留下了不可磨灭的印记。"② 论者从文献记载、民俗调查材料、文字构造、古代文人以龙（或龙的某一部分）喻松等方面来论述"龙之原型为松"的观点，虽然其中诸多论证有失偏颇，但也不乏合理之处。

据笔者的观察，人们将树木和龙联系在一起的情形有以下几种：其一，树木是龙的藏身之所。《论衡·龙虚篇》云：

盛夏之时，雷电击折树木，发坏室屋，俗谓天取龙。谓龙藏于树木之中，匿于屋室之间也。雷电击折树木，发坏屋室，则龙见于外。

---

① （清）王椷著，华莹点校：《秋灯丛话》，黄河出版社1990年版，第15页。
② 尹荣方：《龙为树神说——兼论龙的原型是松》，《学术月刊》1987年第7期，第39、44页。

龙见，雷取以升天。世无愚智贤不肖，皆谓之然。如考实之，虚妄言也。……短书言："龙无尺木，无以升天。"又曰"升天"，又言"尺木"，谓龙从木中升天也。彼短书之家，世俗之人也。见雷电发时，龙随而起，当雷电击树木之时，龙适与雷电俱在树木之侧，雷电去，龙随而上，故谓从树木之中升天也。①

《北梦琐言》记载："世言乖龙苦行于雨，而多鼠匿，为雷神捕之，或在古木及楹柱之内。若旷野之间，无处逃匿，即入牛角或牧童之身，往往为此物所累而震死也。"② 从这两则史料中我们可看到，古木、房屋、楹柱等因为属于木质结构，是龙为了逃避在雨中苦行的职责、逃避雷公的逮捕而藏匿的处所。

其二，木可变化为龙。木化为龙这一主题中最为典型的案例无疑是神话史上著名的"九隆神话"。《后汉书·南蛮西南夷列传》记载：

> 哀牢夷者，其先妇人名沙壶，居于牢山。尝捕鱼水中，触沉木若有感，因怀妊，十月，产子男十人。后沉木化为龙，出水上。沙壶忽闻龙语曰："若为我生子，今悉何在？"九子见龙惊走，独小子不能去，背龙而坐，龙因舐之。其母鸟语，谓背为九，为坐为隆，因名子曰九隆。及后长大，诸兄以九隆能为父所舐而黠，遂共推以为王。后牢山下有一夫一妇，复生十女子，九隆兄弟皆娶以为妻，后渐相滋长。种人皆刻画其身，象龙文，衣皆著尾。九隆死，世世相继。乃分置小王，往往邑居，散在溪谷。绝域荒外，山川阻深，生人以来，未尝交通中国。③

这则神话应当是"龙为图腾说"的有力佐证，因为图腾的最初含义是"它的亲族"。《山西通志》记载，镇前潭曾有"巨木化为龙"的传说："旧志云：有巨木化为龙，遇旱，践以大牛胁，以金鼓，谓之搅潭

---

① 北京大学历史系《论衡》注释小组：《论衡注释》，中华书局 1979 年版，第 366—376 页。

② （宋）李昉等撰：《太平御览》，中华书局 1960 年版，1998 年重印第一册，第 3457 页。

③ 许嘉璐分史主编：《后汉书》，汉语大辞典出版社 2004 年版，第 1722 页。

水，微动，雨即至。"① "乾道元年，永宁寺池前大树化为龙，飞去。"②
《秋灯丛话》卷一"巨木为龙"载：

> 予邑当夏秋之交，溪水暴涨，沿河树木，多被冲刷，儿童争取之以
> 为利。邑南张家村有两小儿，见巨木长数丈顺流而至，遽泅水跨其上，
> 视之，鳞甲生动，俨然龙也。骇极欲下，而迅去如飞。一儿号曰："死不
> 足惜，其如老母何？"言讫，忽掷于岸；一儿噤不出声，竟负之去。③

其三，有龙和树的混合体——龙树的存在。《晋书·卷二十八·志第
十八·五行（中）·草妖》："汉献帝建安二十五年，魏武帝在洛阳起建
始殿，伐濯龙树而血出，又掘徙梨，根伤亦血出。帝恶之，遂寝疾，是月
崩。"④《坚瓠余集》卷之一"枸杞龙形"载：

> 《闻见卮言》载：嘉兴郡治西子墙上有枸杞一本，岁月既深，枝
> 干亦大，树身绝似龙形，鳞爪逼肖，垂四枝桠，宛如四足。夜间数里
> 外远望，烁烁有光，近睇之，却无所见。常于风雨之夕，空中闻怒吼
> 之声。邻近居人恐其日久为患，将斧伐去一桠，滋沥星星，越宿皆赤
> 成血。此后不复闻吼，然龙形异质，至今尚存。⑤

云南祥云大波那白族有祭祀龙树的宗教行为，祭祀的目的是祈求龙树
能调节雨水，避免大风灾和虫灾。⑥ 此外，纳西族、傈僳族、佤族、景颇
族、彝族、傣族、壮族、哈尼族、土族、鄂伦春族、达斡尔族、赫哲族、
鄂温克族、满族等民族也大都将祭祀树木的仪式称为祭龙。⑦ 哈尼族的本

---

① （清）纪昀等：《江西通志》卷十三，文渊阁四库全书本。
② （清）纪昀等：《江西通志》卷一百七，文渊阁四库全书本。
③ （清）王椷著，华莹校点：《秋灯丛话》，黄河出版社1990年版，第13页。
④ 许嘉璐分史主编：《晋书》，汉语大辞典出版社2004年版，第666页。
⑤ （清）褚人获集撰，李梦生点校：《坚瓠集》，《清代笔记小说大观》，上海古籍出版社
2007年版，第2047页。
⑥ 吕大吉主编，何耀华等编：《中国各民族原始宗教资料集成：彝族·白族·基诺族卷》，
中国社会科学出版社1996年版，第511—512页。
⑦ 乌丙安：《中国民俗学》，沈阳大学出版社1999年版，第290—291页。

族学者曾否认祭祀树林神就是祭龙，认为树林神与龙之间无丝毫联系。①龙和龙树或树林神等观念之间的辨析是一个需要大量可靠的调查材料来证明的话题。笔者倾向于认为，在原初的文化中，许多少数民族并未将神树和龙混合在一起，甚至在一些民族的观念里并没有"龙"这一观念的存在，但是，随着龙文化的广泛渗透，将古树和龙相混同的现象是有可能发生的。祭祀龙的水源地未见龙而见古树，当解释系统之内需要另外的形象来助于联想时，龙和树合体的情况就会出现。

其四，在阴阳五行体系内，作为四象的"青龙"与五行之"木"属于同一范畴。《云笈七签》："夫四象者，乃青龙、白虎、朱雀、玄武也。青龙者，东方甲乙木……"②

以上我们看到木和龙之间确实存在着神秘的关联，但却仍未将问题说透。工匠民俗系统内出现的呼梁木为木龙的现象广泛存在，笔者再次强调这不是一种纯粹的、文学化的修辞现象。湖州木匠在《上梁歌》中唱道："张鲁班来上正梁，一板斧敲来木龙头。……浇梁浇到木龙头，祥龙飞来上仓仓满，来到龙梢绕个弯，东家好比沈万山。"③奉贤地区的工匠将房屋东南角的一根角梁称为"青龙角梁"，他们在架梁时要吟道："金龙飞舞，财气进门。"④浙江宁波市区的浇梁祷词念道："浇梁浇到屋正中，东家养了四条龙；青龙蟠水缸，黄龙蟠谷缸，白龙蟠米缸，乌龙蟠灶缸。"⑤丽江县的《起房架梁调》所唱的内容涉及了剑川木匠的上梁仪式，其中有几句唱道："龙头敲三下，祝福主人长寿！龙尾打三下，祝愿主人富贵。光芒四射的金梁啊，端端正正挺竖房中央。"⑥

① 毛佑全：《叶车人的"灵魂"观念与原始宗教的调查》，《云南民俗集刊》（第一集）。

② （宋）张君房编，李永晟点校：《云笈七签》，中华书局 2003 年版，第 1599 页。

③ 钟铭：《湖州建房习俗调查》，姜彬主编：《中国民间文化·民间口承文化研究》，学林出版社 1993 年版，第 245 页。

④ 宋根新：《奉贤地区的居住信仰与习俗调查》，上海民间文艺家协会编：《民间文化·民间文学研究》（第六集），科学出版社 1992 年版，第 224 页。

⑤ 中国民间文学集成全国编辑委员会、中国民间文学集成浙江卷编辑委员会：《中国歌谣集成·浙江卷》，中国 ISBN 中心 1995 年版，第 142 页。

⑥ 中国民间文学全国编辑委员会、《中国歌谣集成·云南卷》编辑委员会：《中国歌谣集成·云南卷》，中国 ISBN 中心 2003 年版，第 1157 页。

看来用我们所适应的逻辑思维来分析树和龙或梁木和龙之间的关系，只会得出一些貌似合理但却错误的结论。列维－布留尔所凝练的"互渗律"或许是一个解释的途径。他说："我们最好按照这些关联的本来面目来考察它们，来看看它们是不是决定于那些常常被原始人的意识在存在物和客体的关系中发觉的神秘关系所依据的一般定律、共同基础。这里，有一个因素是在这些关系中永远存在的。这些关系全都以不同形式和不同程度包含着那个作为集体表象之一部分的人和物之间的'互渗'。所以，由于没有更好的术语，我把这个为'原始'思维所特有的支配这些表象的关联和前关联的原则叫作'互渗律'。"① 木和龙之间一定存在着一种神秘的力量，并且相互之间可以互渗，所以呼木梁为龙，并且对其祭祀和祷告，会带来富贵、平安等现世的美满。布留尔进而解释说："以物力说的观点来看，存在物和现象的出现，这个或那个事件的发生，也是在一定的神秘性质的条件下由一个存在物或客体传给另一个的神秘作用的结果。它们取决于被原始人以最多种多样的形式来想象的'互渗'：如接触、转移、感应、远距离作用，等等。"② 对于龙，工匠民俗在吸收文化传统中的因素时，自然将其神异性囊括在内，正是负载着悠久历史和神秘性质的龙一直以来与被崇拜的树木之间发生了互相渗透，所以才会从上梁仪式中体现出"木龙"之类的信仰。尽管布留尔用"神秘的"一词来解释原始思维的诸多表现有些含混不清，同时也遭到了同行的猛烈抨击，但是，我们发现面对文化中的许多现象，确实是无法深度分析的，我们所能做的只是一些不无裨益的阐释。

---

① ［法］列维－布留尔著，丁由译：《原始思维》，商务印书馆 1985 年版，第 82 页。
② 同上书，第 83—84 页。

第三章　上梁仪式及仪式中灵物的使用

　　上梁是工匠建房民俗中内涵最为丰富、意义最为深远的一项内容，是一个多民族信仰的仪式。据笔者的田野调查，大理州巍山县白族木匠上梁之前要祭祀鲁班祖师。他们准备已经打鸣的熟公鸡一只，准备五谷、茶器、酒器、红香三炷，在红纸上写上："鲁国明显输公子张鲁二班之神位（梁边八仙桌中央）、墨斗郎君（右侧）、曲尺郎君（左侧）。"神位插在装满米或五谷杂粮的升子里，香、酒、茶、五谷、煎炸熟食等供奉在神位前。有的鲁班师傅会将升子中的米或杂粮带回家敬祖师。此外，鲁班师傅的工具如凿子、小斧头、锯子、墨斗等工具也要放在神位前祭祀。飘梁前，主人准备二十四面小五色旗，每一棵柱子的柱脚及柱头各插一面。飘梁时，主人家要送给张鲁二班两只鸡，鲁班师傅（木匠）负责点梁，张班师傅（泥水匠）负责点柱脚石。点梁时，鲁班师傅念点梁吉利诗：

　　　　今日黄道日，
　　　　黄道先开五凤祥；
　　　　主人递来一只鸡，
　　　　鸡是什么鸡：
　　　　鸡是凤凰鸡，
　　　　此鸡下得三个蛋；
　　　　抱得三个凤凰鸡。
　　　　一只飞在天鹅山，
　　　　天鹅山上发皇帝；
　　　　二只飞在凤凰山，

发得有名万事家；

三只飞来在此地，

发得世界文学家；

弟子再来点中梁，

点龙头，

龙抬头；

点龙尾，

点得主人发旺；

中点八卦，

八卦合阴阳，

阴阳合八卦；

保佑主人五谷堆满仓，

恭贺主人大吉昌；

左边来点金玉柱，

金银财宝满仓箱；

右边点得玉银柱，

恭贺主人第一家；

左边前檐点上关，

再加右边点下关，

保佑儿孙四代同堂家。

张鲁二班点四棵柱子的祭词是：

一点左青龙，

二点右白虎，

三点前朱雀，

四点后玄武。

此地风水甲天下，

主人代代荣华富贵大吉昌！

点毕柱子，鲁班师傅包八卦。主人家准备一个红包给鲁班师傅，内包有钱、糖、酒等，算是给鲁班师傅的小礼。鲁班师傅一边包一边唱：

> 八卦包中梁，
> 中梁保八方；
> 天地合一，
> 阴阳合二，
> 主人财运大通四方！

包八卦时先将预先用红布画好的后天八卦折成一个三角形，正正地包在墨线画过的地方，将米、茶、盐放在红布缝成的小袋子，拴在八卦中央。用一个小硬币将八卦定在梁上。鲁班师傅唱：

> 主人抱我一只鸡，
> 鸡是什么鸡？
> 鸡是凤凰乌骨鸡。
> 头上戴着五色帽，
> 身上穿着五色衣。
> 今天弟子用你来点中梁，
> 一点左青龙，
> 二点右白虎，
> 三点中间富贵根。
> 这只公鸡，
> 我把放还主人家，
> 公鸡落地地生财！

随后，开始上梁，两个鲁班师傅从两边提梁，唱：

> 小小楼梯你莫急，
> 今日弟子借你上新房；
> 小小楼梯十二台，
> 上了一台又一台；

主人步步高升！

有的鲁班师傅念的上梁吉利诗是：

今日黄道日，
鲁班弟子上天朝。
上了一凳又一凳，
去了一朝又一朝；
儿孙代代有发旺，
代代有儿孙。
绳是什么绳？
绳是金丝银丝绳。
金绳拴龙头，
银绳拴龙尾，
龙头龙尾一起来。
中梁，
你在山中做树王；
把你许来做中梁，
远看一条龙，
近看一棵梁。
接下来开始拴中梁，
鲁班师傅唱：
拴左边是龙头，
拴右边是龙尾，
龙头龙尾一起上，
龙上天，
主人生得富贵子！

上梁完毕，将梁按入梁缝中，唱：

按左边是龙头，

按右边是龙尾！

然后开始破五方，主人家事先准备好粑粑、钱币、迎春花叶子、水、酒各一瓶，核桃、柿饼、糖果等若干放在托盘中。鲁班师傅欢欢喜喜接过托盘，唱接托盘诗歌：

这个托盘四个角，
金银财宝在中央。
斧是什么斧？
斧是大理斧；
钱是什么钱？
钱是云南钱；
木是什么木？
木是东方鲁国木。
鲁班造下这个钉，
我把安在金龙殿。

鲁班师傅唱，徒弟撒。唱词为：

一撒东方甲乙木，
紫气东来福满山；
二撒南方丙丁火，
和和气气财源旺；
三撒西方庚辛金，
金银财宝满山满；
四撒北方壬癸水，
水有来头树有根；
五撒中央戊己土，
主人子孙大发大旺。

徒弟依据鲁班师傅的吉利话分别向东南西北中五方将托盘中物品各撒一点。鲁班师傅和徒弟即从梁上丢下用麦面做好的两个大粑粑，要由主人家来接，如果老人家在场则由老人家来接，老人家不在场就由年轻一代来接。接粑粑的人必须是一男一女。鲁班师傅唱：

> 主人送我两个宝，
> 我把奉还主人家；
> 接得着主人富贵荣华，
> 接不着主人荣华富贵。

师徒二人扔下粑粑，趁主人家接粑粑的时候，师徒从梁上倒下水和酒，把接粑粑的人淋湿，逗得周围的人哈哈大笑。至此，上梁结束。

下一步是封龙口。主人家先请先生来看黄道吉日。先生把老黄历拿出来，所选日子要求不与主人家任何一个人的生辰八字冲抵。动工以及封龙口两天都选日子。封龙口须等房头全部完成才封。先生准备毛笔一支、干墨一条、老黄历一本，将米、茶、盐放在红布缝成的小袋子中，请泥水匠师傅将这些物品放入龙口。主人抱给张班师傅一只大公鸡，准备用谷子、荞子炸出的米花，师傅要在房头上献祭米饭、煎炒熟食，茶、酒各一杯。在房头上插五色旗，共八面旗子，包括房子四个角各一面，龙口两面，脊梁的梁头有两面。张班师傅唱：

> 今日黄道日，
> 主人叫我封龙口。
> 龙口是狮子口，
> 狮子狮子大开口，
> 主人天天享大福！
> 弟子封龙口，
> 早晚财运天天有！

四川民间工匠建房时围绕上梁所预先进行的工序有进山寻梁、取梁、做梁、画梁、祭梁。预备事项完毕后，还有看财、除煞、挂红、发梁米、拜梁、缠梁、赞梁、请梁、发梁、起梁、拉梁或吼梁、搁梁、压梁、踩梁、甩包子、放斗等仪式。① 土家族的上梁仪式也烦琐异常，屋架立起之后，可分为拜梁、开梁口、缠梁、送梁、上梁、翻木梁、赞木梁、赞酒、赞糍粑、抛梁、下梁共十一个紧密相连的环节，并且每个步骤都配合有具有明显巫术祷词或咒语性质的"上梁歌"。② 据《中国少数民族风俗志》的描述，举行上梁巫术仪式的少数民族有苗族、彝族、布依族、侗族、瑶族、白族、土家族、畲族、水族、仡佬族、阿昌族、保安族等。③ 上梁巫术仪式还传播到日本和朝鲜。④ 作为具有如此广泛辐射力的仪式，上梁仪式所牵涉的传统文化符号内容庞杂，对这些传统文化符号中居于显著地位的要素加以历时性考察，对于理解上梁仪式中的宗教意蕴无疑是必要的。梁木崇拜是树木崇拜的体现，是建房民俗知识对作为自然物的树木加以人工化的过程中形成的信仰。如果说对中柱的崇拜带有人类与天界沟通的渴望以及确立"世界中心"的神圣意义，那么对梁的崇拜则含有一种"上升"的隐喻。上梁仪式被赋予了"步步高升"、"大发大旺"、"大富大贵"的"上升"意义。工匠上梁的仪式动作之"上"、幸福生活蒸蒸日上之"上"与神龙腾云驾雾直上九霄之"上"，三"上"之间，发生了隐喻性的联通。从建房工匠对整个上梁仪式的精心准备，到兼有巫术性与说唱艺术性质的上梁求吉语，加上工匠与主人、观众间的互动，营造出整个建房活动中最为喜庆吉祥的仪式时空。这时的建房工匠具有突出的民间艺术家的特征。上梁求吉语是一种民间歌谣，它的功利目的是辟邪和祈福。上梁仪式中，工匠往往还使用八卦、雄鸡和上梁钱来使上梁仪式更加神圣化，以获得更多的福祉。

---

① 朱仕珍：《四川建房民俗探索》，上海民间文艺家协会、上海民俗学会编：《中国民间文化·民间仪俗文化研究》，学林出版社1993年版，第141页。

② 欧阳梦：《土家族建房习俗研究——以湖北省宣恩县老岔口村为例》，华中师范大学硕士学位论文，2007年5月，第12页。

③ 参见毛公宁主编：《中国少数民族风俗志》，民族出版社2006年版。

④ 参见王小盾：《从朝鲜半岛上梁文看敦煌儿郎伟》，《古典文献研究》（第十一辑），凤凰出版社2008年版；王晓平：《日本上梁文小考》，《寻根》2009年第1期。

第一节 上梁仪式的功能

首先我们要追问的是，上梁仪式起源于何时？将上梁仪式的初起推演至古代土木建筑的出现期无疑是一个较稳妥的界定，但我们更关心的是，带有宗教色彩的上梁仪式发轫于何时。对于上梁仪式中的要素——上梁文进行考论将有助于解释上梁仪式的演变过程及其意义。许烺光曾撰文指出："无论我们采用哪一种标准，都会得出这样一个结论：巫术和宗教不应被看作是两种互不相容的实体，而必须整体地将它们看作是巫术——宗教体或巫术——宗教现象。这种观点得到了越来越多的人类学家的赞同。"① 尽管米沙·季捷夫批评了许烺光的观点，并创见性地用岁时礼仪和危机礼仪来区分宗教和巫术的分别，但在原始宗教信仰受到普遍支持的古代社会，我们更倾向于认为巫术和宗教并未出现现代以来的那种明显的区分，也就是说"原始宗教"同时孕育了现代意义上的宗教和巫术。上梁文的演变也是宗教和巫术难解难分的例证之一。

先秦时期曾有建成房屋之后赞颂屋舍之造型并祈求神灵庇佑的记载。晋大夫文子和张老的对话中即蕴含了这样的意义："晋献文子成室，晋大夫发焉。张老曰：'美哉轮焉！美哉奂焉！歌于斯，哭于斯，聚国族于斯。'文子曰：'武也得歌于斯，哭于斯，聚国族于斯，是全要领以从先大夫于九京也。'北面再拜稽首。君子谓之善颂善祷。"注云："'颂'者，美盛德之形容。'祷'者，求福以自辅也。"② 据郑玄的注解，以上记载中含有室成之后进行赞颂和祈祷的趋向。③ 后世上梁仪式中的祷词多有祈祷神灵庇佑的内容，而古代采诗官从民间采集而来的《诗经》中亦有居室落成之后吟唱的颂祷之词。《小雅·斯干》称：

> 秩秩斯干，幽幽南山。如竹苞矣，如松茂矣。兄及弟矣，式相好
> 矣，无相犹矣。似续妣祖，筑室百堵，西南其户。爰居爰处，爰笑爰

---

① ［美］米沙·季捷夫：《研究巫术和宗教的一种新方法》，史宗主编：《20 世纪西方宗教人类学文选》，上海三联书店 1995 年版，第 726 页。

② 《十三经注疏》整理委员会整理：《礼记正义》，北京大学出版社 2000 年版，第 371 页。

③ 同上书，第 372 页。

语。约之阁阁，椓之橐橐。风雨攸除，鸟鼠攸去，君子攸芋。如跂斯翼，如矢斯棘，如鸟斯革，如翚斯飞，君子攸跻。殖殖其庭，有觉其楹。哙哙其正，哕哕其冥。君子攸宁。下莞上簟，乃安斯寝。乃寝乃兴，乃占我梦。吉梦维何？维熊维罴，维虺维蛇。大人占之：维熊维罴，男子之祥；维虺维蛇，女子之祥。乃生男子，载寝之床，载衣之裳，载弄之璋。其泣喤喤，朱芾斯皇，室家君王。乃生女子，载寝之地，载衣之裼，载弄之瓦。无非无仪，唯酒食是议，无父母诒罹。①

诗通过祝福、祷愿，期望在新居之内家庭和睦、繁衍子孙。而占卜以问吉凶，则是原始思维的表现。朱熹对此诗作注云："此筑室既成而燕饮以落之也。"②《礼记·檀弓下》和《小雅·斯干》是一种房屋落成之后所吟诵的文体，虽不是上梁仪式中使用的上梁文，但祝祷之意愿却与上梁文一致。正如严粲所概说："考室之时，当有颂祷之语以终之，如今落成致语、上梁文之类。居室之庆，莫过于子孙之繁衍，此人情之至愿。故颂祷之辞曰：愿人此室处之后，发于梦北而闻于子孙之祥。盖设为之辞，非实有梦也。心清神定则有开，必先得博物通达，则占事知来。熊罴猛兽，为男之祥；虺蛇阴类，为女之祥。昔人为占梦无书，以意言之，殆近是矣。然皆设为祷辞也。"③

最初的上梁文由文人写作，故大多文辞华丽。宋代曾有学者认为上梁文始于后魏时期的魏子升："后魏温子升《阊阖门上梁祝文》云：'惟王建国，配彼太微。大君有命，高门启扉。良辰是简，枚卜无违。雕梁乃架，绮翼斯飞。八龙杳杳，九重巍巍。居辰纳祜，就日垂衣。一人有庆，四海爰归。'此上梁文之始也。"④ 魏子升的上梁祝文中已有涉及吉时和龙的词句。刘师培认为上梁文是南朝新兴的一种文体："有所谓上梁文者矣；（出于《诗斯干篇》）……一二慧业文人，笔舌互用，多或累篇，少或数言，语近滑稽，言违典则，此则子云称为小技，而昌

---

① 周振甫译注，徐名翚编选：《诗经选译》，中华书局 2005 年版，第 189—191 页。
② 朱熹：《诗集传》，上海古籍出版社 1987 年版，第 84 页。
③ （宋）严粲撰：《诗缉》卷十九，文渊阁四库全书本。
④ （宋）王应麟撰：（清）翁元圻注：《困学纪闻》，商务印书馆 1935 年版，第 1485 页。

黎斥为俳优者也。古人谓'小言破道'，其此之谓乎。"① 然而，刘师培并未举出除魏子升《闾阖门上梁祝文》之外的例证。《唐天德元年辛□岁□月十八日金光明寺造窟上梁文》（公元943年）开始提及工匠祖师鲁班，其文曰：

> 宕谷光贤石跞，薛问五记同椽。目兹万圣出现，千佛各坐金莲。石涧长流圣水，花林宝岛惊喧。圣迹早晚说尽，纸墨不可能言。脸犹狼心犯塞，焚烧香阁摧残。合寺同心再造，来生共结良缘。梁栋秀仙吐凤，盘龙乍去惊天。便是上方近制，直下屈取鲁班。马都料方其分，绳墨不追师难。②

这篇上梁诗文中依然洋溢着赞颂、祈福的心理。

从以上的上梁文中，并不能清楚地看出上梁仪式的宗教性质。而敦煌遗书中出现的大量以"儿郎伟"三字领起一段的上梁文却是实实在在的巫术语言。敦煌文献中发现写于唐末的"儿郎伟"上梁文有在良辰吉日上梁以求高贵的文献资料。如作于公元930年的《维大唐长兴元年癸巳岁二十四日河西都僧统和尚依宕泉灵迹之地建龛一所上梁文》（编号：伯3302）：

> 若夫敦煌胜境，地杰人寿，自故崇雅，难可谈之……儿郎伟，凤楼更巧妙，李都料绳墨难过……儿郎伟，和尚众人之杰，多不与时同……儿郎伟，今因良时吉日，上梁雅合周旋……自此上梁之后，高贵千年万年。③

"儿郎伟是见于敦煌遗书中的一种特殊的韵文，主要用于节日驱傩、新房上梁、婚仪障车等仪式。其文体特点是在作品的开端处或语气转折

---

① 刘师培：《论文杂记》，人民文学出版社1998年版，第113页。
② （明）午荣编，李峰整理：《新刊京版工师雕斫正式鲁班经匠家镜》，海南出版社2003年版，第258页。云南大学李道和教授指出：此处时间应为"十国闽王延政"时期，非"辛□"而是"癸卯"。
③ 转引自谷曙光：《宋代上梁文考论》，《江淮论坛》2009年第2期，第155页。

处，出现由'儿郎伟'三字领起的一段韵文。其体裁和敦煌俗赋等韵诵作品相近，多骈体，主要使用六言或四六言的句式。在敦煌文书中，这样的儿郎伟大约有二十来个卷子、五十多首作品。"① 关于儿郎伟的文化含义，王应麟曾作过考据：

> 儿郎伟，犹言儿郎懑，攻媿尝辨之。元圻安：此条本吴曾《能改斋漫录》。楼攻媿跋《姜氏上梁文》云：上梁必言儿郎伟，旧不晓其义，或以为唯诺之唯，或以为奇伟之伟。皆所未安。在敕局时，见元丰中获盗推赏刑部例，皆即元案，不改俗语。有陈棘云："我部领你懑厮逐去深州。"边吉云："我随你懑去。"懑，音闷，俗音门，犹言辈也。独秦川李德一案云："自己伟不如今夜去。"余哑然笑曰："得之矣。"所谓儿郎伟者，犹言儿郎懑，盖呼而告之。此关中方言也。上梁文，尚矣。唐代长安，循袭之。尝以语尤尚书延之。沈侍郎虞卿，汪司业季路诸公，皆博洽之。此前所未闻。或有云用相儿之郎伟者，殆误矣。宋叶大度爱日斋，业抄亦载《能改斋漫录》，及楼攻媿之说。又曰，予记《吕氏春秋·月令》：举大木者前呼与譁，后亦应之。高诱注：为举重劝力之歌也。与譁注：或作邪譁。《淮南子》曰："邪许岂伟亦古者举木隐和之音。"②

据王小盾先生的考证，儿郎伟的歌调是在驱傩仪式的基础上形成的。敦煌儿郎伟的主体是用于驱傩的部分，上梁儿郎伟中也保留了许多其脱胎于驱傩儿郎伟的遗迹，"其表现主要有两个方面：一方面是全篇结末的内容——它以'伏愿上梁之后'云云，表达了驱傩求吉的愿望。可以说，'伏愿上梁之后'的格式，其实是驱傩仪式的化石。另一方面则是'儿郎伟'的抛梁形式——它之所以要向东南西北上下六方抛梁，是因为它要

---

① 王小盾：《从朝鲜半岛上梁文看敦煌儿郎伟》，《古典文献研究》（第十一辑），凤凰出版社 2008 年版，第 114 页。

② （宋）王应麟撰，（清）翁元圻注：《困学纪闻》，商务印书馆 1935 年版，第 1485—1486 页。

向六方驱傩求吉。"① P. 2569 驱傩儿郎伟也确实反映出向四方驱傩以求吉利的动机：

> 圣人福禄重，万古难俦匹。剪孽贼不残，驱傩鬼无一。东方有一鬼，不许春时出；南方有一鬼，两眼赤如日；西方有一鬼，使秋天卒；北方有一鬼，浑身黑如漆。四门皆有鬼，擒之不遗一。今有定中央（央），责罚功已毕。自从人定亥，直到黄昏戌。何用打桃符，不须求药术。弓刀左右趁，把火纵横□。从头使厥傩，个个交屈律。②

上梁文受驱傩文影响的事实，恰好证明上梁仪式为什么具有巫术的性质——因为它本来就是起源于驱傩仪式。古人为了不受邪秽鬼魅的侵害，故需要举行驱傩仪式以求安全。古人对于空间安全的需要，导致将各方驱傩的仪式引入了建房仪式之中，并且成为居于要害的工序。

上梁仪式源于驱傩巫术仪式，上梁儿郎伟具有说唱的特性，上梁仪式具有表演性等应该说前人已经进行了较为可信的考证，笔者所疑惑的是：既然上梁仪式源于驱傩仪式，那么上梁儿郎伟中的抛梁仪式为何不是如 P. 2569 驱傩儿郎伟中那样向东南西北四方抛撒，而多出了上下两方？如陈师道《披云楼上梁文》：

> ……抛梁东，日上云开四顾中。今代功名归二老，当年富贵有朱公。抛梁南，舳舻衔尾系江潭。朝已作丰年雨，暑饮行听抵掌谈。抛梁西，阴阳桃李下成蹊。举头更觉长安近，送酒长随落日低。抛梁北，瑞塔亭亭入云蠹。百年战斗及明时，千里河山余故国。抛梁上，危架远千丈。房星璀璨近檐楹，海岱摧藏但空旷。抛梁下，割肉成堆酒如泻。燕雀投人也自忙，鼠蝠旋墙不缚。③

明代徐师曾解释上梁文在上梁仪式中的使用时说："按上梁文者，工

---

① 王小盾：《从朝鲜半岛上梁文看敦煌儿郎伟》，《古典文献研究》（第十一辑），凤凰出版社 2008 年版，第 136 页。

② 转引自张慕华、朱迎平：《上梁文文体考源》，《寻根》2007 年第 5 期，第 99 页。

③ （宋）吕祖谦编：《宋文鉴》卷一百二十九，文渊阁四库全书本。

师上梁之致语也。世俗营构宫室，必择吉上梁，亲宾裹面（今呼馒头）杂他物称庆，而因以犒匠人，于是匠人之长，以面抛梁而诵此文以祝之。其文首尾皆用俪语，而中陈六诗。诗各三句，以按四方上下，盖俗体也。今录数篇，以备一体。"① 按他的看法，上梁文是上梁仪式中专用的一种文体，吟诵的目的在于致祝福语以求吉。上梁文由"匠人之长"来吟诵，而匠人吟诵的诗文则出自文人之手笔，故往往带上了各自的文风。宋代是上梁文的鼎盛时期，宋代的许多大文豪都作过上梁文，其中包括古代文学史上赫赫有名的王安石、黄庭坚、苏轼、辛弃疾等人。有学者指出，上梁文的写作程式来自民间工匠，但因民间工匠虽谙熟风俗，"然民间所作，文辞鄙野，不足以形容盛德；故上梁文之写作，或由他们提供写作程式，然后由朝中文人学士另拟。在此情形之下，上梁文之为文人所重便不难解释了。"② 文人上梁文的产生可以说是民间文化与精英文化相结合的典型。既然写作程式是由民间工匠提供，那么向六方抛梁的仪式应该是因为工匠抛梁之时必须站在梁上或在房顶抛撒，而这样的仪式姿态就意味着工匠所面对的空间就不仅仅是驱傩仪式中所面对的四方，而是东西南北上下六方，只有这样才能驱邪求福，达到无所遗漏的佳境。

从宋代文人上梁文的写作程式来看，向东西南北上下六个方向抛梁已成为一种固定的仪式。然而，在当代的民俗调查资料中，往往出现的是向东西南北中五方抛撒的观念。如嵩明县工匠所施行的"撒五方"仪式，其仪式歌是："一撒东方甲乙木，二撒南方庚辛金，三撒西方丙丁火，四撒北方壬癸水，五撒中央戊己土。"③ 这类向五方撒梁的仪式，是工匠建房巫术为了和五行观念相配合而产生的。抛梁求吉巫术仪式的方位也未必遵循五行规律。如奉贤地区工匠所施行的"抛金钿"仪式中的求吉祷词是："一把金钿抛到东，东家出得玉玲珑；一把金钿抛到西，金玉满堂福寿齐。东家田地买仔东三千，西三千，南三千，北三千，前三千，后三千，左三千，右三千，当中一千亩自宅田。一把金钿抛到南，财神老爷送

---

① 吴讷著，于北山校点：《文章辨体序说》；徐师曾著，罗根泽校点：《文体明辨序说》，人民文学出版社 1962 年版，第 169 页。

② 路成文：《宋代上梁文初探》，《江海学刊》2008 年第 1 期，第 195 页。

③ 中国民间文学全国编辑委员会、《中国歌谣集成·云南卷》编辑委员会：《中国歌谣集成·云南卷》，中国 ISBN 中心 2003 年版，第 572—573 页。

财来；一把金钿抛到北，东家有寿又有福。"① 仪式中所抛撒的方位是东西南北四方，而对于田宅的祈愿又是东西南北前后左右八方，在接下来的抛馒头和抛糕饼仪式中，所抛撒的方向是东西南北四方。② 抛撒巫术仪式面向方位的差异性，只能从巫术知识在长期的传承过程中发生的变异上得到解释。民俗文化的传承分为几种情况：其一是传统知识得到了严格的保留，这一形态的存在往往依赖于文字经典的保存；其二是传统知识因为缺乏文字经典的指导，其延续方式是口耳相传；其三是传承主体发挥创造性，在承接传统的前提下根据不同时代受众的心理需求创造出新兴的民俗文化形态；其四是传承主体之间相互交流，彼此借鉴，取长补短，以丰富民俗文化的内涵。工匠行业职业性质的流动，行业知识相互交流是常有之事。加上从上层文士和民间知识分子的加入，上梁仪式中的祷词、咒语时常出现貌离神合的气象也就在常理之中了。

如前引明代徐师曾语，称上梁时工匠抛撒馒头、糕饼、钱币之类物品，是因"世俗营构宫室，必择吉上梁，亲宾裹面（今呼馒头）杂他物称庆，而因以犒匠人，于是匠人之长，以面抛梁而诵此文以祝之。"③ 似乎抛撒这类物品并无更深意义上的巫术意味，而是工匠之首将所得奖品抛撒以庆祝建房。今人的上梁民俗调查中确实也存在工匠抛撒钱粮之类与众欢庆的描述。在土家族的抛梁仪式中，掌墨师傅将粑粑撒给梁下的主人和众人，撒和接的过程是一种喜庆热闹的庆祝场面。④ 水族举行撒梁粑仪式，所撒的梁粑是由亲友馈赠的，大者用于祭祀，小者用于抛撒。工匠撒梁粑时，围观的男女老少争相抢梁粑，气氛热闹非凡，其目的是"庆喜进财"。⑤ 白族木匠所施行的撒梁仪式表现出的也是喜庆和热闹。所撒之物是由主人家的亲戚送来的馍馍、五谷、米花团、钱币等混合物品。木匠先将

① 宋根新：《奉贤地区的居住信仰与习俗调查》，上海民间文艺家协会编：《民间文化·民间文学研究》（第六集），科学出版社1992年版，第231页。
② 同上书，第232页。
③ 吴讷著，于北山点校：《文章辨体序说》；徐师曾著，罗根泽点校：《文体明辨序说》，人民文学出版社1962年版，第169页。
④ 商守善：《土家族民居建筑艺术、建房习俗、空间观念及神化现象》，《湖北民族学院学报》（哲学社会科学版）2005年第1期，第12页。
⑤ 毛公宁主编：《中国少数民族风俗志》，民族出版社2006年版，第336页。

它们撒给新房的主人，主人在梁下接，并和木匠之间有问答。木匠在鞭炮声过后向主人喊道："接着馍馍。"房主的老父亲在梁下准备接馍馍，然后木匠念道："接着主人喜粑粑，白似雪米笑像花，今日遇你黄道日，接着的荣华富贵，接不着的富贵荣华。"主人接了馍馍之后，木匠将混合物品撒给围观的众人，念道："主人家元宝，分发给众人接，老人接着长命百岁，男子接着发大财，学生接着学习进步。"众人一拥而上，抢接物品，场面欢腾热闹。①

以求吉来解释抛梁仪式或许是对这些调查资料的较好表述，但正如学者们考证的，上梁仪式脱胎于驱傩仪式，但为何在当代的民俗文化遗留物中所表现出来的却是一种喜气洋洋的景象，而巫术性质并不浓郁？唐五代时的"儿郎伟"是指播撒金银面米的风俗，在当时的驱傩仪式中，播撒金银面米正是为了驱鬼。所以敦煌 P. 2058 号驱傩儿郎伟称："造食鬼多费面米，造食同炊上天。"P. 2569 号驱傩儿郎伟说："西州上拱宝马，焉祁送纳金钱。"P. 4011 号驱傩儿郎伟也说："一齐披发归伏，献纳金钱城川。"② 古人观念中，鬼同人一样渴望得到食物和金钱，因而通过播撒面米金银可以使鬼离去。古人认为，人死之后变为鬼。故《说文》曰："鬼，人所归为鬼。从人象鬼头。鬼阴气贼害，从厶。凡鬼之属皆从鬼。"③《礼记·祭法》说："大凡生于天地之间者皆曰命，其万物死皆曰折，人死曰鬼，此五代之所不变也。"④ 人死变为鬼，却也保留了人的喜好。好批驳民间俗信的汉儒王充这样写道："祭祀之历，亦有吉凶，假令血忌月杀之日固凶，以杀牲设祭，必有患祸。夫祭者，供食鬼也；鬼者，死人之精也。若非死人之精，人未尝见鬼之饮食也。推生事死，推人事鬼，见生人有饮食，死为鬼，当能复饮食，感物思亲，故祭祀也。"⑤ "推生事死，推人事鬼"的类比思维，确实是以食物或钱物予鬼之俗的思想

---

① 毛公宁主编：《中国少数民族风俗志》，民族出版社 2006 年版，第 537 页。

② 王小盾：《从朝鲜半岛上梁文看敦煌儿郎伟》，《古典文献研究》（第十一辑），凤凰出版社 2008 年版，第 140 页。

③ （汉）许慎撰，（宋）徐铉校定，王宏源新勘：《说文解字》（现代版），社会科学文献出版社 2005 年版，第 497 页。

④ 《十三经注疏》整理委员会整理：《礼记正义》，北京大学出版社 2000 年版，第 1514 页。

⑤ 北京大学历史系《论衡》注释小组：《论衡注释》，中华书局 1979 年版，第 1358—1359 页。

根源所在。

驱傩仪式至少已经有三千年的历史。《周礼·夏官·方相氏》记载："方相氏，掌蒙熊皮，黄金四目，玄衣朱裳，执戈扬盾，帅百隶而时傩，以索室驱疫。"注云："蒙，冒也。冒熊皮者，以惊驱疫疠之鬼，如今魌头也。时傩，四时作方相氏以傩，却凶恶也。"① 《礼记·月令》中也说："季春之月，……命国傩，九门磔攘，以毕春气。（注：此傩，阴寒至此不止，害将及人）……仲秋之月，……天子乃傩，以达秋气。（注：此傩，傩阳气也。阳暑至此不衰，害亦将及人）……季冬之月，……命有司大傩，旁磔，出土牛，以送寒气。（注：此傩，傩阴气也）"② 除上层人士驱傩之外，民间亦有此俗，如《论语·乡党》说："乡人傩，朝服而立阼阶。"孔曰："傩，驱逐疫鬼。恐惊先祖，故朝服而立于庙之阼阶。"③ 唐代李绰记载："皆作鬼神状，二老人名傩翁傩母。"④ 南宋吴自牧人也记载了戏剧化了的驱傩仪式：

> 禁中除夜呈大驱傩仪，并系皇城司诸班直，戴面具，著绣花杂色衣装，手执金枪、银戟，画木刀剑、五色龙凤、五色旗帜，以教乐所伶工装将军、符使、判官、钟馗、六丁、六甲、神兵、五方鬼使、灶君、土地、门户、神尉等神，自禁中动鼓吹，驱祟东华门外，转龙池湾，谓之"埋祟"而散。⑤

可见驱傩是当时举国上下都要施行的仪式。从唐宋以来的文人上梁文中从东西南北上下六方抛梁的词句中，却往往只看见文人们的飞扬文采，而极少发现巫术倾向，这应当是文人对民间抛梁程式承接而又改造的结果，往往加入了作者的写作个性。宋代诗人杨亿曾在其上梁文中描写当时热闹的上梁习俗："儿郎伟。今兹吉日，将毕奇功，爰自抛梁，式中槁

---

① 《十三经注疏》整理委员会整理：《周礼注疏》，北京大学出版社 2000 年版，第 971 页。

② 《十三经注疏》整理委员会整理：《礼记正义》，北京大学出版社 2000 年版，第 651—653 页。

③ 《十三经注疏》整理委员会整理：《论语注疏》，北京大学出版社 2000 年版，第 152 页。

④ 《秦中岁时记》，转引自（明）顾起元：《说略》卷四，文渊阁四库全书本。

⑤ （宋）吴自牧：《梦粱录》，浙江人民出版社 1984 年版，第 50 页。

劳，散金钱而满地，饼饵以如山，卮酒巍肩，盈樽满案，极量而饮，……
既醉以饱，式舞且歌，同承涣汗之恩，共乐升平之化。"① 这和今人民俗
学调查所得的喜庆场面是一致的。

面对这样复杂的情形，可以想见上梁驱傩仪式在传承的过程中经历了
世俗化的演变，以往神秘的驱傩变异为以吉祥、欢乐为基调的庆祝，而驱
傩的印记却依然遗留在仪式的结构之中。在上梁仪式长时期的演变中，是
否整体化地演变为了世俗化的喜庆仪式，而没有了民俗的存在？事实上，
民间一直存在着具有浓重宗教色彩的上梁仪式，宋代文人上梁文只是上梁
仪式形态之一。《鲁班经》所提供的工匠上梁文范式称为《请设三界地主
鲁班仙师上梁文》，该范文写道："……拜请三界四府高真，十方贤圣，
诸天星斗，十二宫神，五方地主明师，虚空过往福德灵聪，位居香火道释
众真门官，井灶司命六神，鲁班真仙公输子匠人，带来先传后教祖本仙
师，望赐降临，伏望诸圣，跨鹤骖鸾，暂别宫殿之内，登车拨马，来临场
屋之中，……"请神祝祷之后，该文以诗结尾："一声槌响透天门，万圣
千贤左右分。天煞打归天上去，地煞潜归地里藏。大厦千年生富贵，全家
百行益儿孙。金槌敲处诸神护，恶煞凶神急速奔。"② 上梁仪式是在诸神
的庇护下举行，从而将凶神恶煞赶走，以使宅成为世代吉祥的吉宅，而不
是恶煞作怪的凶宅。在这里，驱赶凶神恶煞的动机和驱傩是一脉相承的。

在工匠上梁仪式中，仪式目的之一是除煞，喜庆则是求吉巫术仪式之
外的世俗行为。四川工匠上梁时，要吟诵《除煞鸡》祝词，让雄鸡站在
梁担木上，以雄鸡高鸣最为吉祥。③ 抛梁时向东方抛撒包子，并祝："一
撒东方甲乙木"，然后向南、西、北三方抛撒并祝之。④ 大理白族工匠施
行的丢馒头仪式，是在神的护佑下驱打凶神恶煞。其祷词说："太阳出来
一蓬花，照着主人蒸粑粑；大的蒸得两百对，小的蒸得三百双，一打东方
甲乙木，一对童子来接木；二打南方丙丁神，一对童子来接神；三打西方

---

① （宋）吕祖谦编：《宋文鉴》卷一百二十九，文渊阁四库全书本。
② （明）午荣编，李峰整理：《新刊京版工师雕斫正式鲁班经匠家镜》，海南出版社2003年版，第35—36页。
③ 朱仕珍：《四川建房民俗探索》，上海民间文艺家协会、上海民俗学会编：《中国民间文化·民间仪俗文化研究》，学林出版社1993年版，第143页。
④ 同上书，第144页。

庚辛金，一对童子来接金；四打北方壬癸水，一对童子来接水；五打中央戊己土，一对童子来接土；张鲁二班不爱财，元宝归还主人手!"① 祷词中的"二打南方丙丁神，一对童子来接神"一句和五行不对称，其中原因可能是因为巫术知识的误传，也可能是因为宅畏火而对火进行的有意识的忌讳。宁夏中卫县工匠撒馍馍时歌唱的祷词和五行观念相对应，其词说："东方甲乙木，这个馍馍从我手里出。南方丙丁火，这个馍馍挨到我。西方庚辛金，这个馍馍给亲戚。北方壬癸水，这个馍馍谁抢着吃了养子孙。中央戊己土，这个馍馍在使主。馍馍扔完我下梁，下来还要盖新房。"② 这种程式的抛梁巫术仪式，是阴阳五行思想兴起并渗入工匠建房民俗系统，和原来的驱傩仪式结合衍生出的除煞驱邪的仪式。因为上梁仪式是在诸神的护佑之下进行，因而所用的驱邪品，如粑粑、馍馍、包子、五谷、钱币等也就成为了吉祥之物，因而众人在欢腾热闹中争抢由工匠抛撒的吉祥物，是为了获得祥瑞之气，也就是工匠求吉效力的普遍传染。③

在撒梁或抛梁的仪式中，存在着以五行思想为中心的祷词模式，这种模式中有的言语程式包括了"东方甲乙木"、"南方丙丁火"、"西方庚辛金"、"北方壬癸水"、"中央戊己土"的固定内容。这种仪式的含义和程式的形成其实是以五行之义为依托的。《春秋繁露·五行之义第四十二》对于五行的含义进行了详述：

> 天有五行：一曰木，二曰火，三曰土，四曰金，五曰水。木，五行之始也；水，五行之终也；土，五行之中也。此其天次之序也。木生火，火生土，土生金，金生水，水生木，此其父子也。木居左，金居右，火居前，水居后，土居中央，此其父子之序，相受而布。是故

① 中国民间文学全国编辑委员会、《中国歌谣集成·云南卷》编辑委员会：《中国歌谣集成·云南卷》，中国 ISBN 中心 2003 年版，第 46 页。

② 中国民间文学集成全国编辑委员会、中国歌谣集成宁夏编辑委员会：《中国歌谣集成·宁夏卷》，中国 ISBN 中心 1996 年版，第 428 页。

③ 云南通海建房工匠在拉梁的过程中要向东南西北中各个方位抛撒粑粑、爆米花、糖、蒸馍、小葫芦，撒花红的时候念："一撒东方甲乙木，二撒南方丙丁火，三撒西方庚申金，四撒北方任癸水，五撒中央戊己土。"见杨立峰：《匠作·匠场·手风——滇南"一颗印"民居大木匠作调查研究》，同济大学博士学位论文，2005 年 12 月，第 153 页。在五行搭配上略有出入。

木受水而火受木，土受火，金受土，水受金也。诸受之者，皆其父
也。受之者，皆其子也。常因其父以使其子，天之道也。是故木已生
而火养之，金已死而木藏之。火乐木而养以阳，水克金而丧以阴。土
之事天竭其忠。故五行者，乃孝子忠臣之行也。

五行之为言也，犹五行以欤？是故以得辞也，圣人知之。故多其
爱而少严，厚养生而谨送终，就天之制也。以子而迎成养，如火之乐
木也。丧父，如水之克金也。事君，若土之敬天也。可谓有行人矣。
五行之随，各如其序。五行之官，各致其能。是故木居东方而主春
气，火居南方而主夏气，金居西方而主秋气，水居北方而主冬气。是
故木主生而金主杀，火主水而水主寒，使人必以其序，官人必以其
能，天之数也。土居中央为之天润。土者，天之股肱也。其德茂美不
可名以一时之事，故五行而四时者，土兼之也。（注：《白虎通》：
"土所以王四季何？木非土不生，火非土不荣，金非土不成，水非土
不高。土扶微助衰，历成其道。故五行更王，亦需土也。王四季，居
中央，不名时。"）

金木水火虽各职，不因土，方不立，若酸咸辛苦之不因甘肥不能
成味也。甘者，五味之本也，土者五主也。五行之主土气也，犹五味
之有甘肥也，不得不成。是故圣人之行，莫贵于忠，土德之谓也。人
官之大者，不名所职，相其是矣。天官之大者，不名所生，土
是矣。①

为了使"五行说"具备更为普适性的解释力，"五行说"历经众多思
想家的添枝加叶，形成了一个知识体系，五行中各行的排列，各自所起的
作用以及它们之间的相互关系，都是有依据的。其中，五行与方位的结
合，恰好和工匠建房民俗的目的——营造出和谐、祥瑞的居住空间相契
合，东南西北中的抛撒，使得金木水火土相生相克，循其秩序，各居其
位，最终有益于宅居之祥的实现。

---

① （汉）董仲舒撰，（清）凌曙注：《春秋繁露》，中华书局 1975 年版，第 389—393 页。

第二节　八卦、雄鸡和上梁钱

仪式中往往存在着一些具有独特宗教效应的灵物，上梁仪式也概莫能外。其中最为醒目的是八卦的使用。建新房时在梁上贴八卦曾是一种信众广泛的俗信，八卦可以镇宅，所谓"坎北离南，震东兑西，不偏不倚列四方，阴阳两仪匀匀亭亭居中央"。贴八卦的目的是为了除恶煞、求吉利。① 隶属于浙江省兰溪市的诸葛八卦村据说是诸葛亮后裔的聚居地，整个村落按九宫八卦图建成，村内、外分别呈现出内八卦和外八卦的图形，可谓是八卦对于建筑风水之影响的典型形式之一。② 最早的八卦传说为古代圣人包羲氏所创制："古者包羲氏之王天下也，仰则观象于天，俯则观法于地，观鸟兽之文，与地之宜，近取诸身，远取诸物，于是始作八卦，以通神明之德，以类万物之情。"③ 包羲氏即神话中的男性人祖伏羲，他创制的八卦是先天八卦。而古代易学皆认为，后天八卦是周文王所创，《史记·周本纪》载："西伯盖即位五十年，其囚羑里，盖益《易》之八卦为六十四卦。"④ "易学"中提及的河图、洛书是与先天八卦方位相合的两种方位系统，而后天八卦则和它们的方位相反。《尚书·顾命》："赤刀、大训、弘璧、琬琰，在西序，大玉、夷玉、天球、河图，在东序。"学者对此的注释称："河图，八卦。伏牺氏王天下，龙马出河，遂则其文以画八卦，谓之河图，及典谟皆历代传宝之。"⑤ 《易·系辞》曰："是故天生神物，圣人则之。天地变化，圣人效之。天垂象，见吉凶，圣人象之。河出图，洛出书，圣人则之。"⑥ 《论语·子罕》："子曰：'凤鸟不

---

① 《上梁贴八卦是怎么回事？》，《新农业》1989 年第 12 期，第 12 页。

② 邵媛：《从村落布局看诸葛八卦村建筑民俗》，《福建论坛》（人文社会科学版）2006 年专刊，第 98 页。

③ 《十三经注疏》整理委员会整理：《周易正义》，北京大学出版社 2000 年版，第 350—351 页。

④ 安平秋分史主编：《史记》，汉语大辞典出版社 2004 年版，第 33 页。

⑤ 《十三经注疏》整理委员会整理：《尚书正义》，北京大学出版社 2000 年版，第 592 页。

⑥ 同上书，第 314 页。

至，河不出图，吾已矣夫！'"①

在工匠上梁巫术仪式中，八卦成为许多工匠用来实现宗教目的的灵物。工匠巫术经典《鲁班书》下卷开篇即是讲述"先天八卦法"和"后天八卦法"。福建省惠安县山霞镇东坑村的工匠上梁时的点梁口诀中有"点起太极分阴阳，乾南坤北离东坎西"的内容，数落中梁时用先天八卦图，下落中梁时用后天八卦图。② 八卦的使用有着区分阴阳的意义，如敦煌愿文之编号台湾103号的"入新宅"文中就说：

> 其家宅乃阴阳合会，龟兆相扶，八卦吉祥，五篮（行）利通，四方平正，八表堪居，离坎分南北之堂，震兑置东西之室。左青龙，右白虎，妙恢乾坤［之规］；前朱雀，后玄务（武），雅和阴阳之道。惟愿入宅以后，金龙绕宅，玉凤旋瑚，天垂马脑。四王持剑，斩斫军；入八部冥加，荡除魑魅。③

楚雄彝族木匠上梁时将先天八卦包在梁中央的目的是为了驱散邪秽之物，以使宅居吉祥，木匠包八卦后念诵的求吉咒语是："小小中梁，一丈一尺六寸长，先天八卦，奉来包棵大红梁。自从竖柱日子包过后，吓得一切邪魔鬼祟去远方。自从竖柱日子包过后，人丁清吉，财源丰富，方方来财，五谷丰登；粮食满仓，装满前仓装后仓；六畜兴旺，猪、狗、鸡、鸭、牛、马、驴、骡全面发展。"④ 咒语中明确说明用先天八卦包梁是为了将邪魔鬼祟驱散，让它们远离吉宅。丽江县纳西族曾请大理剑川木匠来营造房屋，木匠们对八卦的使用在纳西族创作的《起房架梁调》中有描述："正午时辰好，大梁披红挂彩，包上八卦图。撒净水来迎，悬绸带来

---

① 《十三经注疏》整理委员会整理：《论语正义》，北京大学出版社2000年版，第129页。

② 陈进国：《信仰、仪式与乡土社会：风水的历史人类学探索》（下），中国社会科学出版社2005年版，第419页。

③ 黄征、吴伟编校：《敦煌愿文集》，岳麓书社1995年版，第648页。

④ 被访谈人：李佐春，75岁，男，彝族，当地著名木匠。访谈地点：云南楚雄红村。访谈时间：2008年7月23日。

引，犹如青龙腾上天。"①

作为灵物的八卦在其向不同地域、不同民族传播时发生了变异，首先是在施行上梁巫术仪式时，往往将八卦简化，无法从形象上识别出所使用的是先天八卦还是后天八卦。而另外一种情况则是八卦已经变异为无法识别的"神秘符号"。如有学者在描述田野中所见的土家族掌墨师傅包梁时所使用的符号时就充满了疑惑地写道："掌墨师傅并在梁木两端书写'乾坤'二字，还在梁木中央画一椭圆形符号，外圈用朱红或墨汁画成，形状古拙。还要在黄色圆心凿一个圆洞，符号十分神秘，这种神秘符号或许是宇宙的象征，或许是土家人对远古的追忆……"② 该学者的疑惑其实在其所转述的上梁祷词中就有线索："上一步，望宝梁，一轮太极在中央，一元行始呈瑞祥。上二步，喜洋洋，'乾坤'二字在两旁，日月成双永世享。"③ 依据八卦在工匠上梁巫术仪式中的广泛使用，加之形态和祷词之间的联系，再考虑到民俗文化的变异性，可以推定这种所谓的神秘符号是"八卦图"无疑。四川民间的"画梁"仪式就是由画师或木匠本人将"太极图"画在梁木下④，"太极图"即是辟邪求吉之宝——八卦图。

八卦图因为集中了上古圣人的哲学智慧，再加上历代易学家的发挥，并与风水之学相结合，故在上梁巫术仪式中处于显赫的地位。而另外一种巫术灵物——雄鸡的使用也是渊源久远，影响广泛。事实上，雄鸡不仅是上梁仪式中的牺牲，而且从工匠建房巫术的开端就开始在巫术程序中发挥作用了。昆明谷律、团结两乡的彝族工匠建房，在破土动工之时就用一只初鸣的雄鸡给木匠"行奠基礼"。木匠将鸡血淋入房屋四角挖好的奠坑之内，同时还要放入石头。在上梁祭祀之时，"主人又将大红公鸡一只抱给木匠，架好大梁，木匠抱鸡来回走三次，旋即把鸡冠划破，用鸡血点在大

---

① 中国民间文学全国编辑委员会、《中国歌谣集成·云南卷》编辑委员会：《中国歌谣集成·云南卷》，中国 ISBN 中心 2003 年版，第 1157 页。

② 商守善：《土家族民间建筑艺术、建房习俗、空间观念及神化现象》，《湖北民族学院学报》（哲学社会科学版）2005 年第 1 期，第 12 页。

③ 同上。

④ 朱仕珍：《四川建房民俗探索》，上海民间文艺家协会、上海民俗学会编：《中国民间文化·民间仪俗文化研究》，学林出版社 1993 年版，第 142 页。

梁左中右三处。彝语称为'啊斯里'（意为抹鸡血），接着把大公鸡抛向空中，使之展翅飞下，木匠烧香磕头，以示上梁成功。"① 云南通海匠师在点梁仪式中，要用一只小公鸡的鸡冠血一边念咒语一边将鸡血点在包布梁的左右前后四个方位，咒语依次是："左点青龙，右点白虎，前点朱雀，后点玄武。"每次念咒语就将鸡冠血点在相应的方位上。另一种点梁的方法是先念咒语："小小红公鸡，身穿无色衣，今日是某年某日，鲁班要你做个点梁鸡。"接着念："一点梁头，儿孙出来当官头；二点梁脚，儿孙出来教学；三点梁腰，儿孙比公高。"这种仪式点的位置则是包布梁的左右和中间。在拉梁仪式中，工匠们依然要使用雄鸡，他们念的咒语是："夫此鸡者，形如彩凤，状似青鸾，叫一声三天报应，鸣一遍万里皆惊；养在家中，名为五德，祭在堂前，号曰司神；血入坛内，祭以诸神。"② 雄鸡为何在巫师仪式中扮演如此重要的角色？雄鸡在传统巫术信仰的演进历程中具有怎样的意义？

雄鸡的使用几乎和八卦图一样古老。工匠上梁仪式中以雄鸡禳解的信仰，在文献方面可以追溯到先秦时期的古籍。《山海经》这部古代巫术经典中就有以鸡祭祀的记载。《山海经·北山首经》载："凡北山经之首，自单狐之山至于堤山，凡二十五山，五千四百九十里，其神皆人面蛇身，其祠之，毛用一雄鸡、彘瘗，吉玉用一珪，瘗而不糈。其山北人皆生食不火之物。"③《山海经·中次六经》又说："有神焉，其状如人而二首，名曰骄蟲，是为螫虫。实为蜂蜜之庐，其祠之，用一雄鸡，禳而勿杀。"袁珂引汪绂注："禳，祈祷以去灾恶，使勿螫人，其鸡则放而勿杀也。"④《山海经·中次八经》载："凡荆山之首，自景山至琴鼓之山，凡二十三山，二千八百九十里，其神状皆鸟身而人面。其祠：用一雄鸡，祈，瘗。"⑤《山海经》明确记载了以雄鸡祭祀各类鬼神的种种要求。汉代应劭

---

① 吕大吉主编，何耀华等编：《中国各民族原始宗教资料集成：彝族·白族·基诺族卷》，中国社会科学出版社 1996 年版，中国社会科学出版社 1993—1998 年版，第 353 页。

② 杨立峰：《匠作·匠场·手风——滇南"一颗印"民居大木匠作调查研究》，同济大学博士学位论文，2005 年 12 月，第 24 页。

③ 郭郛：《山海经注证》，中国社会科学出版社 2004 年版，第 268 页。

④ 同上书，第 442—443 页。瘗指埋葬之意；郭璞解释说："禳，亦祭名，谓禳却恶气也。"

⑤ 同上书，第 500 页。

归纳了以往雄鸡在风俗中的使用情况，总结出"鸡主以御死辟恶"的功能，所以雄鸡在宗教和巫术中才广为所信。他专列出"雄鸡"这一条目，进而说：

> 俗说：鸡鸣将旦，为人起居；门亦昏闭晨开，捍难守固，礼贵报功，固门户用鸡也。《青史子》书说：鸡者，东方之牲也，岁终更始，辨秩东作，万物触户而出，故以鸡祀祭也。太史丞邓平说：腊者，所以迎刑送德也。大寒至常，恐阴胜，故以戌日腊。戌者，土气也，用其，日杀鸡以谢刑德，雄著门，雌著户，以和阴阳，调寒暑，节风雨也。谨按：《春秋左氏传》：周大夫宾孟适郊，见雄鸡自断其尾，归以告景王曰：惮其为牺也。《山海经》曰：祠鬼神皆以雄鸡。鲁郊祀常以丹鸡，祝曰："以斯翰音赤羽，去鲁侯之咎。今人卒得鬼刺痱，悟，杀雄鸡以传其心上，病贼风者，作鸡散，东方鸡头，可以治蛊。以此言之：鸡主以御死辟恶也。"①

在民间生活中，雄鸡几乎成了鬼物的克星。《子不语》卷八"鬼闻鸡鸣则缩"载：

> 予门生司马骧，馆溧水林姓家，其所以住地名横山，乡僻处也。天盛暑，以其西厅宏敞，乃与群弟洒扫，为晚间乘凉之处，掔书籍行李，移床就焉。秉烛而卧，至三鼓，梦外啾啾有声，户枢拔矣。烛光渐小，有矮鬼先入，脸似笑非笑，似哭非哭，绕地而趋。随后一纱帽红袍人，白须飘飘，摇摆而进，徐行数步，坐椅上，观司马所作诗文，屡点头若领解者。俄顷起立，手携短鬼，步至床前。司马亦起坐，与彼对视。忽鸡叫一声，两鬼缩短一尺，灯光为之一亮。鸡三四声，鬼三四缩，愈缩愈短，渐渐纱帽两翅擦地而没。次日，闻问之土人，云："此屋是前明林御史父子葬所也。"主人掘地，朱棺宛然，

---

① （汉）应劭撰：《风俗通义校注》，王利器校注，中华书局 1981 年版，第 374—376 页。

乃为文祭之，起棺迁葬。①

雄鸡鸣为白昼交替的界限，也是阴阳相隔的标志。我国古典哲学中道家的阴阳学说的合法介入也为雄鸡在驱除邪秽的仪式中占据稳定地位起到了推波助澜的作用。我国阴阳学说将世间万物纳入阴和阳这样两个彼此对立又彼此消长的逻辑范围之内，并且演化出了"阳尊阴卑"的等级观念，成为生活世界中种种行为模式的理论依据。汉代董仲舒就罗列出多组各自归属为阴阳两面的事物，并阐发了阳尊阴卑的思想。② 汉代有大臣向君王奏议时曾说："臣闻阳尊阴卑，卑者随尊，尊者兼卑，天之道也。是以男虽贱，各为其家阳；女虽贵，犹为其国阴。"③宋代李光也说："乾健而坤顺，阳尊而阴卑，此天地之大义也。"④ 雄鸡为阳，邪秽鬼魅之类为阴，故阳克制阴，雄鸡即可辟邪除恶。李时珍曾在《本草纲目》中列出"鸡头"杀鬼、治蛊、禳恶、辟瘟的功能，并指出其理论依据：

> 鸡头，［主治］杀鬼，东门上者尤良。治蛊，禳恶，辟温。［发明］时珍曰：古者正旦，磔雄鸡，祭门户，以辟邪鬼，盖鸡乃阳精，雄者阳之体，头者阳之会，东门者阳之方，以纯阳胜纯阴之义也。……按应劭《风俗通义》云：俗以鸡祭祀门户。鸡乃东方之牲，东方既作，万户触户而出也。《山海经》祠鬼神皆用雄鸡，而今治贼风有鸡头散，治蛊用东门鸡头，治鬼痱用雄鸡血，皆以御鸡辟恶也。又《崔实月令》云：十二月，东门磔白鸡头，可以合药。《周礼·鸡人》：凡祭祀禳衅，供其鸡牲。注云：禳郊及疆，却灾变也。作宫室器物，取血涂衅隙。《淮南子》曰：鸡头已瘘，此类之推也。⑤

---

① （清）袁枚撰：《子不语全集》，河北人民出版社1987年版，第132页。
② （汉）董仲舒撰，（清）凌曙注：《春秋繁露》，中华书局1975年版，第393—401页。
③ 安平秋、张传玺分史主编：《汉书》，汉语大辞典出版社2004年版，第1722页。
④ （宋）李光：《读易详说》卷九，文渊阁四库全书本。
⑤ （明）李时珍：《本草纲目》（校点本），人民卫生出版社1981年版，第2590—2591页。

至于鸡冠血的使用，李时珍也指出："鸡冠血，用三年老雄者，取其阳气充溢也……冠血咸而走血透肌，鸡之精华所聚，本夫天者亲上也。丹者阳中之阳，能辟邪，故治中恶、惊忤诸病。"[1] 鸡鸣之时，夜尽而昼始，阴衰而阳盛，关于鸡能制鬼的文人小说或民间传说的广泛流行也使得雄鸡辟邪禳恶的信仰在民众中间广为流传。当然，有时人们相信，凶神恶煞会附着于雄鸡上。《坚瓠广集》卷五"煞神"：

> 《耳谈》：鄂城之俗，于新丧避煞最严。楚王孙尚良素负气，矫厉不信。当兄丧煞回，独人坐灵旁，将几筵肴酒，自啖自酌。至半夜，见群鬼如氤氲之气，绕室而过，叱之，忽有雄鸡，如巨鹤，钩喙怒目，飞立棺上。尚良发上指，直前擒之，左手持鸡，右手把筋，怒而责之曰："汝是杀神乎？何不畏我？"门外窃听者闻之，皆为股栗。已释鸡出，而金铁之声大作，至明毁瓦破榱，器物皆尽。后尚良独享高寿。闻宋太祖微时入人家，其家以避煞出，有鸡在庭，杀而烹之，未荐而出。其家归，釜中乃是人头，信其神为鸡矣。[2]

梳理了古代雄鸡辟邪禳恶的信仰渊源之后，再来考察工匠上梁巫术仪式中对雄鸡的使用，便具有了一种传统文化渊源上的参照。四川匠师们要用雄鸡祭祀梁木，还有专祭梁的祷词《祭梁鸡》。匠师将鸡冠之血滴入鲁班堂的酒杯中，并以血酒的形状来占卜凶吉。雄鸡的鸡血被涂在横梁木上，并且沾上几根鸡毛，这样才能获得吉利。[3] 这种禳解仪式是为了"除煞"，所以祷词《除煞鸡》中说："咬破大冠子，血出避邪气。一祭梁头避邪气，惊破煞气大吉利。二祭梁腰八卦里（指太极图），八卦放光绕紫气。三祭梁尾要仔细，过经过脉看运气。"上梁"除煞"仪式中的祷词说："……弟子在此，鲁班在位，天煞归天，地煞归地，年煞月煞，日煞

---

[1]　（明）李时珍：《本草纲目》（校点本），人民卫生出版社1981年版，第2591页。

[2]　（清）褚人获集撰，李梦生点校：《坚瓠集》，《清代笔记小说大观》，上海古籍出版社2007年版，第1731页。

[3]　朱仕珍：《四川建房民俗探索》，上海民间文艺家协会、上海民俗学会编：《中国民间文化·民间仪俗文化研究》，学林出版社1993年版，第142页。

时煞，一百二十凶神恶煞，弟子随雄鸡一路行，迎请姜太公在位，诸神回避！"① 在大理州白族木匠点梁时所吟唱的带有歌谣形式的巫术祷词中，还出现了对雄鸡的赞美："这是什么鸡，什么鸡，昆仑飞来凤凰鸡，一次下了三个蛋，一窝抱得三只鸡。一只鸡，飞在天宫里，天宫拿来做金鸡。二只鸡，飞到凡间来，凡人拿来做家鸡。三只鸡，飞到鲁班手，鲁班弟子点中梁。……"②

祷词强调天宫金鸡、凡间家鸡和鲁班弟子点梁鸡之间的差别，但它们却同是昆仑凤凰鸡的后代，因此点梁鸡和神鸟凤凰之间有了亲缘，它的巫术效果就有了凭据。环江县毛南族上梁时相信有金鸡和凤凰的同时在场："左边上梁金鸡叫，右边上梁凤凰啼，金鸡叫了上华堂，凤凰鸣啼上宝梁。"浙江东阳市和建德市的上梁仪式对鸡的使用和对天庭雄鸡"昴日星官"的信仰有关。所以东阳市的祭梁祷词说："伏西伏西，手拿金鸡，此鸡非鸡，乃是王母娘娘报晓鸡。右手拿金斧，左手提金鸡。红光满地，大吉大利。东边滴起一点红，代代儿孙满堂红；西边滴起一点红，子子孙孙永兴隆。"③ 建德市的《祭梁歌》说："手拿金鸡看一看，金鸡浑身发红光。此鸡不是凡间有，西天王母仙家养。今日拿来作何用？鲁班师傅用来点栋梁！……一滴红血祭栋梁，紫薇星君坐高堂。二滴红血祭两廊，南极仙翁站两旁。三滴红血祭门窗，五谷财神进我房。四滴红血祭门梁，凶神恶煞滚东洋。五滴红血祭华堂，万年华堂万年长。"④ 这样的上梁巫术仪式正是相信通过天界神仙王母所养神物金鸡的五滴血来祭祀栋梁等，从而达到驱凶求吉的巫术效果，金鸡的使用和道教神仙信仰发生了交织。几乎未受道教法术和鲁班信仰影响的西双版纳傣族认为鸡日是竖柱的好日子，他们在《贺新房之歌》中唱道："主人端着一对腊条，去请波么推算日子。波么推来算去，把竖柱的时间定在鸡日。鸡日邪魔不敢作祟，鸡日是

---

① 朱仕珍：《四川建房民俗探索》，上海民间文艺家协会、上海民俗学会编：《中国民间文化·民间仪俗文化研究》，学林出版社1993年版，第148页。

② 中国民间文学全国编辑委员会、《中国歌谣集成·云南卷》编辑委员会：《中国歌谣集成·云南卷》，中国ISBN中心2003年版，第45页。

③ 中国民间文学集成全国编辑委员会、《中国歌谣集成·江苏卷》编辑委员会：《中国歌谣集成·江苏卷》，中国ISBN中心1998年版，第143页。

④ 同上书，第144页。

个黄道吉日。鸡日竖柱盖新房呀，主人一定会得到幸福。"① 可见鸡与辟邪驱魔相联系的民俗信仰传播范围之广。

在考察鸡运用于仪式的种种环节时，尚且还有需要进行讨论的问题，那就是鸡血祭祀。雄鸡血是积阳之物的精华，所以可以对付邪魅，这在前文已有阐述，但是关于通过鲜血来祭祀膜拜对象的信仰，却存在另外的渊源关系。晋宁夕阳乡打黑村的彝族大木匠以大红公鸡的鸡冠血滴入酒，然后执杯向天祝告说："吉日良辰，天地开张，鲁班到处，如意吉祥。今日黄道，拿酒点大梁。杜康造佳酒，鲁班盖新房。一点梁头龙抬头，二点龙身龙翻身，三点梁尾龙摆尾。亮、亮、亮，右边立起书房门，左边撑起贵人堂。大吉大利，人丁兴旺……"② 土家族掌墨师傅祭祀鲁班的仪式中，也出现了以鸡冠血滴入酒进行祭祀的仪式。祭祀的目的在于使祭祀对象知晓人的意愿，而在上述仪式范围之内，血成了人和祭祀对象进行沟通的特殊媒介。对于血祭的作用，清代惠士奇曾有考证，他首先提及的是一种以牲血涂器的祭祀方法——衈。他在《礼说》中写道：

> 《杂记》：衈庙，用羊及鸡，刉于屋中餹于屋下。康成谓：衈、刉，割牲以衈先灭耳旁毛荐之，耳主听，告神欲其听之，此刉衈之正义也。《小雅》：执其鸾刀，以启其毛。《祭义》：鸾刀以刉毛。牛尚耳，此所谓耳旁毛，取以告神，与血并荐，是为衈。康成见《杂记》用鸡，遂云羽牲曰衈，非也。《穀梁》：叩其鼻，以衈社，岂羽牲乎？《东山经》曰：祠毛，用一犬祈聃。注云：聃，音餹，以血涂祭为聃也。……《玉篇》：以牲告神，欲神听之，曰聃。……③

惠士奇的考证说明：血祭就是为了以牲之血告神，血成为沟通人神的媒介。这样我们就可以知晓工匠们为何用鸡血来进行祭祀了：除借积阳之物"雄鸡"的血来除煞之外，对于神灵而言，还有将人的意愿传达给神

---

① 中国民间文学全国编辑委员会、《中国歌谣集成·云南卷》编辑委员会：《中国歌谣集成·云南卷》，中国 ISBN 中心 2003 年版，第 305 页。

② 吕大吉主编，何耀华等编：《中国各民族原始宗教资料集成：彝族·白族·基诺族卷》，中国社会科学出版社 1993—1998 年版，第 354 页。

③ （清）惠士奇：《礼说》卷六，文渊阁四库全书本。

的传统意义。

一些地区的习俗中，工匠们用雄鸡来祭祀神灵、驱除邪魅之后，还要用鸡骨进行占卜。如云南楚雄一带的木匠吃完建房时使用的雄鸡肉后，依据鸡脑壳来占卜。木匠将鸡脑壳分开，看脑壳合缝处是否有红点，如果有红点，预示新房主人在不久的将来有财运，红点的大小即对应着财运的大小；无红点则无财运。鸡脑壳中还有一个被称为"地槽"的凹缝，如果其中有横线则村中近日会死人；无横线则吉利。脑壳合缝两边如果模糊不清，近日将有雨；清晰则天气晴朗。① 按班固《汉书·郊祀志（下）》的说法，鸡卜始于粤巫："是时既灭两粤，粤人勇之乃言：'粤人俗鬼，而其祠皆见鬼，数有效。昔东瓯王敬鬼，寿百六十岁。后世怠嫚，故衰耗。'乃命粤巫立粤祝词，安台无坛，亦祠天神帝百鬼，而以鸡卜。上信之，粤祠鸡卜自此始用。"② 司马迁在《史记·孝武本纪》中则说："是时既灭南越，越人勇之乃言：'越人俗信鬼，而其祠皆见鬼，数有效。昔东瓯王敬鬼，寿至百六十岁。后世谩怠，故衰耗。'乃令越巫立越祝词，安台无坛，亦祠天神上帝百鬼，而以鸡卜。上信之，越祠鸡卜始用焉。"③ 司马迁和班固的记录虽有所出入，但鸡卜由来已久，至迟可定于汉武帝时期，而且鸡卜和鬼神祭祀相关是可以肯定的。谢肇淛认为，云南的鸡卜巫术正是源于越巫（粤巫）的巫术知识体系。他说：

> 滇人多用鸡卜，其法缚鸡于神前，焚香，默祝，所占毕，扑杀鸡取两股骨，洗尽，以线束之，竹莛插入其中，再祝：左骨为侬侬，我也；有骨为人人，即所占事也。两骨上有细窍，尽以细竹籤之，斜直多少，任其自然。直而正者多吉，反是者凶。其法有十八变。然不可得而详矣。大抵与五岭相类。按汉武帝令越巫祠百鬼，用鸡卜，乃知此法自粤始，而滇用之，皆夷俗也。④

---

① 被访谈人：李佐春，75 岁，男，彝族，当地著名木匠。访谈地点：红村。访谈时间：2008 年 7 月 23 日。

② 安平秋、张传玺分史主编：《汉书》，汉语大辞典出版社 2004 年版，第 541 页。

③ 安平秋分史主编：《史记》，汉语大辞典出版社 2004 年版，第 183—184 页。

④ （明）谢肇淛：《滇略》卷四，文渊阁四库全书本。

　　工匠民俗知识在其千古流变的过程当中，吸收了这些民俗知识，为己所用，使得工匠民俗的内涵日益丰富，积淀日趋深厚。佤族人的传说中，看鸡卦起源于对公鸡的崇拜。传说称一个叫马了的佤族汉子去开荒时一恼怒就射死了一个太阳，于是天就变黑了。寨子里的人跳肿了脚，唱哑了嗓子，可是太阳还是不出来。人们又让马了唱，太阳依然不出来，直到公鸡叫三遍的时候，太阳终于从东方升起来了。于是人们非常崇拜公鸡，将公鸡的腿骨挂起来作为纪念。从此以后，公鸡腿骨上的几个洞就成为佤族人占卜吉凶的依据。①

　　建房工匠上梁仪式中使用雄鸡时，往往又和传统文化中的神鸟凤凰并举，这一现象在前面所举的例子中已经出现。也有一些上梁祷词出现了单独涉及凤凰的句子。浙江射阳县的上梁祷词说：“红绸三寸安全梁，留下五寸给凤凰，凤凰不落无宝地，金凤落在玉柱上。状元出在你府上，家主踩喜两兴旺。”下斧祷词说：“千头刀上骑武将，万棵桑上落凤凰。凤凰不落无宝地，贵人出在你府上。”敬香祷词说：“柴米油盐安龙口，金银财宝动担挑，造房师傅手艺巧，西山凤凰舞得高，东山画的龙戏珠，西山画的凤凰叫，龙戏珠来凤凰叫，子孙金榜头名标。”②从祷词中可以看出，凤凰是可以带来富贵的吉祥神鸟，凤凰所落之地是宝地的说法，是风水学中的俗信。更多情况是，凤凰和其他巫术灵物同时受到膜拜。奉贤地区工匠的上梁祷词是以甲乙工匠对唱的形式来表演的，其中几句唱道：“手提金带子，脚踏步步高，一步跨来金鸡叫，二步跨来凤凰啼，三步跨来喜事多，四步跨来出状元，五步跨来子登科，六步跨来福禄寿，七步跨来出巧女，八步跨来过八仙，九步跨来三星照，十步跨来出麒麟，十一步跨来高又高。”抛梁时的祷词唱道：“一把馒头抛到西，一对凤凰成双飞，凤凰绕梁绕三绕，右殿金鸡叫来左殿凤凰啼。……一把糕点抛到东，福寿如意乐融融；一把糕饼抛到西，龙凤呈祥成双飞；一把糕点抛到南，财福临门滚滚来，年年来，月月来，天天来，时时来，吉庆有余喜开怀；一把糕点抛到北，凤串牡丹

---

　　①　尚仲豪等编：《佤族民间故事选》，上海文艺出版社 1989 年版，第 230—231 页。
　　②　中国民间文学集成全国编辑委员会、《中国歌谣集成·江苏卷》编辑委员会：《中国歌谣集成·江苏卷》，中国 ISBN 中心 1998 年版，第 175—177 页。

降五福。"①

上梁祷词中凤凰的宗教意义是很明显的:凤凰作为一种神鸟,受到了人们的崇拜。凤凰是祥瑞的神鸟。《论语·子罕》云:"子曰:凤鸟不至,河不出图,吾已矣乎。"②《山海经·南次三经》记载,凤凰出现将给天下带来安宁:"又东五百里,曰丹穴之山,其上多金玉。丹水出焉,而南流注于渤海。有鸟焉,其状如鸡,五彩而文,名曰凤皇,首文曰德,翼文曰义,背文曰礼,膺文曰仁,腹文曰信。是鸟也,饮食自然,自歌自舞,见则天下安宁。"③ 许慎的《说文解字》显然吸收了以往文献对凤凰的描述,他对"凤"的解释是:"凤,神鸟也。天老曰:凤之象也,鸿前麟后,蛇颈鱼尾,鹳颡鸳思,龙文虎背,燕颔鸡喙,五色备举,出于东方君子之国,翱翔四海之外,过昆仑,饮砥柱,濯羽弱水,莫宿风穴,见则天下大安宁。"④ 上梁仪式中出现了"凤为鸡之祖"的观念,这一观念亦是由来已久。汉代刘向在《孝子传》中记载:

> 舜父有目疾,始时微微,至后妻之言,舜有井穴乏。舜父在家贫厄,邑市而居。舜父夜卧,梦见一凤凰,自名为鸡,口衔米以哺己,言鸡为子孙,视之,是凤凰。《黄帝梦书》言之,此子孙当有贵者。舜占犹之。比年籴稻,谷中有钱,舜也。乃三日三夜,仰天自告过,因至是听常与市者,声故二人。一人舜前舐之,目霍然开,见舜,感伤市人。大圣至孝道所神明矣。⑤

工匠施行上梁仪式时所使用的巫术灵物所呈现出的其实是一种多样化的表现。有学者对云南建水县城建中路 51 号黄家建房时工匠们施行的上梁仪式进行过实录采访,据他的描述,掌墨匠师在中梁中心用凿子凿出一

---

① 宋根新:《奉贤地区的居住信仰与习俗调查》,上海民间文艺家协会编:《民间文化·民间文学研究》(第六集),学苑出版社 1992 年版,第 224 页。

② 《十三经注疏》整理委员会整理:《论语注疏》,北京大学出版社 2000 年版,第 129 页。

③ 郭郛:《山海经注证》,中国社会科学出版社 2004 年版,第 55—56 页。

④ (汉)许慎撰,(宋)徐铉校定,王宏源新勘:《说文解字》(现代版),社会科学文献出版社 2005 年版。

⑤ (明)董斯张撰:《广博物志》卷四十四,文渊阁四库全书本。

个洞后，将以下物品放入洞内：一撮五谷、两枚光绪铜板、一只银饰品、一只金耳环，然后用红布包住洞口，红布张开的两角则用两枚银币钉住。① 云南水族则将铜钱十个、年历一本、笔两支、墨两锭、椿树两枝、扁柏树一节、盐茶米豆一点包在梁上，包梁用的是 50 厘米的红布、五色线、五色布。② 面对这些宗教灵物的使用，我们或许会同意巴格比的观点："在某种意义上，文化确实仅仅是一大群人的技能而已。它们可能是习得的，或者是发明的。"③ 我们在对民俗调查文献进行描述的时候，也可以对一些巫术灵物的含义作出合理的推测，如包五谷是为了实现五谷丰登的愿望，50 厘米的红布、五色线、五色布的使用是因为对五行思想的运用等。这样推测性的解释无疑会和弗雷泽交感巫术原理中的相似律成功契合，但是我们并不能就此停步，对于那些有悠久历史的灵物而言，历史性的梳理总是显得必要。

譬如说在上梁仪式中使用钱币来厌镇邪秽之俗就由来已久。明代张太岳曾在其文集中记载了这样一件事："皇城北苑中有广寒殿，瓦甓已坏，榱桷犹存，相传以为辽萧后梳妆楼。成祖定鼎燕京，命勿毁以垂鉴戒。至万历七年五月，忽自倾圮。其梁上有金钱百二十文，盖镇物也。上以四文赐予，其文曰至元通宝。按至元乃元世祖纪年，则殿创于元世祖时，非辽时物矣。"④ 张太岳所述上梁钱的来历乃是至迟在汉代就出现的厌胜钱的一种形式。按陈元龙的归纳厌胜钱原先是一种图文并茂并且蕴含颇深的特殊钱币。他在"古杂钱"一条中写道：

　　封演《钱谱》：汉有厌胜钱、藕心钱，状如干盾，长且方，不圆，盖古刀布之变也。与近世花蕊夫人封绶及穿钥钱相似。《博古图》：厌胜钱五，一重六两有半，四皆重三两有半。汉武造银锡白金为三品，一曰其文龙；二曰其文马；三曰其文鬼。而小椭之谓之圆而

---

① 杨立峰：《匠作·匠场·手风——滇南"一颗印"民居大木匠作调查研究》，同济大学博士学位论文，2005 年，第 24 页。

② 毛公宁主编：《中国少数民族风俗志》，民族出版社 2006 年版，第 946—947 页。

③ ［美］菲利普·巴格比著，夏克、李天纲、陈江岚译：《文化：历史的投影——比较文明研究》，上海人民出版社 1987 年版，第 96 页。

④ （清）于敏中等编撰：《日下旧闻考》，北京古籍出版社 1981 年版，第 566 页。

长也。今钱一体之间，龙马并著，形长而方，意有类于此。然下体蟠
屈隐起粟文，似非汉武之制也。又《李孝美图谱》有永安五男钱，
体势虽圆，轮郭皆著粟文，与此少类。然孝美号之曰：厌胜钱，则是
钱亦殆亦用之为厌胜者耶。①

陈元龙所转述的著作只对厌胜钱的外形特征进行了描述，而厉鹗在为
他所创作的一首诗前所作的序中说道的厌胜钱，则不仅饰有求吉辟邪的灵
物图案，还有相应的文字说明：

吴中有书，买来广陵出古钱三百。余见示刀布，正伪诸品皆备。
汪君祓江拓其文，凡四以遗予：一曰千秋万岁，面有龙凤形；二曰长
生保命，面有北斗及男女对立状；一曰斩妖伏邪，面有立神一、蹲虎
一、符篆一；一曰龟鹤齐寿，面无文，盖古厌胜钱也。暇日装潢成
册，为诗题后并邀祓江同作……汪为山亦赠予厌胜钱，拓本书曰：金
玉满堂，篆书。面有双龙绕之，上有柄，作云形，大径二寸。续装于
册，更为赋诗。②

每一枚厌胜钱币都蕴含着神秘的求吉信仰，堪称巫术灵物之精品。
五代刘崇远《金华子杂编》记载，钱币在唐代曾被用来镇压海眼：

杨琢云：北海县中门前，有一处地形微高，若小堆阜隐起。如是
积有岁华，人莫敢铲凿。有一县宰，乃特令平之。既去数尺土，即得
小铁钱散实其下，如是渐广，众力运取，仅深尺余。东西袤延，西面
记乃得一际云：此是海眼，故铸钱以镇压之。量其数不可胜记，又不
明叙时代，其钱大小如五铢。阖县惧悚，虑致灾变，乃备祭酹，却以
所取钱，皆填筑如故，其后亦无他祥。③

---

① （清）大学士陈元龙：《格致镜原》卷三十五，文渊阁四库全书本。
② （清）钱塘厉鹗：《樊榭山房集》卷四，文渊阁四库全书本。
③ （五代）刘崇远：《金华子杂编》卷下，《唐五代宋笔记十种》（二），辽宁教育出版社
2000年版，第22页。

从笔者所见资料来看，钱币厌胜在宋代曾经在建筑民俗中大量使用。据《宋书·列传第三·徐羡之》的记载，徐羡之少时，有一位自称是其祖先的人前来指点他通过使用厌胜钱来度过厄难，具体的缘由、方法和功效是："汝有贵相，而有大厄，可以钱二十八文埋宅四角，可以免灾。过此可位极人臣。"① 1973 年 4 月中旬，考古工作者在包拯家族墓地发掘出一枚银质厌胜钱，是用于包拯长孙包永年夫人墓地之物，工艺精巧，有钱币研究者根据钱币上的图案将其定名为"双龙牡丹文厌胜银钱"②。2001 年 9 月，有关部门对泉州崇福寺应庚塔进行抢救性维修时在塔身及地基中发现北宋中晚期建塔时放入的厌胜钱 4417 枚，钱币朝代跨度从西汉一直到北宋，具体是：西汉半两、五铢，王莽大泉五十，北魏五铢，唐开元通宝、乾封泉宝、乾元重宝、会昌开元，后周周元通宝，前蜀天汉元宝、乾德元宝，南唐开元通宝、唐国通宝，宋宋元通宝、太平通宝、淳化元宝、至道元宝、咸平元宝、景德元宝、祥符元宝、祥符通宝、天禧通宝、天圣元宝、明道元宝、景祐元宝、皇宋通宝、庆历重宝、至和元宝、至和通宝、嘉祐元宝、嘉祐通宝、治平通宝。这些厌胜钱的制式分别是彩绘；雕背；挫边、打孔；深浮雕。③ 钱币在上梁时也较为常用，建筑厌胜钱中专用于上梁的钱币称为"上梁钱"。咸丰元年，在福州重建孔子圣庙正殿的上梁仪式中使用的上梁钱是布币和刀币性质的，为当地专门铸造之物。④《大泉图录》中也说："光绪通宝钱幕文作八卦。案年遇修葺各宫殿，上梁时安置宝合，合中皆贮此钱。"⑤ 有古钱收藏者所藏一枚"麒麟凤凰上梁钱"，此钱据说出自江西省吉安市农村一座有 300 余年历史的旧宅屋梁上。⑥

厌胜钱的使用应当有两种形式：一种是专门铸造、具有宗教色彩的钱币，这种钱币上有求吉驱邪的图案和文字，不在社会经济活动中流通；一种是直接采用在社会经济活动中使用的钱币作为厌胜物。某些厌胜钱的形

---

① 杨忠分史主编：《宋书》，汉语大辞典出版社 2004 年版，第 1053 页。

② 吴兴汉：《包拯长孙包永年夫人墓出土厌胜银钱》，《收藏家》2006 年第 3 期。

③ 唐宏杰：《泉州崇福寺应庚塔出土北宋厌胜钱》，《中国钱币》2003 年第 3 期，第 42 页。

④ 曲彦斌：《厌胜钱概说》，《寻根》2000 年第 3 期。

⑤ 史松霖主编：《钱币学纲要》，上海古籍出版社 1995 年版，第 302 页。

⑥ 罗词安：《上梁钱》，《中国商报》2003 年 12 月 18 日。

象图案却在以图案的形式叙述一种生动的驱邪仪式活动，如一枚大型厌胜钱上的图案是："正面：右边真武，金甲玄袍而立。旁龟蛇二物，后有一人执黑旗，左边二人，为听候差遣之神将。画面生动，布局严谨，为一幅驱邪治鬼战前准备场面。背面：左右道符上一对蹲虎，口衔符书。穿上有星斗。"① 从这枚厌胜钱上，我们可以看到道教对工匠建房巫术的影响，也可以发现对于道教这种具有明显咒术倾向的中国本土宗教而言，其实是一种宗教—巫术的混合形态。

从外观表现形式来看，厌胜钱主要是通过谐音相关、祥瑞神物、宗教符文等方式来传达出求吉意味，艺术手法上有直接传达和隐喻传达两种范式。② 有学者将厌胜钱的功能概括为祈福、辟邪："祈福指得到、获取、掌握那些有利于人的事物，让它们帮助人们达到多福、多寿、多子、多财的愿望，它反映的是人们的趋吉心理。辟邪指驱除、镇辟、抵御贫穷、疾病、绝后、战争、灾祸，希冀和平、亲睦、顺利、健康等。"③ 可以说，厌胜钱的每一种图案都有其深厚的传统意义，已经是一些广为民众所熟悉和信仰的传统符号。传统符号因为有着历史依据，所以成为现实巫术活动中可以信赖的对象。

在这里我们可以发现民俗的创造绝不是民众随意的自由发挥，而是受到传统文化模塑深刻影响的规范。厌胜钱中出现的朱雀、玄武、青龙、白虎等灵物，以及八卦、八仙、符纹等符号，则是道教方面对工匠建房民俗产生强烈规范性影响的结果。此外，厌胜钱中还出现了佛线钱。道教（以及佛教）方面对工匠巫术产生了影响，是因为从宗教的角度出发，为了在普通民众之间获得更为广泛的信众，增强其宗教在社会上的影响力，宗教人士在民众中施行着种种巫术技法；从工匠方面来说，为了使巫术获得更多的、来自传统文化迫力的支撑，从而使巫术内涵从粗糙、单薄向规范化的向度发展；对于巫术信众而言，则是出于一种诸天神佛、神仙、巫师为我所用的求吉、辟邪心理来接受种种巫术知识的，巫术信众并没有明确抵御任何一种具有源流性质的巫术知识。这便是宗教人士、巫师、信众

---

① 郁为：《一枚少见的大型厌胜钱》，《西部金融》2009 年第 3 期，第 87 页。

② 徐靖彬：《浅谈"厌胜钱"与择吉文化》，《桂林师范高等专科学校学报》2007 年第 4 期，第 59 页。

③ 胡林玉：《厌胜钱的文化内涵》，《中国钱币》，2003 年版，第 80 页。

三者之间的一般关系。

　　民间上梁民俗是一种目的性很强的仪式行为，建房工匠之所以千百年来传承着这种仪式，是由于广大民众对于镇宅驱邪的强烈渴望。上梁仪式中的种种灵物的使用都不是一种随意的选择，而是有传统可依的。传统文化形成了强大的文化迫力，深刻地影响着民众的生活。八卦、雄鸡和上梁钱在历史演变中，形成了一套解释性的话语体系，因而具有了厚重感，在相当长的历史时期内支撑着民众对其效力的信仰。

第四章 从神仙、神符、神咒信仰看道教 对工匠建房民俗的影响

在科学理性尚未占主导地位，宗教思想四下风行蔓延的时空境遇中，建造工匠时常以技师兼巫师的双重身份跻身于社会职业群体之内。道教是我国的本土宗教，其最早的源头是人类社会所经历过的漫长的原始宗教时期。就我国的工匠而言，由于本土宗教道教的逐渐成熟，一些工匠民俗开始深受道教的影响。日本道教学家窪德忠在评析前人对道教的定义后精辟地指出："道教是一种自然宗教，它以古代民间信仰为基础，以神仙说为中心，加之道家、易、阴阳、五行、谶纬、医学、占星等学说和对巫的信仰，借鉴佛教的组织形态，以长生不老之现实利益为主要目的，具有浓厚的咒术宗教倾向。"① 我国许多民族的工匠在建房时都要施行相应的民俗仪式，许多学者对此作过详细的调查，但尚未有人对道教与工匠建房民俗之间的关系作过系统、深入的分析，致使工匠建房民俗的研究长期停留在资料之学的层面上。从工匠建房民俗的种种表现来看，其民俗系统内的神灵、神符及神咒都具有浓厚的道教色彩，有时甚至是对道教法术的直接借用。道教向民间传播的过程中，使得道教神仙长生不死、法力高强、惩恶扬善的正面形象在民众集体心理中定格。民俗化是道教传播的一个非常重要的模式，建房民俗中的道教元素，正是道教民俗化的典型例证。建房民俗要成为一种经久不衰的经典，必须与民众的宗教信仰——道教合流，向道教借取思想和仪式资源，从而在民众中确立其地位。工匠建房民俗体系首先向道教借取了"神仙"资源，其一是对道教神仙的直接借取——比如姜太公和八仙，建房工匠将他们作为仪式中发挥效力的神仙加以召唤，

---

① ［日］窪德忠：《道教史》，萧坤华译，上海译文出版社1987年版，第30页。

营造出仙人护佑、仙人朝贺的吉祥氛围；其次是通过传说的历史演述，不断构建工匠祖师鲁班的神格，使其从春秋时期实有的工匠向妖异化的奇人、大禹治水时期的神匠演变，最终将其纳入道教体系，使其"位列仙班"。这是工匠行业为了增强建房信心、提高自身社会地位、迎合民众趋利避害的求吉心理所做的演绎。工匠建房民俗不但借用道教的神仙为仪式所用，而且借用了道教的符咒。道教符咒的使用使得民俗本身走向规范。道教对中国工匠建房民俗的影响，是道教传统对民俗传统发生影响的例证，是道教活力得以非教会化延续的例证。

第一节　神仙显踪助匠的两种范式

作为门类繁多、内容复杂的一种宗教形态，道教历经数千年的发展演变，其教义、法术可谓枝蔓丛生。然而，"不论道教的教义及道术多么庞杂，其教义的核心仍是神仙信仰"。① 《说文解字》释"示"曰："天垂象，见吉凶，所以示人也。从二。三垂，日月星也。观乎天文，以察时变。示，神事也。凡示之属皆从示。"又释"神"曰："天神，引出万物者也。"② 《释名·释长幼第十》曰："老朽也，老而不死曰仙。仙，迁也，迁入山也。故其制字，人傍作山也。"③ 《神仙传·彭祖》记载："彭祖曰：得道者耳，非仙人也。仙人者，或竦身入云，无翅而飞；或驾龙乘云，上造天阶；或化为鸟兽，游浮青云；或潜行江海，翱翔名山；或食元气，或茹芝草；或出入人间而人不识；或隐其身而莫见。面生异骨，体有奇毛；率好深僻，不交俗流。然此等虽有不死之寿，去人情，远荣乐……"④ 一般说来，道教神仙是一些拥有法力、长生不死，居住于名山而不同于凡人的异类。神仙信仰起源于古人对长寿乃至永生的追求，而工匠建房民俗系统中的神仙信仰则主要源于信众相信在神灵的庇护下能使建造过程顺利实施、所建之房吉祥如意，无邪无秽。

① 卿希泰：《道教文化新探》，四川人民出版社 1988 年版，第 19 页。
② （汉）许慎撰，（宋）徐铉校定，王宏源新勘：《说文解字》（现代版），社会科学文献出版社 2005 年版，第 2—3 页。
③ （清）王先谦撰集：《释名疏证补》，上海古籍出版社 1989 年版，第 150 页。
④ 李昉等编：《太平广记》，中华书局 1961 年版，1998 年重印第一册，第 9 页。

道教神仙信仰对工匠巫术的影响可分为多种情形。第一种情形是道教神仙直接成为工匠建房仪式中工匠所祈祷的神。湖州工匠建房时举行上梁仪式，所念求吉祷词《挂红绿布》中说："一敬天来二敬地，三敬东方三喜逢，四敬南方黄道日，五敬西方福禄寿三星高照，六敬北方会八仙，各路神仙来保护，保护主家喜上紫金梁。"《拜祖师》说："……登八步八仙过海，登九步九代荣华……八洞神仙都来到，龙飞凤舞鹤来朝。"① 在这个仪式中，道教神仙由各方汇集，护佑建房过程中最为重要的巫术仪式——上梁仪式，使得仪式大吉大利、吉祥如意。一则已由工匠建房仪式中的请神祷词变异为仪式歌谣的《上梁歌》对八仙进行了形象、生动的描述，结尾唱道："说八仙来道八仙，八仙过海显手段。显手段来显手段，长寿仙翁过百年。"② 貌似娱乐性质的歌唱中，隐含着祈求神仙庇护、以求吉利的愿望。③ 一些工匠建房民俗中所念咒语往往称"吾奉太上老君敕令"、"急急如老君律令"等，足见道教神仙信仰在工匠建房仪式中的地位。

工匠建房民俗活动中的咒语、祷词中，道教神仙往往以群体化的形式出现，被民众认为是提供庇护的力量来源。然而，在一些特殊的情况下，道教神仙平静地走入建造的过程，以神奇的法术解决工匠的困境。在一则题为《岳阳楼》的传说中，八仙之一的吕洞宾就曾变化为木匠，帮助工

---

① 姜彬主编：《中国民间文化·民间口承文化研究》，学林出版社 1993 年版，第 343—344页。

② 中国民间文学集成全国编辑委员会、《中国歌谣集成·宁夏卷》编辑委员会：《中国歌谣集成·宁夏卷》，中国 ISBN 中心 1996 年版，第 426 页。

③ 八仙这一群体广泛地出现在了工匠上梁祷词中，而流传在云南通海县的传说则称，通海多工匠是因为八仙路过通海时吕洞宾戏弄铁拐李的结果。传说如下：传说当年八仙路过通海，铁拐李肚子饿了，想吃通海的烧饵块。吕洞宾决定戏弄一下他，就摇身一变成了一个卖烧饵块的人。当铁拐李买了饵块，吕洞宾问他："你要抹什么酱？"铁拐李就反问："你有些什么酱？"吕洞宾说："你想要什么酱我都有！"铁拐李大怒道："我要铁匠（酱）、木匠（酱）、稀什烂匠（酱），你咯有？"吕洞宾微微一笑，携铁拐李升上半空，指向通海四乡八野，道："你看，你要的什么匠都有啦！"从此，吕洞宾指给铁拐李看的地方，他说有什么匠以后就果真出什么匠！比如，九街、杨广出木匠，兴蒙出泥瓦匠，罗吉出铁匠、解家营出石匠……从此以后，通海这个地方的人，从小都要凭自己的兴趣学上一门手艺，仿佛是命中注定，通海人要一代一代把手艺传下来。见杨立峰：《匠作·匠场·手风——滇南"一颗印"民居大木匠作调查研究》，同济大学博士学位论文，2005 年 12 月，第 41 页。

匠们成功建成岳阳楼。传说内容如下：

　　《岳阳楼》：四五月时候，有一种食品，叫做银鱼，遍体无鳞，周身白得和银一般，吃起来也没有骨头。这种鱼是洞庭湖里的特产品。为什么独产于洞庭湖，并且和别种鱼不同呢？请别性急，慢慢地听我下文：原来这鱼是木屑变的，这奇极了，木屑如何会变鱼呢！据说，唐初的时候，洞庭湖边有座岳阳楼，那时已坍得不堪，附近的百姓倡议要修理它，谁知一次，两次，三次，……用了多少钱，雇了许多木匠去修理，刚一修好，马上就倒了，如此几年工夫，修了倒，倒了修，结果还是不成功。岳州地方的百姓，大家都莫名其妙地诧异！

　　有一天下午，忽然来了一个木匠，身上打扮得和道士一般，走到监工那里说："你们可知道这楼所以修了又倒的原因吗？""我们正为这事发愁，这座楼修了许多时候，至今还修不好，如何是好呢？"监工里有一个人回答说。他微微一笑道："这有何难，在身我上，包你三个月修好得这岳阳楼便了。"大家忙立起来说："真的吗？那么，请坐，请你将什么缘故告诉我们吧！"他坐下，慢条斯理地说："你们把岳阳楼修了好几年，修了又倒，倒了又修，结果还是白费心。大家不是都以为很奇怪吗？其实说穿了，一个道理。岳阳楼下有个蝙蝠精，你们所以修不成功的缘故，都是它在那里作怪。如果任它长此下去，再修得几百回，都不会将这座岳阳楼修得成功的。假使你们要我来修理，那么，趁今晚我施点小小法术将它压住了。你们明天去招他几千工人，包你在三个月里修好了。"监工的先生们听了半信半疑，可是实在无法可想，听他说得活灵活现，就姑且叫他试试吧！

　　于是他做了总工头了，也不知他用的什么法术，他说已将蝙蝠精压住了，至今有人传说，走过岳阳楼底下的洞子中间时候，还听见一种唧唧的声音，就是这只蝙蝠的悲声。那些监修的先生们，果然听他的说话，第二天起招了许多工人，大约三千多人，又动手修这屡修屡倒的岳阳楼了。岳州不是出产菜蔬的地方，骤然添了三千的工人，哪能供给得到。吃饭固然是重要问题，但是没了菜的饭，谁也吃不下啊！这些监工先生们弄得真是无法，请他辞去一半工人。哪知他又不肯道："不行！不行！假使你们要岳阳楼在三个月内成功的，那便一人也辞退不得的！"监工先生道："然而没有菜给他们吃，也是极困难的问题啊？"他微微笑道："没有菜你们就不会想个法儿吗？"监工先生道："有什么法可想！如果有法儿，我们也不用如此着急了！岳州地方大虽大，不是出产菜蔬的所在，哪经得起他们狼吞虎咽的大嚼！如今闲话少说！请你将工人辞去一半，还是正经办法。"他正色道："这个如何使得！你们如果不诚心修理这楼，那不用说得，我也立刻便走，假如要修理，好的，那便一个也动不得。菜不成问题，以我的本领，山珍海味，皇帝的御膳，还不费吹灰之力。何况这些工人下饭的菜呢！"他叫许多工人将工场里所有的木屑，一起倾倒在洞庭湖里。霎时间水面忽然浮了许许多多洁白无鳞的小银鱼，游来游去，好像很自在似的，煞是可爱，原来这许多的鱼都是木屑变成！从此，这许多工人不患没有菜吃了，每到湖里的鱼将要捉完时光，他依然照样画葫芦如此施行一次，因此至今洞庭湖里的银鱼独盛于他处，据说便是此时传下的。

大家看见这事，以为奇异得很。知道他的来历不凡，便纷纷求问他的姓名。他只是笑而不答。三个月还少二十天，这座屡倒的岳阳楼居然修好了。他便在第二天钱也不要，悄没声地走了。岳州的居民和监修的人都奇怪得很，后来在岳阳楼照壁上发现二句诗："三过岳阳人不识，朗吟飞过洞庭湖。"吕洞宾题。至今吕洞宾的雕像，还在岳阳楼里。①

这则解释性的传说所解释的不仅是洞庭湖中银鱼的来历，而且涉及工匠建筑民俗中的厌胜巫术。从传说中可知，岳阳楼屡建屡倒的原因是蝙蝠精作怪，而吕洞宾的厌镇法术和古代建筑过程中的厌胜习俗相关联。吕洞宾所变化而成的是一名道士打扮的木匠，仙家和木匠之间在传说中就有了亲切的结合。

论及道教神仙信仰对工匠建房民俗所产生的影响，还有一位处于醒目地位的神仙不可忽略，即姜太公。《鲁班经》绘有"姜太公在此"的禳解神贴，神贴上有"天无忌、地无忌、阴阳无忌、不光禁忌"的语句，该

___
① 韦月侣等编著：《民间故事》，广益书局1940年版，第42—47页。

禳解贴的使用方法是："凡写姜太公贴者，不宜用白纸，要用黄纸，吉。但一应兴工破土，起造修理皆通用。"《鲁班经》整理者举例说："……如今山西运城一带，如果正房有被山头、河水、坟丘、岗陵、屋脊等神射时，在其房脊上用几个青砖立一小楼，中间一砖上刻'姜太公在此，诸神退位'九字，以辟凶煞。也有贴在院内、屋中，后刻在墙头等处者，随其凶煞所在之处而定。"① 很明显，在工匠建房民俗体系内，姜太公具有强大的除煞、驱邪的能力，所以受到民众的膜拜。

姜太公的神仙化经历了几千年的历程。种种证据表明，姜太公在历史上实有其人，是一位伟大的军事家和政治家。姜太公又名太公望，姓姜，吕氏，名尚字子牙，冀州为其故里。姜太公辅佐周文王和周武王覆灭商纣，建齐，实为我国名相、贤臣及军事帅才之祖。《诗·大雅·大明》云："牧野洋洋，檀车煌煌，驷𫘧彭彭。维师尚父，时维鹰扬。凉彼武王，肆伐大商，会朝清明。"② 这首诗即是对姜太公指挥大军和商纣军队战于牧野的描述，言辞之间，可见其雄姿英武，气势非凡。

对姜太公生平事迹记述最为详细的是司马迁的《史记》。《史记·世家第二·齐太公世家》：

> （太公望）吕尚者，东海上人。其先祖尝为四岳，佐禹平水土甚有功。虞夏之际封于吕，或封于申，姓姜氏。商夏之时，申吕或封枝庶子孙，或为庶人，尚其后苗裔也。本姓姜氏，从其封姓，故曰吕尚。吕尚盖尝穷困，年老矣，以渔钓奸周西伯。西伯将出猎，卜之，曰："所获非龙非螭，非虎非罴，所获霸王之辅。"于是周西伯猎，果遇太公于渭之阳，与语大说无所遇，……载与俱归，立为师。或曰，太公博闻，尝事纣。纣无道，去之。游说诸侯，无所遇，而卒西归周西伯。或曰，吕尚处士，隐海滨。周西伯拘羑里，散宜生、闳夭素知而招吕尚。吕尚亦曰："吾闻西伯贤，又善养老，盍往焉。"三人者为西伯求美女奇物，献之于纣，以赎西伯。西伯得以出，反国。

---

① （明）午荣编，李峰整理：《新刊京版工师雕斫正式鲁班经匠家镜》，海南出版社2003年版，第311页。

② 《十三经注疏》整理委员会整理：《毛诗正义》，北京大学出版社2000年版，第144页。

言吕尚所以事周虽异，然要之为文武师。①

《史记》追溯姜太公之祖先佐禹平水土，揭示其来历不凡；西伯侯通过占卜寻到姜太公辅佐属于"姜太公遇伯乐而得以发迹"这一被反复熏染的主题。关于姜太公发迹的异说表明姜太公的传说从一开始就是众说纷纭，姜太公的神秘化是传说所要建构的一种模式。姜太公的发迹，在传说中往往说事先即有神谕的预示，如说他垂钓时钓得刻有预言的玉璜，或钓到鲤鱼而鱼腹中有写着"吕望封于齐"的天书等。又有传说称，周文王和姜太公曾同时梦见天帝的神谕：

> 文王梦天帝，服玄襀，以立于令狐之津，帝曰："昌，赐汝望。"文王再拜稽首，太公于后亦再拜稽首。文王梦之夜，太公梦之亦然。其后文王见太公而计之曰："而名为望乎？"答曰："唯，为望。"文王曰："吾如有所见于汝。"太公言其年月与其日，且尽道其言，臣此以得见也。文王曰："有之，有之。"遂与之归，以为卿士。②

姜太公神仙化的定型期在汉代。《论衡·恢国篇》记载："传书或称武王伐纣，太公《阴谋》食小儿以丹，令身纯赤，长大，教言'殷亡'。殷民见儿身赤，以为天神。及言'殷亡'，皆谓商灭。"③姜太公以丹喂养出赤身儿，并教唆其散布流言，引导民心所向，最终亡商纣，据此，姜太公更近于左道之士，精通妖术，手段也难登正道之列。同时《论衡·卜筮篇》记载的另一则传说中，姜太公似乎又反对占卜之类的巫术行为："周武王伐纣，卜筮之，逆，占曰'大凶'。太公推蓍蹈龟而曰：'枯骨死草，何知而凶！'"④这件事在《史记》也曾记录，《史记·世家第二·齐太公世家》："武王将伐纣，卜，龟兆不吉，风雨暴至。群公尽惧，唯太公强之劝武王，武王于是遂行。"⑤汉王朝建立以后，张良遇姜太公授兵

---

① 安平秋分史主编：《史记》，汉语大辞典出版社 2004 年版，第 523 页。
② （宋）王应麟撰：《玉海》卷四十六，文渊阁四库全书本。
③ 北京大学历史系《论衡》注释小组：《论衡注释》，中华书局 1979 年版，第 1115 页。
④ 同上书，第 1378 页。
⑤ 安平秋分史主编：《史记》，汉语大辞典出版社 2004 年版，第 524 页。

书而得以辅佐刘邦、平定天下的传说私下流行，使得姜太公的地位日益上升。同时，署名太公所撰的各类兵书也在汉代盛行，传为奇书，这类兵书虽有纯智谋的作战方法，但又包含了大量的巫术内容，其中就包括用兵神符的使用。如《六韬·龙韬·阴符》载：

> 武王问太公曰："引兵深入诸侯之地，三军卒有缓急，或利或害。吾将以近通远，从中应外，以给三军之用，为之奈何？"太公曰："主与将有阴符，凡八等：有大胜克敌之符，长一尺；破军擒将之符，长九寸；降城得邑之符，长八寸；却敌报远之符，长七寸；誓众坚守之符，长六寸；请粮益兵之符，长五寸；败军亡将之符，长四寸；失利亡士之符，长三寸。诸奉使符，稽留者，若符事泄，闻者告者，皆诛之。八符者，主将秘闻，所以阴通言语，不泄中外相知之术。敌虽圣智，莫之能识。"武王曰："善哉！"①

《太平御览·卷七三七·方术部一八·禁幻》引《六韬》曰：

> 武王代殷，丁侯不朝。太公乃画丁侯于策，三箭射之。丁侯病困，卜者占云："祟在周。"恐惧，乃请举国为臣。太公使人甲乙日拔丁侯着头箭，丙丁日拔着口箭，戊己日拔着腹箭。丁侯病稍愈。四夷闻之，各以来贡。②

姜太公所施行的巫术是一种与术数相配合的交感巫术，这类巫术在古人的意识中属于法术类。姜太公可以和神灵沟通，施行法术使丁侯臣服，乃是神仙的行为特征。传说中，姜太公辅佐武王征战时，又曾与神灵相遇。姜太公辅佐武王与商纣之间进行的战争，是一场正义与邪恶之间的战斗，是替天行道、顺应天理民心的义举。所以，《太公金匮》又有记载称，姜太公和武王行军在外的风雪之夜，四海之神和河伯、风伯、雨师前

---

① 孙德骐校释，聂送来译：《六韬》，军事科学出版社 2005 年版，第 110—112 页。
② （宋）李昉等撰：《太平御览》，中华书局 1960 年版，1998 年重印第三册，第 3267—3268 页。

来助战，武王不识诸神，多亏姜太公提点，才与七位神灵相见，极力熏染了姜太公的神异性。《太平御览·卷八八二·神鬼部二·神下》引《太公金匮》：

> 武王都洛邑未成。阴寒雨雪十余日，深丈余。甲子旦，有五丈夫，乘车马，从两骑，止王门外，欲谒武王。武王将不出见。太公曰："不可。雪深丈余而车骑无迹，恐是圣人。"太公乃持一器粥出，开门而进五车两骑，曰："王在内，未有出意。时天寒，故进热粥以御寒。未知长幼从何起？"两骑曰："先进南海君，次东海君，次西海君，次北海君，次河伯、雨师。"粥毕，使者具告太公。太公谓武王曰："前可见矣。五车两骑，四海之神与河伯、雨师耳。南海之神曰祝融，东海之神曰勾芒，北海之神曰玄冥，西海之神谓蓐收。"请使谒者各以其名召之。武王乃于殿门内引祝融进。五神皆惊，相视而叹。祝融拜，武王曰："天阴而远来，何以教之？"皆曰："天伐殷立周，谨来受命。愿敕风伯、雨师，各使奉其职。"①

与此同时，汉代文人是将这些署名姜太公的书籍归入道家类的。《前汉书·志第十·艺文志》："《太公》二百三十七篇，《谋》八十一篇，《言》七十一篇，《兵》八十五篇。"② 道教和道家之间有着深厚的渊源关系，姜太公被后世尊为道教神仙，应当说和汉代朝野上下对他的种种神秘化的塑造密切相连。到了刘向的《神仙传》，姜太公已经是一位长寿达两百余年的神仙了。《列仙传》记载：

> 吕尚者，冀州人也。生而内智，预见存亡。避纣之乱，隐于辽东四十年。西适周，匿于南山。钓于磻溪，三年不获鱼。比闾皆曰："可已矣。"尚曰："非尔所及也。"已而，果得兵铃于鱼腹中。文王

---

① （宋）李昉等撰：《太平御览》，中华书局 1960 年版，1998 年重印第三册，第 3918 页。

② 安平秋、张传玺分史主编：《汉书》，汉语大辞典出版社 2004 年版，第 784 页。

梦得圣人，闻尚，遂载而归。至武王伐纣，尝作《阴谋》百余篇。服泽芝、地髓，具二百年而告亡。有难而不葬，后子仮藏之，无尸，唯有《玉铃》六篇在棺中云。吕尚隐钓，瑞得赪鳞。通梦西伯，同乘入臣。沉谋籍世，芝体炼身。远代所称，美哉天人。①

所以说，姜太公的神仙形象，在汉代就已经形成了。

汉以后的典籍中，有关姜太公的记载有了新的变化，那就是姜太公已经在现实中被人立庙膜拜，尊为神仙。郦道元《水经注》记载：

> 县，故汲郡治，晋太康中立，城西北有石夹水，飞湍浚急也，人亦谓之磻溪。言太公尝钓于此也。城东北侧，有太公庙，庙前有碑。碑云太公望君者，河内汲人也。县民故会稽太守杜宣白令崔瑗曰："太公甫生于汲，旧居犹存，君与高国同宗太公，载在经传，今临此国，宜正其位以明尊主之义。"于是国老王喜。廷掾郑笃功曹邠勤等，咸曰："宜之。"遂立坛祀，为之位主。城北三十里，有太公泉，泉上又有太公庙，庙侧高林秀木，翘楚竞茂，相传云太公之故居也。晋太康中，范阳卢无忌为汲令，立碑于其上，太公避纣之乱，屠隐市朝，遁钓鱼水，何必渭滨，然后磻溪，苟恊神心，曲渚则可，磻溪之谷，斯无嫌矣。②

唐代时，朝廷立太公庙。《旧唐书·志第四·礼仪四》记载："则天长安三年，令天下诸侯宜教人武艺，每年准明经进士例申奏。开元十九年，于两京置太公尚父庙一所，以汉留侯张良配飨。天宝六载，诏诸州武举人上省，先谒太公庙，拜将帅亦告太庙。至肃宗上元二年闰四月，又尊为武成王，选历代良将为十哲。"③ 唐代还安排了专职的官员来处理太公庙的祭祀仪典："两京齐太公庙署：令各一人，从七品下；丞各一人，从

---

① 邱鹤亭注译：《列仙传注译·神仙传注译》，中国社会科学出版社2004年版，第21—22页。

② （魏）郦道元著，王国维校，袁英光、刘寅生整理标点：《水经注校》，上海人民出版社1984年版，第304—305页。

③ 黄永年分史主编：《旧唐书》，汉语大辞典出版社2004年版，第797页。

八品上。令、丞掌开阖、洒扫及春秋仲释奠之礼。"① 唐代的太公庙是在唐玄宗的政令之下修建的，广布于东西两京和天下各州，凡军队出征、任命将领，打仗告捷都要祭祀姜太公。同时，唐玄宗上元元年，姜太公还被封为武成王，姜太公庙又有武成王庙之称。《唐会要·卷二十三·武成王庙》载：

> 武成王庙：开元十九年四月十八日，两京及天下诸州，各置太公庙一所，以张良配飨。春秋取仲月上戊日祭。诸州宾武举人，准明经进士，行乡饮酒礼。每出师命将，辞讫。发日，使就庙引辞。仍简取自古名将，功成业著，宏济生民，准十哲例配飨。……当殷辛失德，八百诸侯，皆归于周，"时维鹰扬"，以为佐命，在周有大功矣。于殷谓之何哉？祀典不云乎。法施于民则祀之。如仲尼之祖述尧舜，宪章文武，删诗书，定礼乐，使君君臣臣，父父子子，后王及学者，皆宗师之。可谓法施于民矣。贞观中，以其兵家者流，始令磻溪立庙。开元中，渐著戊释奠之礼。其于进龙，不为薄矣。上元之际，执事苟以兵戎之急，遂尊武成，封王之号。……②

可见，唐玄宗时，对姜太公的膜拜已经成为一种全国性的行为，对姜太公战神地位的尊崇已经达到顶峰。唐代时期，道教经典《道藏·洞真部》收入署名太公的《阴符经》，时人对姜太公属于道教神仙的认识可见一斑。

姜太公信仰在五代时曾式微，但宋王朝建立后，姜太公的祭祀再次兴盛。《宋史·志第五十八·礼（八）·吉礼（八）》记载："昭烈武成王。自唐立太公庙，春秋仲月上戊日行祭礼。上元初，封为武成王，始置亚圣、十哲等，后又加七十二弟子。梁废从祀之祭，后唐复之。太祖建隆三年诏修武成王庙，与国学相对，命左谏大夫崔颂董其役，仍命颂检阅唐末以来谋臣、名将勋绩尤著者以闻。"③ 宋真宗大中祥符元年："十一月戊

---

① 黄永年分史主编：《旧唐书》，汉语大辞典出版社 2004 年版，第 1468 页。
② （宋）王溥撰：《唐会要》上册，中华书局 1955 年版，1998 年 11 月北京第四次印刷，第 435—438 页。
③ 倪其心分史主编：《宋史》，汉语大辞典出版社 2004 年版，第 2081 页。

午……追谥齐太公曰昭烈武成王，令青州立庙；周文公曰武宪王，曲阜县
立庙。"① 此次建庙之后，姜太公与孔子分别被尊为武圣与文圣，受到天
下人的祭祀。金代，姜太公的祭祀活动仍在延续："泰和六年，诏建昭烈
武成王庙于阙庭之右，丽泽门内。其制一遵唐旧礼。三献，官以四品官以
下，仪同中祀。用二月上戊。七年完颜匡等言：'我朝创业功臣，礼宜配
祀。'于是以秦王宗翰同子房配武成王，而降管仲以下。又跻楚王宗雄、
宗望、宗弼等侍武成王坐，韩信而下降立于庑。又黜出王猛、慕容恪等二
十余人，而增金臣辽王斜也等。其祭，武成王、宗翰、子房各羊一、豕
一，余共羊八，无豕。"② 明清的通志中依然多次出现有关姜太公庙的记
录。如《明一统志》记载："姜太公庙，在兴化县东北四十里，旧名钓鱼
庙。"③ "太公庙，磻溪侧，庙前有碑文，字残缺。"④《钦定大清一统志》
记载："太公庙，在城西南隅，祀太公而以管仲、晏婴配享。宋大中祥符
元年真宗御赞碑刻尚存。"⑤ 以上史料表明，对于姜太公的祭祀一直延绵
了数千年，姜太公经历了从贤相、神仙到战神的过渡，社会影响力逐渐增强。

　　在元明清时期，姜太公信仰发生了巨变。因为元明清时期，通俗文学
空前活跃，姜太公在通俗文学的传播之下，逐渐染上了浓厚的道家色彩，
其道教神仙的形象越来越被民众所接受。姜太公道教神仙形象的民间化在
很大程度上得力于《封神演义》这部神魔小说对他进行的文学化塑造。
但是，断定明代是姜太公被接受为道教神仙的初始时期是不准确的，因为
从先秦时期一直到清代，姜太公是神话般的人物，而且汉代也将署名太公
所撰的兵书列入道家类，所以姜太公和道教之间的渊源古而有之，只不过
在《封神演义》的影响下达到了空前的高峰。事实上，在《封神演义》
成书之前，元代即有《全相武王伐纣王平话》在社会上流传，《封神演
义》是在承袭《全相武王伐纣王平话》的基础上扩大改编的。⑥《封神演

---

① 倪其心分史主编：《宋史》，汉语大辞典出版社 2004 年版，第 144 页。

② 同上书，第 601—602 页。

③ 《明一统志》卷十二，文渊阁四库全书本。

④ 《明一统志》卷三十四，文渊阁四库全书本。

⑤ 《钦定大清一统志》卷一百三十五，文渊阁四库全书本。

⑥ 赵景深：《〈武王伐纣王平话〉与〈封神演义〉》，《中国小说丛考》，齐鲁书社 1980 年
版。

义》描写了大量道教神仙斗法的情节，其中阐教中人助周伐纣，截教中人助纣平周。关于阐教和截教的来源，鲁迅曾作过推测："助周者为阐教即道释，助殷者为截教。截教不知所谓……"① 因为现实社会中的道教中并无阐教和截教这两个教派，实属作家的虚构，因而许多学者对其影射现实的含义进行了探讨，甚至引发了争论。有学者对《封神演义》的内容进行了详细的分析，又结合现实社会中的相关证据，从而指出："……《封》中的阐教和截教，就是分别指涉明代道教的全真道和正一道的，它站在阐教（全真道）的立场上，攻击占了上风的截教（正一道）。"② 此外，很多学者都认为，《封神演义》的作者是明代道士陆西星。③

《封神演义》中的姜太公是阐教领袖元始天尊的弟子，因修仙不成而过着凡夫俗子的生活，后知遇于周文王，遂辅佐周文王讨伐商纣；文王逝世，他继续辅佐周武王，最终灭商而建齐。作为阐教中人，姜太公在同门仙人的帮助下和截教诸仙几经交锋，历经千难万苦，获胜之后又为一些战死者封神。至此，随着《封神演义》在社会上的广泛传播，姜太公为道教仙人的形象逐渐被民众所接受，姜太公也通过文学的途径实现了道教神仙形象的转变过程。这一转变的出现固然有其偶然的因素，但数千年关于姜太公神异故事的沉淀更是至为关键的传统渊源。

事实上，一些地方性的民间文学在解释姜太公为何在工匠建房巫术中具有显要作用时，正是从姜太公封神之后开始演绎的。流传在陕西高陵县的传说解释说，陕西人盖房子时之所以在房顶上立一个写有"姜太公在此"的牌位，是因为姜子牙封神时阴差阳错，把本来是留给自己做的玉皇大帝不小心封给了一个叫张自然的人，结果姜子牙没有地方去，只好坐在房顶上了。人们据此立下牌位来镇压小神小鬼，以图吉利。④ 另一则传说显然也是根据《封神演义》中的情节演绎出来的。传说称，姜子牙灭纣有功，被封为齐太公。他请了张木匠营造宫室，但是，妖妃妲己和纣王

① 鲁迅：《中国小说史略》，《鲁迅全集》第九卷，人民文学出版社1981年版，第170—171页。
② 胡文辉：《〈封神演义〉的阐教和截教考》，《学术研究》1990年第2期，第48页。
③ 朱越利：《〈封神演义〉与宗教》，《宗教学研究》2005年第3期，第89页。
④ 中国民间文学集成全国编辑委员会、《中国民间故事集成·陕西卷》编辑委员会：《中国民间故事集成·陕西卷》，中国ISBN中心1996年版，第415页。

死后所化的冤魂却对子牙怀恨在心，两次前来捣乱。第一次是纣王变化的老乞丐作怪，使许多木料无法使用；第二次是妲己变化的妇人号哭着从木架下穿过，致使发生火灾，烧伤工匠，让工程被迫停止。后来，姜子牙在黄道吉日使用道符和咒语烧死了妖狐妲己和纣王的阴魂。为了免除终日亲自提防两个妖孽的劳顿之苦，姜子牙画下自己的身形来震慑妖孽。后来，画像失传，人们在建造房屋，立木架梁时就在梁上横书："太公在此，上梁大吉"，目的在于辟邪，并且常常还写下一副对联：立柱喜奉黄道日，上梁正遇姜太公。① 此外，四川民间流传，姜子牙就是太极图，所以使用太极图来辟邪，所谓"姜太公在此，百无禁忌"。关于姜子牙错将玉皇大帝封给侄子张有仁的传说，则用来解释为什么民间春官说春，进门时不能越过中梁。② 清代民间用于镇宅的上海神马图上绘制的姜太公就是一个骑在神兽上的老道士的形象，两边书有"姜太公在此，百无禁忌"的句子，还有八卦图等道教法术符号。③ 柳江县的土工在建造土墙时也祈祷姜太公的庇佑，他们在《舂墙谣》中说："师傅指点满地红，墙桶下墙大成功；千年万代平安了；保佑全靠姜太公。"④ 湖州泥水匠吟唱的《上梁歌》中也出现了对姜太公的信仰："抛梁抛到东，东面出了姜太公，百无禁忌样样好，今后发达就在你家中。"⑤ 传统文化因层层积淀，最终使得一代名相被民间视为道教神仙加以膜拜，并在工匠建房民俗中用于驱邪求吉。

此外，有的道教神仙曾经是木工。《搜神记·赤将子舆》记载："赤将子舆者，黄帝时人也。不食五谷而啖百草华。至尧时为木工。能随风雨上下。时时于市门中卖缴，亦谓之缴父。"⑥ 再如《搜神记·葛由》记载：

① 中国民间文学集成全国编辑委员会、《中国民间故事集成·陕西卷》编辑委员会：《中国民间故事集成·陕西卷》，中国 ISBN 中心 1996 年版，第 413—414 页。

② 朱仕珍：《四川建房民俗探索》，上海民间文艺家协会、上海民俗学会编：《中国民间文化·民间仪俗文化研究》，学林出版社 1993 年版，第 147 页。

③ 殷伟：《中国民间俗神》，云南人民出版社 2003 年版，第 68 页。

④ 中国民间文学集成全国编辑委员会、《中国歌谣集成·广西卷》编辑委员会编纂：《中国歌谣集成·广西卷》，中国社会科学出版社 1992 年版，第 152—153 页。

⑤ 宋根新：《奉贤地区的居住信仰与习俗调查》，上海民间文艺家协会编：《民间文化·民间文学研究》（第六集），科学出版社 1992 年版，第 246 页。

⑥ （晋）干宝撰，李剑国辑校：《新辑搜神记》；（宋）陶潜撰，李剑国辑校：《新辑搜神后记》（上），中华书局 2007 年版，第 23 页。

葛由，蜀羌人也。周成王时，好刻木作羊卖之。一日，乘木羊入蜀中。蜀中王侯贵人追之上绥山。绥山在峨眉山西南，高无极也。随之者不复还，皆得仙道。山上有桃，故里语曰："得绥山一桃，虽不能仙，亦足以豪。"山下立祠数十处。

在另一则情节生动的神仙传说中，道士侯道华之所以能登仙道，和他会木匠手艺之间密切相关。《云笈七签》记载：

侯道华，自言峨眉山来，泊于河中永乐观，若风狂人，众道士皆轻易之。而道华能斤斧，观宅有所损，悉自修葺，登危历险，人所难及处皆到。又为事贱劣，有客来，不问道俗凡庶，悉为担水汲汤，濯足浣衣，又淘涧灌园，辛苦备历，以资于众。众益贱之，驱叱甚于仆隶，而道华愈忻然。又常好子史，手不释卷，一览必诵之于口。众人或问之，要此何为？答曰："上天无愚懵仙人。"众人咸笑之。经十余年，殿梁上或有神光，人每见之。相传云，开元年中有刘天师，尝炼丹成，试犬犬死，而人不敢服，藏之于殿梁，皆谓妄言。忽暴风雨，殿微损，道华乃登梁，复见光于梁上陷中，凿起木，得一合，三重内有小金合子有丹，遂吞之，掷下其合。吞丹讫，遂无变动，谓之虚诞。忽一日入市醉归，其观前素有松树偃盖，甚为胜景。道华乃着木屐上树，悉斫去松枝，群道士屡止之不可，但斫曰："他日碍我上升处。"众人常为风狂，怒之且甚。适永乐县令至，其公人观见斫松，深讶之。众具白于县官，于是责辱之，道华亦不忻然，后七日，道华晨起，沐浴装饰，焚香曰："我当有仙使来迎。"但望空拜不已。众犹未信须臾人言，见观前松上有云鹤盘旋，笙箫响亮，道华忽飞在松顶坐。久之，众甚惊忙，永乐县官速道俗奔驰瞻礼，其责辱道华县官叩磕流血。道华挥手以谢道俗云："我受玉皇诏授仙臺郎，知上清宫善信院，今去矣。"俄顷，云中仙众作乐，幡幢隐隐，凌云而去。①

---

① （宋）张君房编，李永晟点校：《云笈七签》第五册，中华书局 2003 年版，第 2485—2486 页。

还有一种情况是：房屋的建造得到了神灵的鼎力相助，而神灵究竟是何方神圣却不得而知。《秋灯丛话》卷十三"建庙木料有数"载：

> 丰城西三十里，有地名生米，许真君得道处也。山麓向有真君庙，后毁于火。里人以艰于木材，欲募修而未逮。一日天大雷雨，山忽震烈，内藏树木甚伙。众人拽出之，鸠工重建，一栋一椽，皆量材取用。及落成，木无缺乏，亦无余者。乾隆癸亥七月也。①

再如《坚瓠余集》卷之一"雷雨画壁"载：

> 《广文录》：万历中，吴郡西洞庭翠峰寺比丘维心，新构一室，初涂白垩，夜闻霹雳绕室。晨起视之，四壁皆写山水树木、人物屋宇，极其工致，灿然光明，似梅道人笔法。②

第三类情形是：在道教的影响下，建房工匠祖师鲁班最终演变成道教散仙。我国建房工匠奉鲁班为祖师，在相当长的历史时期内，鲁班经历了从巧匠到奇人、神人，再到神仙的演化过程。

鲁班在建房工匠民俗活动中往往是被工匠信仰的主神。学术界一般认为，鲁班即春秋战国时代的鲁国巧匠公输子（亦名公输般、公输盘），任继愈先生也力主此说。③ 先秦时期的古籍中，公输子是一位以发明各种器械而闻名于世的巧匠。《礼记·檀弓》："季康子之母死，公输若方小。敛，般请以机封，将从之。公肩假曰：'不可。夫鲁有初，公室视丰碑，三家视桓楹。般，尔以人之母尝巧，则岂不得以？其毋以尝巧者夫？则病

---

① （清）王椷著，华莹点校：《秋灯丛话》，黄河出版社1990年版，第224页。

② （清）褚人获集撰，李梦生点校：《坚瓠集》，《清代笔记小说大观》，上海古籍出版社2007年版，第2035页。

③ 任继愈先生说："在研究墨子典籍的同时，我发现墨子与鲁班是好朋友，而且还是地地道道的老乡，其故里都在滕州市……除了史书记载墨子与公输班的一些交往之外，从鲁班的身世、生活的时代背景和地理环境、滕州的古地名史志资料和考古文物、鲁班的发明创造与滕州古代的科技成果、民间传说，当地保留的一些遗迹，墨子与鲁班的关系等等综合分析论证可以得出结论，滕州为鲁班故里。"参见佚名：《"鲁班在滕州的传说"被确定为首批非物质文化遗产》，滕州信息港：http://news.tengzhou.com.cn/2460.html。

者夫？噫！'弗果从。"东汉郑玄作注："敛，下棺于椁。般，若之族，多技巧者，见若掌敛事而年尚幼，请代之，而欲尝其技巧。"① 公输子以巧自负，《墨子·鲁问》："公输子削竹木以为鹊，成而飞之，三日不下，公输子自以为至巧。墨子谓公输子曰：'子之为鹊也，不如翟之为车辖。须臾断三寸之木，而任五十石之重。故所为巧，利于人谓之巧，不利于人谓之拙。'"② 墨子以为公输子所为不利于人，因而不算巧。公输子还卷入了国家之间的战争。《墨子·鲁问》："昔者楚人与越人舟战于江，楚人顺流而进，迎流而退，见利而进，见不利则其退难。越人迎流而进，顺流而退，见利而进，见不利则其退速，越人因此若势，亟败楚人。公输子自鲁南游楚，焉始为舟战之器，作为钩强之备，退者钩之，进者强之，量其钩强之长，而制为之兵。楚之兵节，越之兵不节。楚人因此若势，亟败越人。"③ 在公输子发明的钩强帮助下，楚国得以转败为胜。公输子和墨子比拼过攻守方略。《墨子·公输》："公输般为楚造云梯之械成，将以攻宋。"墨子主张"非攻"，于是和公输子相对抗，结果"公输般之攻械尽，墨子之守固有余。"④ 其他许多典籍都曾提到公输子。如《吕氏春秋·慎大览》："墨子为攻守，公输般服，而不肯以加兵。善持胜者，以术强弱。"⑤ 可见，鲁班最初的原型是一位发明各种攻战器械和劳动工具的巧匠。

春秋战国至汉代的典籍、传说中，鲁班逐渐开始演变为奇人，神异色彩渐浓。墨子、公输子的事迹被后世的神怪集所记录。《淮南子·齐俗训》："鲁般、墨子，以木为鸢而飞之，三日不集。"⑥ 这则记载是在《墨子·鲁问》基础上的发挥。汉代大怀疑家王充批评说，鲁班传说的神异部分是儒家所增，为虚妄之言：

① 《十三经注疏》整理委员会整理：《礼记正义》，北京大学出版社 2000 年版，第 346—347 页。

② 吴毓江撰，孙启治点校：《墨子校注》，中华书局 1993 年版，第 739—740 页。

③ 同上书，第 739 页。

④ 同上书，第 765 页。

⑤ 张双棣等著：《吕氏春秋译注》，吉林文史出版社 1986 年版，第 440 页。

⑥ （汉）刘安著，高诱注：《淮南子注》，上海书店 1986 年版，第 182 页。

儒书称鲁般、墨子之巧，刻木为鸢，飞之三日不集。夫言其以木为鸢飞之，可也；言其三日不集，增之也。夫刻木为鸢，以象鸢形，安能飞而不集夫？既能飞翔，安能至于三日？如审有机关，一飞遂翔，不可复下，则当言遂飞，不当言三日。犹世传言曰：鲁班巧，亡其母也。言巧工为母作木车马、木人御者，机关备具，载其母其上，一驱不还，遂失其母。如木鸢机关备具，与木马车等，飞之三日而不集。机关为须臾间，不能远过三日，则木车等亦宜三日止于道路，无为径去，以失其母。二者必失实者矣。①

任昉辑录的鲁班传说首次显露出鲁班为神仙的端倪。神仙的重要特征之一在于不死，自由穿梭于时空之中。《述异记》中的鲁班从大禹时代到汉武时期都曾显露神迹：

七里洲中有鲁班刻木兰为舟，舟至今在洲中，诗家云木兰舟出于此。天姥山南峰，昔鲁班刻木为鹤，一飞七百里，后放于北山西峰上。汉武帝使人往取之，遂飞上南峰。往往天将雨则翼翅动摇，若将奋飞。鲁班刻石为禹九州图，今在洛城石室山。东北岩海畔有大石龟，俗云鲁班所作，夏则入海，冬复止于山上。陆机诗云："石龟尚怀海，我宁忘故乡。"②

魏郦道元所采集到的传说中，鲁班可以和神对话，而且为神所惧。传说渭水之上的石柱桥上，"旧有忖留神像，此神尝与鲁班语，班令其人出，忖留曰：我貌狞丑，卿尚图物容，我不能出。班于是拱手与言曰：出头见我。忖留乃出首，班于是以脚画地。忖留觉之，便还没水，故置其像于水，唯背以上立水上。后董卓入关，遂焚此桥，魏武帝遂更修之。桥广三丈六尺，忖留之像，曹公乘马见之惊，又命下之。"③

唐代是鲁班神格形成的关键时期。《酉阳杂俎·续集》卷四："今人

---

① 北京大学历史系《论衡》注释小组：《论衡注释》，中华书局 1979 年版，第 466 页。

② （梁）任昉：《述异记》卷下，文渊阁四库全书本。

③ （魏）郦道元著，王国维校，袁英光、刘寅生整理标点：《水经注校》，上海人民出版社 1984 年版，第 607 页。

每睹栋宇巧丽，必强谓鲁般奇功也。至两都寺中，亦往往讬为鲁般所造，其不稽古如此。"① 可见将构思精巧的建筑牵强附会于鲁班所为已形成风气，广为播布。唐代典籍所见的鲁班，已经不仅仅是奇巧无比，而且已经会施行巫术。《朝野佥载》记载的传说称：

> 鲁般者，肃州燉煌人，莫详年代，巧侔造化。于凉州造浮图，作木鸢，每击楔三下，乘之以归。无何，其妻有妊，父母诘之，妻具说其故。父后伺得鸢，击楔十余下，遂至吴会。吴人以为妖，遂杀之。般又为木鸢乘之，遂获父尸。怨吴人杀其父，于肃州城南作一木仙人，举手指东南，吴地大旱三年。卜曰：般所为也！赍物具千数谢之。般为断一手，其日吴中大雨。国初，土人尚祈祷其木仙。六国时，公输般亦为木鸢以窥宋城。②

这则传说否认鲁班即是公输般，鲁班也成为了会施行法术的神仙。敦煌地区曾经盛行鬼道，却并非道教的发源地，道教传入之后，必然会带来法术和神仙信仰，鲁班的神仙化以及土人所祈祷的木仙，显然受到道教神仙思想的影响。至此，在传说史中，鲁班已经具备了神仙长生不死、法术高强的特征。在木匠伐木建房的过程中，鲁班起了庇护木匠的作用。《湖海新闻夷坚续志·后集卷二·怪异门·鬼怪·鬼助伐木》载：

> 木匠李监，尝为人入山造木料架屋。一日午，见一人身长而貌丑，遍体雕质，突如其前。李方伐木，彼亦用斤，问其姓名，则自称曰："花博士。"李心惊悸，以为山之精怪，旁顾无人，即呼所事之神数声。其人跃然而兴曰："尔既疑我，难以为助。"长啸攀树而去。③

---

① （唐）段成式撰，方南生点校：《酉阳杂俎》，中华书局 1981 年版，第 233—234 页。
② （唐）张鷟：《朝野佥载》，中华书局 1997 年版，第 153 页。
③ （金）无名氏撰，金心点校：《湖海新闻夷坚续志》，中华书局 1986 年版，第 238 页。

文中所谓的木匠所事之神，应当就是鲁班。金朝典籍所见的鲁班曾在赵州桥显露神迹。《湖海新闻夷坚续志·后集卷二·神明门·神显·鲁般造石桥》载：

> 赵州城南有石桥一座，乃鲁般所造，极坚固，意谓古今无第二手矣。忽其州有神姓张骑驴而过桥。张神笑曰：此桥石坚而柱壮，如我过，能无震乎？于是登桥，而桥摇动欲倾状。鲁般在下，以两手托定，坚壮如故。至今桥上则有张神所乘驴之头尾及四足痕，桥下则有鲁般两手痕。此故老相传，他文未载，故及之。①

---

① （金）无名氏撰，金心点校：《湖海新闻夷坚续志》，中华书局1986年版，第218页。张神过石桥的传说影响是极其深远的。昆明安宁县谷德邑村头的河上有一座"通仙桥"。它的来历是因为工匠们刚刚修建起桥梁，还不曾放人通行。一天早上突然来了一位骑毛驴的老仙翁非要从桥上过；工匠们则要放完鞭炮才让老仙翁通过。老仙翁只好等鞭炮放完才骑着毛驴通过。他边过桥边念："通仙桥，通仙桥，这头走，那头摇。"桥竟然真的摇了起来。于是人们就把桥命名为"通仙桥"。见王定明主编：《昆明山川风物传说》，云南民族出版社1994年版，第307页。在云南通海县的建房工匠中，张果老和鲁班间的这段传说被用来解释木匠弯尺的由来。传说称："一日，张果老骑驴要经过鲁班造的桥，张果老问鲁班：我的驴会不会把你造的桥压弯？鲁班答道：我造的桥千人过万人踩都不弯，难道还过不了你小小的毛驴？于是张果老驱驴上桥，竟然把桥给压弯了。原来张果老的小毛驴可是头神驴，它身上托着五行大山呢。这一下可把鲁班急坏了。忽然，他急中生智忙把杖杆撑到了桥下，结果桥没垮，但杖杆却被压弯，成了'L'形。于是弯尺便发明了。弯尺可以顶天立地，对木匠来说它是神器！"见杨立峰：《匠作·匠场·手风——滇南"一颗印"民居大木匠作调查研究》，同济大学博士学位论文，2005年12月，第107页。云南蒙古族中流传的传说称，大桥造起来后，要完工的那天，来了一个骑毛驴的老头。他就是仙人张果老，不过，当时人们并不认识他。张果老听说鲁班的技艺十分高明，故意来试试看他有多大本事。一匹小毛驴，从外表看，和农村里养的一样，但张果老倒骑着毛驴，重量就变得比一百头大象还要重。老头走到鲁班师傅面前说："听说师傅造的桥非常坚固，可以让我骑着小毛驴走过去试试吗？"鲁班说："老人家见笑了，请过。"可是张果老的毛驴才把一只脚踏在桥上，桥就晃动起来。鲁班这才恍然大悟："啊！是张果老来了。"便随手把一根量料用的木尺，顶在桥下。并告诉骑毛驴的老头说："放宽心走吧！"张果老骑着毛驴走在桥上，如同在平路上行走一样。等他过了桥，鲁班请他返回来喝杯酒再走。张果老笑眯眯地说："谢谢，不用了，你的手艺果真名不虚传。"话说完之后，人就不见了。人们到桥下面去看，鲁班用来顶桥的一根直尺，被压成了弯尺，但是没有断。所以现在木工用的尺子是弯的，据说就是鲁班师傅传下来的。在中国，显然存在一系列情节稍异的关于仙人考校鲁班手艺的传说。在云南蒙古族传说中，张果老在鲁班亲传弟子㠚班带领工匠在通海秀山建造"涌金寺"时，就曾变化成放牛老倌考验㠚班的技术。张果老用法术将柱子缩短，而㠚班则用米汤和锯末卷成柱子粘到上面，顺利地完成了竖柱的工序。见刘辉豪、孙敏主编：《云南蒙古族民间文学集成》，云南人民出版社1988年版，第61—65页。无论是张果老对鲁班技艺（包括巫术）的考察还是对其弟子的考察，甚至由鲁班演化来㠚班或张班，都在为鲁班与道教之间的密切关系构建口承文学的支撑系统，同时也在维系着鲁班仙化的事实。

骑驴张神，后世传为道教八仙之张果老。所以民间小戏《小放牛》
的唱词才说："赵州桥什么人儿修？玉石栏杆什么人留？什么人骑驴桥上
走？什么人推车压了一条沟？赵州桥呀鲁班爷修，玉石栏杆圣人留；张果
老骑驴桥上走，柴荣推车扎了一条沟。"①

明代以后的鲁班，已经成为建房工匠们隆重祭祀的仙师。《鲁班经·
鲁班仙师源流》极尽夸张、编造之能事，渲染了鲁班的出生神异和法术
高超、技术精湛。他出生时，成群的白鹤聚在一起，居室里弥漫着奇异的
香气，长期不散，一派神人降世的奇妙与美丽。鲁班到了七岁，仍然终日
嬉戏玩耍，不思学习，令其父母忧虑不堪。他十五岁的时候，愤恨于各诸
侯国相继称王的政治局面，于是像当时的纵横家一样游说各国，目的在于
劝说各诸侯国服从周王朝的统治。鲁班游说失败后，在泰山之南的小和山
归隐，十三年的时间不曾露其行迹。一次偶然的机遇，他受老者的指点，
开始"注意雕镂刻画，欲令中华文物焕尔一新"。他发明规矩准绳，建室
造物，授徒传艺。四十岁时，他再一次归隐历山，得到异人传授秘诀，成
仙飞升。战国时，他被封为永成待诏义士，三年后，又加赠智慧法师。他
在汉、唐、宋历代都"显踪助国"，并且都有封号。明代永乐年间建北京
圣龙殿时，也是有赖于鲁班降临指示，才得以顺利完工。人们为此建立庙
宇来祭祀他，庙宇门上的匾写着"鲁班门"，他被封为"待诏辅国太师北
成侯"，"春秋二祭，礼用太牢"。传说称："今之工人凡有祈祷，靡不随
叩随应，忱悬象著明而万古仰照者。"② 出生神异、归隐历山、受人点化、
得道成仙、享受祭祀、显灵助匠等内容，明显是在模拟道教神仙的成仙过
程。伪托鲁班所作的《鲁班经》《鲁班书》中的种种咒术，又绝大部分是
来源于道教。此后的建造工匠在民俗活动中的祭祀行为，即是相信仙师的
显灵。

鲁班从巧匠到奇人、神人，再到神仙的演变过程有多方面的因素。鲁
班原型公输子的巧艺是基础，民间传说将其神奇化之后，加上道教对民间
的渗透，鲁班最终成了道教的散神。鲁班的仙化过程体现出道教的包容性

---

① 马书田：《中国民间诸神》，团结出版社 1997 年版，第 147 页。

② （明）午荣编，李峰整理：《新刊京版工师雕斫正式鲁班经匠家镜》，海南出版社 2003 年
版，第 220 页。

和世俗化倾向。明清时期是我国道教神仙形象发生变化的重要时期。由于道教在向民众广泛渗透的过程中，需要对自身的宗教文化系统作出调整，以适应普通民众对于宗教信仰的需求。也就是说，道教从一种高高在上的神圣性的宗教开始越来越多地迎合世俗生活的要求，使得道教日益民间化，日益向民间道教或民间信仰演变。以道教神仙而论，在这总体背景之下，神的形象也就开始有了更多的人性化的内涵。当道教神仙开始走出神殿和庙堂，从神圣不可侵犯的神偶成为除拥有法力、长生不死等超人之处外，却和凡人一样拥有七情六欲的形象。在此基础上，神仙的传说系统不再是三言两语的形态，而是变得情节更加丰富。从地域上到民众的各个阶层，其影响力也得到了强化。①

其实从逻辑上说，道教神仙大都是得道的凡人，因此无可避免地保留一些凡人的特性。《神仙传》《列仙传》之类的书籍所要建构的就是一个关于凡人可以修仙得道的信仰支柱。在这样的道教信仰氛围内，作为工匠的鲁班被仙化也就是理所应当的了。另外，建造工匠行业也乐于接受这样的仙化过程，因为这一过程可以提高行业的社会威望。通过《鲁班经》《鲁班书》两部工匠经典中的仙话记载、口头传说四处传播，导致了鲁班神仙说的大范围播布。道教、建筑工匠由此确定了双赢性质的文化方位，"对多少与道教有关诸神的信仰，就这样在行会的人们中逐渐蔓延开来，这意味着对诸神的信仰通过行会的途径逐步普及到一般百姓之中"。② 鲁班神仙化的信仰在我国各民族中已经广为传播。如瑶族人在长达一千一百多行的叙事长诗《歌唱鲁班》中继承的即是将鲁班神仙化的传统：

　　鲁班原是天仙骨，第八星君化鲁班。鲁班一岁爷先死，鲁班两岁母先亡。上房大姐多爱我，便将小孩作儿男。大姐养我年七岁，叔公把我看牛羊。日间看牛在岭上，百般计较在心肠。芦荻架桥在水面，芭芒起屋在深滩。学得千般手艺会，广交行友游四方。鲁班出在静江府，教得广西个个精。木匠若无鲁班教，屋头屋尾一般平。铁匠若无

① 苟波：《从古代小说看道教世俗化过程中神仙形象的演变》，《宗教学研究》2005 年第 4 期。

② ［日］窪德忠著，萧坤华译：《道教史》，上海译文出版社 1987 年版，第 280 页。

鲁班教，打得铜鼎鲁米升。银匠若无鲁班教，龙凤金钗打不成。裁缝若无鲁班教，一条衫衿也难成。泥水若无鲁班教，屋簷屋顶一般平。千般都是鲁班教，若无鲁班教不成。[①]

瑶族诗歌总集《盘王大歌》中的《鲁班造寺》也是将鲁班作为神仙来歌颂：

> 鲁班仙师起寺庙，砍料凿眼声震天；雕花刻字忙得纷纷转，串枋排扇手不闲。鲁班仙师起寺庙，高艺巧匠来装修；七大金柱八大瓜，笔直高柱撑栋梁。鲁班仙师造寺庙，寺庙造得大又高，龙鳞屋背玻璃瓦，白粉高墙把龙描。鲁班仙师真灵巧，十三工匠功夫真，楼上楼下雕龙凤，壁上画花把春争。[②]

云南蒙古族的泥水匠、木匠、雕刻匠奉鲁班为教匠人手艺却不图回报的神仙，所以要在每年四月初三开"鲁班会"来纪念他。蒙古族为了表达对鲁班仙师的崇拜之情，就赐给他一个蒙古族的姓，称他为"旃班仙师"。[③] 蒙古族老人们说：

> 有一次，他（旃班仙师）带着蒙族子弟盖一个大寺庙，要做99根大柱子。料子下好了，一遍遍地数过了，但到立柱子那天却偏偏少了一根。上山采料又来不及。旃班先师急出了一身大汗。他脑子一动，把砍在地上的碎木渣聚拢来，和着汗水搓成了一根柱子。柱子立好之后，除了他，徒弟们谁也看不出哪根柱子是木片搓成的。[④]

---

① 祁连休：《论我国各民族的鲁班传说》，《民族文学研究》1984 年第 2 期，第 111—112 页。

② 同上书，第 112 页。

③ 笔者认为，这里所说的"旃班仙师"其实是受汉族中的"张班"的影响，属于传说在流布的过程中在语言上出现的变异。

④ 刘辉豪、孙敏主编：《云南蒙古族民间文学集成》，云南人民出版社 1988 年版，第 58—59 页。

　　在传说《鲁班和旃班》中，鲁班依然是以神仙的形象出现的。鲁班骑木马飞行，并且建造了许多的木人帮助自己伐木。鲁班的女儿给他送饭，无法辨认木人和鲁班之间的真伪，而鲁班的妻子则指点女儿：干活时出汗的就是真的鲁班，木人是不会出汗的。鲁班把《木经》传给了旃班。①

　　有时，鲁班仙师幻化成凡人助匠建房，同时还会接济善良的贫苦人。传说在高山寺尚未建成之前，曾经有一个人在天寒地冻的早上昏倒在一户快要断炊的人家门前。好心的穷人夫妇将他救活，并将最后的米煮给他吃了。那人吃完饭后，砍了许多木楔子送给夫妇俩，并说日后一个可以换一斗米。后来工匠们修建高山寺，却砍不出合适的木楔来。监工悬榜招贤，结果夫妇俩果然用一个木楔换来了一斗米。木楔不仅个个大小适合，而且当庙建好之后，木楔也刚好用完。工匠们认为只有先师鲁班才有这样的巧艺。② 传说中的鲁班仙师行踪不定，对于建筑上的事情，他有预知未来的本领。在《鲁班修护珠寺》这则传说中，鲁班通过念咒施法，将米汤和木渣合拢后将不够一尺的柱子接上。而且因为建造寺庙是鲁班付出了汗水，所以寺庙也就愈加神奇——周围的树叶一般不会落在屋顶上，即使落在上面，也被小鸟叼走了。③

　　值得一提的是，建房工匠中还有一位受到敬仰的行业祖师，即张（般）班。但是，张班的影响力远远不如鲁班，并且张班应当是根据鲁班而虚化出的神仙。《坚瓠余集》卷之二"公输子"曰：

　　　　公输子名班，鲁之巧人。见《孟子》注。李君实先生云：公输子名鲁班，楚之巧人，与墨翟攻守相拒者。又古乐府《艳歌行》云："谁能刻镂此，公输与鲁班。"是又两人矣。班今作般。匠作又祀张般，又金华皇初起，与弟初平师事赤松子，得道，自称鲁班，初平自称赤松子。则是诡袭古人名号，以愚俗人耳。④

---

　　① 刘辉豪、孙敏主编：《云南蒙古族民间文学集成》，云南人民出版社 1988 年版，第 61—65 页。在这则传说中，旃班又是鲁班的弟子，和《鲁班会》中称旃班是蒙古族送给鲁班的姓说法不一致。体现了民间传说在实际传播过程中的变异性。

　　② 毕坚：《腾冲的传说》，德宏民族出版社 1986 年版，第 26—27 页。

　　③ 同上书，第 151—152 页。这则传说显然和云南通海蒙古族中的鲁班传说同源。可见是走南闯北做活的建房工匠将鲁班传说传播开来。

　　④ （清）褚人获集撰，李梦生点校：《坚瓠集》，《清代笔记小说大观》，上海古籍出版社 2007 年版，第 2069 页。

中国出现了祭祀鲁班和张班的传统习俗，其中木匠奉鲁班为祖师，泥瓦匠则奉张班为祖师。如奉贤地区就有祭祀张鲁二班的鲁班阁，是祖师爷享受香火的庙堂。工匠们逢年过节就到鲁班阁内祭祀祖师，祈求祖师保佑上梁等诸事平安吉祥。调查者描述道："鲁班阁里，供两个人像，右边是鲁班，一手握斧头，一手捏尺子；左边是张班，手捏泥刀。可知张班是泥瓦匠的祖师，造房上梁同时祭祀。"从祭祀的程序来看，鲁班显然地位在张班之上，因为工匠祭祀时放置了两幅神码，鲁班放上首而张班放下手。作头师傅唱的《请神歌》中也体现出这种等级差异：

> 新造房子朝南开，堂中摆起鲁班台，红烛登台三星高，金银台上降八仙。一眨眼鲁班云头过，二眨眼张班下凡来，银壶倒出高粱酒，金浆玉液敬神仙。第一杯美酒先敬天，第二杯美酒来敬地，第三杯美酒敬土地，第四杯美酒敬八仙，第五杯美酒五子登科，第六杯美酒六畜兴旺，第七杯美酒七子团圆，第八杯美酒八仙过海，第九杯美酒九龙抢珠，第十杯美酒敬请鲁班张班登台。①

鲁班因为有着数千年的传统作为支撑信仰体系的力量，再加之在现实的建房过程中，木匠所承担的劳作——无论是技术的还是巫术的，都远胜于泥瓦匠，所以在祭祀之中，鲁班的地位在张班之上。张班匠神的出现绝不仅仅是褚人获所谓的"诡袭古人名号，以愚俗人耳"。② 中国民间各行各业的工匠都在构建自己的行业祖师，如铁匠奉太上老君为祖，画匠则奉吴道子为祖。本身就体现出工匠渴望提升行业社会地位的心理特征，同时也是道教神仙信仰民间化的表现之一。

正是因为鲁班和张班被建房工匠奉为仙师来膜拜，所以在工匠建房仪式中，鲁班和张班往往是联袂出演，共同成为护佑工匠的神仙。浙江江阴市的工匠在排石脚时唱道："东方日出一点红，鲁班

---

① 宋根新：《奉贤地区的居住信仰与习俗调查》，上海民间文艺家协会编：《民间文化·民间文学研究》（第六集），科学出版社 1992 年版，第 221—222 页。云南省楚雄彝族自治州楚雄市鹿城南路亦有鲁班阁，也是旧时工匠祭祀祖师的地方，此俗现已不存。

② （清）褚人获集撰，李梦生校点：《坚瓠集》，《清代笔记小说大观》，上海古籍出版社 2007 年版，第 2069 页。

张班来开工，看得黄道好日子，百无禁忌姜太公。"① 丹徒县的工匠浇大梁时唱道："一双高罩两边排，张鲁二仙下凡来，仙师门徒好手巧，又做圆来又做方。……又请张鲁二班，开工大吉，与梁同住。张班请一对，鲁班请一双……天上金鸡叫，地上草鸡鸣。天无忌，地无忌，阴阳无忌，人无忌，神无忌，与东家无忌，与瓦木两匠无忌。神听世人口，木听匠人言。张鲁二班走此过……张鲁二班走此过，正是落标时。"② 云南大理州的白族工匠建房时在上梁祷词中也反复唱到鲁班和张班："这把梯子哪个造，张班画墨鲁班造；我是鲁班真弟子，鲁班荐我上新房；……紫金梁来紫金梁，我在山中做树王；张班取我中段做中柱，鲁班取我尖段做中梁，张班又说张班巧，鲁班硬说鲁班强；鲁张二班一齐巧，鲁张二班一样强；张班巧手雕狮子，鲁班巧手雕凤凰。"③ 张班信仰的起源明显晚于鲁班，而且正是在鲁班仙师广泛受到膜拜的情况下出现的又一个工匠祖师，也是一个道教神仙式的传奇人物，只不过他的影响力较鲁班而言就要逊色得多。

古代有关鲁班的信仰，还可制此表以作补充：

表1　　　　　　　　古代鲁班传说扩布情况简表

建筑／物件名称	建筑／物件所在地	建筑／物件特点	文献出处
寺	灵石县	地极险峻	《山西通志》卷五十七
鲁班塘	庐江县	内有笑泉，闻人笑声，水辄涌沸，高尺许	《江南通志》卷十七
鲁班门楼	霍山县		《江南通志》卷三十六
鲁班桥	孝感县		《湖广通志》卷十三

① 中国民间文学集成全国编辑委员会、中国民间文学集成浙江卷编辑委员会：《中国歌谣集成·浙江卷》，中国 ISBN 中心 1995 年版，第 172 页。
② 中国民间文学集成全国编辑委员会、中国民间文学集成浙江卷编辑委员会：《中国歌谣集成·浙江卷》，中国 ISBN 中心 1995 年版，第 173—174 页。
③ 中国民间文学全国编辑委员会、《中国歌谣集成·云南卷》编辑委员会：《中国歌谣集成·云南卷》，中国 ISBN 中心 2003 年版，第 45—46 页。

建筑／物件名称	建筑／物件所在地	建筑／物件特点	文献出处
鲁班堤	京山县		《湖广通志》卷二十
石径	平顺县	山形如壁，势峻如天，径如云梯	《山西通志》卷十
飞虹桥	襄临县	众木攒成，不见斧头痕	《山西通志》卷三十
鲁班庙	朔州		《山西通志》卷一百六十五
鲁班庙	左云县		《山西通志》卷一百六十五
艺祖庙	沁州	祀鲁班	《山西通志》卷一百六十六
天寿观	太平县	唐时赐额，即今南坛也。八卦攒顶，木不加斫	《山西通志》卷一百六十八
花佛寺	保德州	杨家湾南崖石窟中隐隐有声音者数年，条卸出鲁班石像，腰系槌凿，又有大小石佛数百，骨节脊玲珑无凿痕	《山西通志》卷一百七十一
太平兴国寺	安邑县	宋嘉祐八年建，明洪武间置僧会司，内有塔十三级，高二百六十尺，上有黄白宝瓶，相传鲁班造。嘉靖乙卯地震，塔裂尺余，后震复合，亦神物也	《山西通志》卷一百七十一
石空洞	鄜州	洞深一丈五尺，内有万佛石像，世传为鲁班所凿	《陕西通志》卷十三引《名山记》
鲁班峡	陇西县	蟒洞深不可测	《甘肃通志》卷五
鲁班山	伏羌县	上有洞，俗传鲁班凿此，名鲁班洞，山下又有大佛峡	《甘肃通志》卷五
鲁班崖	西固城	两崖悬绝，有二灵柯插入岩隙间，以栈覆土，以通往来	《甘肃通志》卷五

建筑／物件名称	建筑／物件所在地	建筑／物件特点	文献出处
鲁班峡	踱伯县		《甘肃通志》卷六
鲁班桥	阶州		《甘肃通志》卷十一
鲁班寺	岷州	明洪武十年建	《甘肃通志》卷十二
鲁班井	踱伯县	地名鲁班峡，有井连环，三眼高出山岩之上。二十余丈，水冬夏不冻、不竭。峡中有方石，高四丈，深入河底，周围八丈有余，上列石扁，镌"米颠拜否"四字	《甘肃通志》卷二十三
鲁班铺	南充县		《四川通志》卷二十二下
鲁班庙	西昌县		《四川通志》卷二十八上
鲁班井	平乐县	明谢缙有诗勒石于井旁	《广西通志》卷十四
遇龙堡	阳朔县	相传古鲁班所造，缺一角，至今屡次修不全	《广西通志》卷十八
接龙桥	平乐县	高可数丈，阔亦如之，中止一拱，俗传鲁班所造。康熙五十二年知县黄大成倡修	《广西通志》卷十八
大和桥	荔浦县		《广西通志》卷十八
鲁班桥	武缘县		《广西通志》卷十八
鲁班陂	融县		《广西通志》卷二十一
阊门	吴郡	传说中的天门；破楚门，吴伐楚自此门出也。孙坚母梦肠绕昌门，俗传昌门鲁班所造	（宋）范成大：《吴郡志》卷三
鲁班攻战机械图			（唐）张彦远：《历代名画记》卷三
鲁班墓		周围十里，石屋数百间	（明）张燮：《东西洋考》卷三引《风土记》

建筑/物件名称	建筑/物件所在地	建筑/物件特点	文献出处
亭榭		工巧无二	（宋）吴自牧：《梦粱录》卷十九
桥	长安		（宋）宋敏求：《长安志》卷五
桥	洪洞县	谷中道险，左右悉结成桥，阁道累石就路，俗谓鲁班桥	（宋）乐史：《太平寰宇记》卷四十三

资料来源：文渊阁四库全书。

　　像道教这样吸收了以往巫术知识，将其系统化进行改造，从而成为一种具有明显咒术倾向的宗教，对后世巫术的影响是巨大的。道教为了吸引更多的信众，逐渐具有了强烈的民间化和世俗化倾向，产生了民间道教。从神仙信仰来看道教对工匠建房巫术的影响，可以清楚地看到道教的民间化和世俗化倾向，也可以验证巫术与道教之间"你中有我，我中有你"的关系。

第二节　工匠建房巫术中的道教符咒

　　神符、神咒信仰虽然不如神仙信仰那样居于道教信仰体系的中心位置，但其信众也较为广泛，毕竟通过神咒、神符来驱灾解难比起玄虚的修仙之道更加具有现实的功利价值。工匠建房民俗活动中所使用的大部分神咒和神符，实际上是对道教在这方面的直接继承或模拟。

　　我国咒语起源甚早。传说："汤见祝网者置四面，其祝曰：从天坠者，从地出者，从四方来者，皆离吾网。汤曰：'嘻！尽之矣。非桀，其孰为此也？'"[1]《山海经·大荒西经》载："叔均乃为田祖，魃时亡之，所欲逐之者令曰：神北行！"[2]《礼记·郊特牲》记载，当时年终祭腊仪式

---

[1] 张双棣等著：《吕氏春秋译注》，吉林文史出版社1986年版，第283页。
[2] （清）吴任臣注：《山海经广注》卷十七，文渊阁四库全书本。

上所念的咒语是: "土,反其宅!水,归其壑!昆虫毋作!草木归其泽!"① 这种类型的咒语是初民信仰原始宗教时代出现的朴素形态,简短、直白而乏文饰。道教咒语形成于东汉时期。以道教咒语常在句末出现的催促性程式化套语"急急如律令"、"急急如太上口敕律令"、"急急如律令敕"等,其实是对汉代政府文告、文书专用术语的借用。汉武帝时的文书载: "六年四月戊寅,癸卯,御史大夫汤下丞相,丞相下中二千石,二千石下郡太守、诸侯相,丞书从事下当用者。如律令!"② 东汉安帝永初二年朝廷下达一则讨伐敌人的政令:

> 讨羌符 (注:关右人发地,得古瓮中。多东汉时竹简,独讨羌符文字尚完。皆章草。书载东观) 永初二年六月丁未朔二十日丙寅得车骑将军幕府文书。上郡属国都中二千石守丞廷义县令三水十月丁未到府受印绶:发夫讨叛羌,急急如律令!③

现代考古发掘证明了汉代咒语对官方文告的模拟。陕西户县汉墓出土的陶瓶上有写于东汉顺帝阳嘉二年的解除文的文末以"如律令"结尾;④河南洛阳西郊东汉地层出土的解除瓶上写有: "解除瓶,百解去,如律令!"⑤ 可见汉代巫师首先使用了这样的咒语样式,而渊源于原始巫术的道教咒术继承了其中的一些因素。"道教创立之后,道士为树立和维护本教法度谨严的形象,势必要在吸收民间巫术的同时又对它作进一步的加工和整理。道士使用的咒语规范严整,使得他们的宗教巫术活动更有吸引力,更易得到他人的效仿,这反过来又推动了规范化巫术咒语的传播。"⑥

神符的使用源于巫师对官方政符、兵符的模仿。《释名·释书契第十九》说: "符,付也。书所敕命于上,付使传行之也。亦言赴也,执以赴

① 《十三经注疏》整理委员会整理: 《礼记正义》,北京大学出版社 2000 年版,第 936 页。
② 安平秋分史主编: 《史记》,汉语大辞典出版社 2004 年版,第 871 页。
③ (明)梅鼎祚编: 《东汉文纪》卷三,文渊阁四库全书本。
④ 禚振西: 《陕西户县的两座汉墓》,《考古与文物》创刊号。
⑤ 郭宝均等: 《1954 年春洛阳西郊发掘报告》,《考古学报》1956 年第 2 期。
⑥ 胡新生: 《中国古代巫术》,山东人民出版社 2005 年版,第 48 页。

君命也。"① 神符的出现还源于人们对神秘图案的崇拜。汉武帝发兵征越南时曾制作灵旗，旗上绘有日月、北斗和登龙。陕西户县和河南洛阳出土的解除瓶上也画有灵符。② 道教对这些由奇异文字和图案组成的神秘符号也被道教继承和改造成为了道教特有的神符。"随着道教的发展，记录和论述符箓的专著也不断增加。继承了五斗米道传统的正一派道士尤其重视符箓的作用，他们致力于符箓咒语的创制和研究，把符箓之学发展到登峰造极的地步，后人因此而称他们是道教中的符箓派。"③ 东汉时期，道教神咒、神符的信仰已经开始四处播布，但对工匠建房民俗影响深远的神咒和神符的完成，当在汉代以后。

敦煌地区并非道教最初的发祥地，因为道教最早是在中原地区传播。然而，道教传入以前，敦煌地区鬼道盛行。《三国志·董卓传》注引《英雄记》记载，董卓被吕布所杀之前，曾有道士于布上书吕字对他作出警示，而董卓不解其意，终为吕布所杀。此事在南朝志怪小说《幽明录》中有详细记载。董卓女婿牛辅信巫术占卜。《三国志·董卓传》注引《魏书》："〔牛辅〕常把辟兵符，以铁钺致其旁，欲以自强。见客，先使相者相之，知有反气与不。又筮知吉凶，然后乃见之。中郎将董越来就辅，辅使筮之，得兑上离下。巫者曰：'火胜金，外谋内之卦也。'即是杀越。"后世工匠建房巫术中的占卜、五行等巫术思想在敦煌巫术中已经存在。《三国志·董卓传》注引《献帝起居注》："催性喜鬼怪左道之术，常有道人及女巫歌讴击鼓下神，祠祭六丁，符劾厌胜之具，无所不为。又于朝廷省门外为董卓作神座，数以牛羊祠之。……天子使李中郎将李固持节，拜催为大司马，在三公之右。催自以为得鬼神之力，乃厚赐诸巫。"这类鬼怪左道的存在为道教传入后发展出与镇宅相关的民俗体系无疑是有力的积淀。张凤《汉晋西陲木简汇编》收入敦煌道教木简符箓一枚，据考证是魏元帝景元四年五斗米道的符箓。唐代时期，皇室推崇道教，道教内部各派别之间交流整合，道教达到极盛时期。敦煌道经多抄于南北朝至唐前期，也有一些抄于唐至北宋。这些道经中已出现镇宅文。对后世建造工匠

---

① （清）王先谦撰集：《释名疏证补》，上海古籍出版社1989年版，第300页。
② 胡新生：《中国古代巫术》，山东人民出版社2005年版，第57页。
③ 同上书，第58页。

民俗产生重大影响的敦煌道经主要是《黄帝宅经》，疑系晚唐归义军时写本；《玄女宅经》，似归义军时写本；记录唐代道教镇宅符咒的《护宅神历卷》；《道教镇宅符咒》，属曹氏归义军时抄本；《宅主存庆镇宅祈愿文》，系曹氏归义军时抄本；《敦煌王曹延禄镇宅祈愿文》，系民间道士为"敦煌王曹延禄"书写。①

宅需镇才安的信仰在敦煌道经中是一个反复被强调的主题。《敦煌写本宅经·阴阳宅经》P. 3865 云："凡人所居，无不在宅。唯只大小不等，阴阳有殊，纵然客居一室之中，犹［有］善恶。大者大说，小者小论。犯者有灾镇而祸止，亦犹药病之效也。"将以巫术镇宅与用药治病相提并论。宅之吉凶关系到宅中之人的命运盛衰："故宅者，人之本。人者以宅为家，居若安，则家代昌盛。若不吉，即门族衰微。"著者罗列的宅经有二十五部之多，可见宅学的兴盛。宅需厌镇之重要目的是对付精灵鬼魅。《搜神记》云："精灵鬼魅，皆化为人。或有人自相感，变为妖怪。"道教镇宅符的使用主要是为了驱除鬼魅妖邪或神灵。《阴阳十书·论符镇》说："若宅兆既凶，又岁月难待，惟符镇之一法，可保平安。"P. 3358《护宅神历卷》有"镇宅四角符"，符下注云："病患，此神符镇四角，除去百鬼，万恶消除。""门符"符咒云："万里病患自除，亘保财物，安门上大吉。""管公明神符"符咒云："管公明神符却鬼，见口走出。""神树符"符咒云："宅神不安，钱财不散失，家内准厄，安上符安。此神树承，无殃灾，大吉。"敦煌道经所见神符还有专用于镇墓的董仲舒神符。②《鲁班经·灵驱解法洞明真言秘书》中辑录了大量供工匠建房使用的神咒、神符，如"朱砂镇梁符"、"五雷地支灵符"、"解诸物魔禳万灵圣宝符"等，安符时要施行相应的仪式，并念咒语。可见，这些工匠神符的使用正是渊源于道教以符镇宅思想。③ 符箓在建房工匠民俗中的使用并不局限于驱灾解祸方面，工匠在用民俗祸害主人时也用到了这一方法。纪晓

---

① 参见王卡：《敦煌道教文化研究：综述·目录·索引》，中国社会科学出版社 2004 年版，第 3—5、13—14 页。

② 参见金身佳编著：《敦煌写本宅经葬书校注》，民族出版社 2007 年版，第 6—8、159—204 页。

③ （明）午荣编，李峰整理：《新刊京版工师雕斫正式鲁班经匠家镜》，海南出版社 2003 年版，第 324—338 页。

岚的《阅微草堂笔记》中记载：

> 从弟东白宅，在村西井畔。从前未为宅时，缭以周垣，环筑土屋。其中有屋数间，夜中辄有叩门声。虽无他故，而居者恒病不安。一日，门旁墙圮，出一木人，作张手叩门状，上有符篆。乃知工匠有嗛于主人，作是镇魇也。故小人不可与轻作难。①

在这种镇魇之术的原理中符篆显然起到了撺动模拟木人的作用。事实上，《道藏》中也收录了道教镇宅符，如《无上三元镇宅灵箓》，描述的就是灵箓镇宅的法术，日本学者吉冈义丰认为是梁孝元帝承圣元年（552年）的著作。② 此外，《道藏》还收录有《太上秘法镇宅灵符》。③

敦煌道教文献研究专家王卡曾指出：敦煌道士为百姓所作祈福法事，主要有两大类，其中一类就是祈求神灵保护家宅平安的镇宅法事，是符咒派道士最擅长的法术。从神咒方面来看，将敦煌道士为"敦煌王曹延禄"和"押衙存庆"施行镇宅法术时所作的镇宅文与后世建房工匠所使用的咒语进行比较分析，将会发现一种一脉相承的关系。两篇敦煌道教镇宅文中都体现出对五方神灵鬼怪的信仰。

《敦煌王曹延禄镇宅文》曰：

> ……欲致祭于五方五帝、土地阴功，山川百灵，一切诸神以后。伏愿东方之怪还其东方，南方之怪还其南方，西方之怪还其西方，北方之怪还其北方，中央之怪还其中央，天上之怪还其天梁，地下之怪入地深藏，怪随符灭，入地无妨……

文中体现出道士对各方神怪以符咒进行厌镇的巫术程式。在为"押衙存庆"所作的镇宅文中，也体现出对五方神灵鬼怪、邪秽的厌镇思想，其文曰：

---

① （清）纪昀撰，董国超标点：《阅微草堂笔记》，重庆出版社2005年版，第317页。
② 朱越利：《道藏分类解题》，华夏出版社1996年版，第99页。
③ 同上书，第114页。

……屈请五方安置，辟 除祸殃，邪鬼疫气 ，一时消亡……主人押衙存庆，居／宅以来，未蒙福祐，不解忌讳，修治宅舍，不自觉悟，前犯朱雀，后触玄武，左忤清龙，右秽白虎，或犯伏龙土府。……东方一镇止奸邪，南方一镇灭口舌，西方一镇断／五兵，北方一镇防其盗窃，中央一镇依分守护 ……①

　　道士在镇宅法术中对各方进行厌镇源于初民对空间安全的渴望。一些古文献中出现四方观念，所谓"天地四方曰宇，往古来今曰宙"。② 然而，四方观念无疑隐含了五方观念，因为确立中央是确立四方的前提。中国古代的空间思维完整的构造应该是以中央为原点向外部确立诸方，所以古人才追问："一曰天之，二曰地之，三曰人之，四方、上下、左右、前后，萤惑之处安在?"③ 《敦煌王曹延禄镇宅文》也体现了这种空间方位倾向。④

　　与方位相关，出现了对方位神的信仰。甲骨卜辞中有东、南、西、北四方之神的记载。⑤《山海经》中有对木、火、金、水四神的描述，但未描述土神。五行说逐渐融入古代知识系统之后，各方神灵的观念最终和五行说相配合，到战国末期，已经形成了五行与天干、五帝、五神、五方、五色、五音、五虫、五味、五臭、五数、五祀、五脏、季节（五季）相互关联、彼此作用的五行思想。⑥ 为了知识体系的逻辑严密，五行说以五的观念统摄一切，系统之中相互对应之物并非只有五，"但因为五行体系是一种以'五'分类的'先验'体系，因此，所有这些范畴中就只有五

---

①　参见王卡：《敦煌道教文化研究：综述·目录·索引》，中国社会科学出版社 2004 年版，第 45—48 页。

②　上海古籍出版社编辑：《尸子》卷下，《二十二子》，上海古籍出版社影印清光绪初浙江书局本 1986 年版，第 373 页。

③　上海古籍出版社编辑：《管子》卷十八，《二十二子》，上海古籍出版社影印清光绪初浙江书局本 1986 年版，第 162 页。

④　参见王卡：《敦煌道教文化研究：综述·目录·索引》，中国社会科学出版社 2004 年版，第 45—48 页。

⑤　参见姜彬主编：《中国民间文化·民间神秘文化研究》，学林出版社 1993 年版，第 28 页。

⑥　参见陈奇猷：《吕氏春秋校释》，学林出版社 1984 年版。

种能纳人其中。"①

敦煌镇宅文中出现的"四灵",最初起源于古代天文学。《周礼·曲礼上》曰:"行,前朱雀而后玄武,左青龙而右白虎。"《周礼订义》的解释是:"盖王者之行,前朱雀而后玄武,左青龙而右白虎。故建此四方之旗,象四方之宿也。"②《论衡·解除篇》曰:"宅中主神有十二焉,青龙白虎列十二位,龙虎猛神,天之正鬼也,飞尸流凶安敢妄集,犹主人猛勇,奸客不敢窥也。"③朱雀即凤凰。《山海经·南次三经》曰:"又东五百里,曰丹穴之山……有鸟焉,其状如鸡,五采而文,名曰凤凰……见则天下安宁。"④《淮南子·说林训》曰:"必问吉凶于龟者,以其历岁久矣。"道教中的玄武曾演化为降魔除邪的真武大帝。"四灵"是空间的守护神,"四灵"庇护,才得祥瑞。"四灵"崇拜对建房巫术产生了极其深远的影响,吉祥之宅要求坐落在"四灵"的环抱之中。在建房民俗中,工匠们雕饰、绘画"四灵",以求吉祥。如1956—1958年陕西省西安市汉长安故城遗址出土了西汉时期的"四灵"瓦当就是一例。⑤

"四灵"的起源与演变受到五行说的影响,对此前人已有高论。本书要讨论的是:道教十分注重对这一系列知识的吸收。"四灵"乃是道教的守护神,《抱朴子内篇·杂应》称"仙经"记载:太上老君"左有十二青龙,右有二十六白虎,前有二十四朱雀,后有七十二玄武。后有三十六辟邪,雷电在上,晃晃昱昱,此事出《仙经》中也。"⑥《北帝七元紫庭延生秘诀》说:"……左有青龙名孟章,右有白虎名监兵,前有朱雀名陵光,后有玄武名执明,建节持幢,负背钟鼓,在吾前后左右。周匝数千万重,急急如律令!"⑦道教对"四灵"的崇拜可以从古今道观中见到实证之物。《图画见闻志》卷二记载:"道士陈若愚,左蜀人,师张素卿,得其笔法,成都精思观有青龙、白虎、朱雀、玄武四君像。"⑧我国古代也

① 刘宗迪:《五行说考源》,《哲学研究》2004年第4期。
② (宋)王与之撰:《周礼订义》卷七十二,文渊阁四库全书本。
③ 北京大学历史系《论衡》注释小组:《论衡注释》,中华书局1979年版,第1436页。
④ 郭郛:《山海经注证》,中国社会科学出版社2004年版,第55—56页。
⑤ 吕书芝:《西汉四灵瓦当》,《历史教学》1985年第12期。
⑥ 王明:《抱朴子内篇校释》(增订本),中华书局1985年版,第273—274页。
⑦ (宋)张君房编,李永晟点校:《云笈七签》,中华书局2003年版,第568—569页。
⑧ (宋)郭若虚:《图画见闻志》卷三,文渊阁四库全书本。

常称"四灵"为"四象"。《云笈七签》所总结的"四象"说和五行说结合得较为紧密："夫四象者，乃青龙、白虎、朱雀、玄武也。青龙者，东方甲乙木，水银也。……白虎者，西方庚辛金，白金也。……朱雀者，南方丙丁火朱砂也。……玄武者，北方壬癸水，黑汞也。……"①

上述道教对各方诸神的信仰在工匠建房民俗过程中所念诵的咒语之中有所体现。如云南楚雄彝族聚居区的一位木匠建房时施行撒梁巫术时所念的求吉咒语是："一撒东方甲乙木，金银财宝上秤称；二撒南方丙丁火，□□□□□□□；三撒西方庚辛金，金银财宝万万五；四撒北方壬癸水，金银财宝似流水；五撒中央戊己土，□□□□□□□。"② 四川木匠建房时所吟诵的一则叫《木根生》的咒语说："一撒东方甲乙木，木克木来它不生；二撒南方丙丁火，火克木来它不生；三撒西方庚辛金，金克木来它不生；四撒北方壬癸水，水克木来它不生；五撒中央戊己土，土养木来它才生。八排（宝）山上撒一把，昆仑山上生一根。"③ 咒语向五方施行，以求达到令宅主富贵的目的，这样的信仰当是受敦煌道士镇宅法术之咒语类语言影响所致，尽管民间咒语在世俗化过程中和道教咒语已有异趣。

《鲁班经》中的咒语思想受道教影响更加明显，疑似道士所为，后被建房工匠所掌握；或是工匠模拟道教咒语。《鲁班经》称，倘有工匠以蛊毒殃害房主，则工匠"上梁之日，须用三牲福礼，攒扁一架，祭告诸神将、鲁班仙师，密符一道咒云：恶匠无知，蛊毒魔魅，自作自当，主人无伤。暗诵七遍，本匠遭殃，吾奉太上老君敕令，他作吾无妨，百物化为吉祥，急急律令。"《灵驱解法洞明真言秘书》载有"完工禳解咒"，不但以五行相生相克的原理来表述咒语，而且以"急急如老君律令"来结尾：

五行五土，相克相生。木能克土，土速遁行。木出山林，斧金克神，木精急退，免得天嗔。工事假术，即化微尘。一切魔鬼，快出户

---

① （宋）张君房编，李永晟点校：《云笈七签》，中华书局2003年版，第1599—1601页。

② 被访谈人：李佐春，75岁，男，彝族，当地著名木匠。访谈地点：红村。访谈时间：2008年7月23日。

③ 上海民间文艺家协会、上海民俗学会编：《中国民间文化·民间仪俗文化研究》，学林出版社1993年版。

庭。扫尽妖氛，五雷发声。柳枝一撒，火道清宁。一切魔物，不得翻身。工师哩语，贬入八冥。吾奉天令，永保家庭，急急如老君律令。①

有些文人笔记中记录的工匠咒语也具有浓厚的道教色彩，如《咫闻录》载："叱咄！赤赤阳阳，日出东方。公子封翁，米粟盈仓。与仆毕至，骡马成行。自求多祸，云集千祥。急急如律令，勅！"②

萨丕尔（Edward Sapir，1884—1939）说："语言的内容，不用说，是和文化有密切关系的。……语言的词汇多多少少忠实地反映出它所服务的文化，从某种意义上说，语言史和文化史沿着平行的路线前进，是完全正确的。"③ 随着人们对文化的多维透视和对语言的深入研究，语言作为交际工具的单一性界定已为学界所摒弃，语言工具性与人文性相统一的特质已成为共识。分析语言现象不能脱离其文化语境。"语境指一切影响话语结构的生成和语义理解的语言和非语言要素的总和。其中包括语言因素，即上下文或前言后语；非语言因素，即言语行为进行中的实际情景（时间、地点、条件）；参与者的统觉基础；参与者的社会、政治、文化及时代背景。"④ 建房工匠咒语的上下文体现出民众心理需求和语言传统的影响；就每一次特定的言语行为而言，建房工匠咒语的念诵，是巫师和民众在一种急切需要以言语实践来达到目的行为，其中黑巫术咒语体现出对隐蔽原则的严格遵守，白巫术咒语则并不一定遵守这一禁忌，有时甚至体现出对公开表达的期待；白巫术咒语和黑巫术咒语体现出相互转换的灵活性，其要旨取决于巫师和民众之间博弈的结果。建房工匠职业在人类造物史上长期存在和发展，形成了自成一格的文化布局。作为建房工匠巫术结构中的要素之一，咒语不是一种单纯的交际用语，而是深受传统力量制约，并受其信众信仰的神秘语言。建房工匠咒语在内容和形式两方面都明

---

① （明）午荣编，李峰整理：《新刊京版工师雕斫正式鲁班经匠家镜》，海南出版社 2003 年版，第 303—329 页。

② （清）慵讷居士：《咫闻录》，《笔记小说大观》，广陵古籍刻印出版社 1983 年版，第 295 页。

③ 萨丕尔著：《语言论》，陆卓元译，商务印书馆 2000 年版，第 196 页。

④ 王冬竹：《语境与话语》，黑龙江人民出版社 2004 年版，第 93 页。

显受到传统文化力量的模塑，它和整个巫术仪式是互渗、共生的一体化关系。

建房工匠咒语是人类控制理念在理性、知识、技术所不能发挥效力的领域以想象的方式进行的一种思维模式及其表现。按照马林诺夫斯基功能派的观点，人类（即使是原始人）是能够清晰地分辨技术和巫术的。技术和巫术杂糅在一起的情况其实只是一种表象。他通过对土人的深入观察得出结论："实用的工作和巫术仪式是分得很清楚的。巫术从没有被用来代替工作。""只有那些靠不住的、大部分见不到的效果，那些一般归于命运，归于机遇，归于侥幸的事，初民才想用巫术来控制。"[1] 马氏认为，功能就是满足需要。人类为了在竞争激烈、危机四伏的自然环境以及社会环境中争得生存权，必然依赖于对物理世界和观念世界的控制。建房工匠建造房屋、舟、桥等物质设备来服务于生活，是为了满足人类居住、渡水等现实需要。但基于对偶然因素的应对，人类还需要控制观念领域中那些无形无相却又确实存在于他们脑海中的观念，于是才有了建房工匠巫术的起源。人类的思维能力和语言能力是同步发展的，人类通过语言来进行思维。语言是精神之相，是思维的外化。沃尔夫（Benjamin Lee Whorf, 1897—1941）认为，语言形式决定着语言使用者对宇宙的看法；语言怎样描写世界，我们就怎样观察世界；世界上的语言不同，所以各民族对世界的分析也不同。[2] 按照马塞尔·莫斯的观点，"没有语言的仪式并不存在；外表的沉默并不等于巫师没有在念表达其意志的无声的咒语"。[3] 建房工匠施行巫术时尽管外表沉默但内心仍有一套用语言来思维、建构出来的意志：即通过对不可见力量的控制来影响对现实事件的控制。因而，认为咒语起源于语言灵力观念的假说并未揭示出巫术咒语的本质。语言学认为，声音是语言的物质外壳。所有巫术咒语的真正本源在于：人类对不可见力量的控制理念，它是人类以语言来进行的一种思维模式的外化。建房工匠咒语自然也应当归源于巫师及其信众对巫力的崇拜。巫师用语言来命令、申诉或祈求，语言是表现巫力的方式之一，咒语信众实质上崇拜的是

---

① ［英］马林诺夫斯基：《文化论》，费孝通等译，中国民间文艺出版社 1987 年版，第 61 页。

② 刘润清：《西方语言学流派》，外语教育与研究出版社 2002 年版，第 139 页。

③ ［法］马塞尔·莫斯：《巫术的一般理论　献祭的性质和功能》，杨渝东译，广西师范大学出版社 2007 年版，第 71 页。

巫力，而不是语言本身；没有对巫力的信仰，表现巫力的咒语就不能体现出它的特性来。

咒语是人类社会普遍存在的一种语言现象。马林诺夫斯基举例说："因无力可施而愤怒或因怀恨而无处发泄的人，自然地握紧了拳头，意想中向敌人打下去，同时发出诅咒怒骂的声音。……焦虑中的渔夫或猎人，也在想象中看着鱼到网里，兽被刺住，他更呼叫这等鱼或兽的名目，用话来描写捕获成功的意象，甚至装出样子模仿他所希冀的东西。"① 马氏在将巫术现象简化和泛化的同时忽视了两点：其一，咒语不但包括诅咒类的语言，还包括带有祈祷性质的求吉语言，对此，他并未作出明确的区分；其二，一般意义上以语言思维来实施控制的语言现象与在巫术语境下发生的巫术咒语是有重要区别的，那就是巫术咒语因依赖传统而形成了种种规范。以建房工匠咒语而言，它的传承和延续不仅是建房工匠自身的创造，而且是社会集体形成的传统力量迫使他们念咒，尤其在求吉巫术中是这样。

木匠为了使自身的职业获得特定群体的积极认同，必须按照这一群体的心理需求来行动。木匠以求吉咒语来满足信众的心理需求，才能使雇主和木匠之间的关系和谐化。中国民间信仰中求吉、求实用的传统思维使得求吉咒语生生不息，传统力量维系了建房工匠咒语的存在。

中国建房工匠咒语明显受到道教咒语的影响，甚至可以说，大部分建房工匠咒语是直接起源于道教咒语的。据弗雷泽等人的研究，在宗教时代来临之前，人类曾经历了一个漫长的巫术时代。就中国的情况而言，秦汉以前属于巫术时代。"到秦汉之际，这种巫术便直接为神仙方士所承袭，亦为道教所吸收和继承。"② 道教产生之后，方术思想为建房工匠所借用，构建出一套巫术体系来。民间建房上梁时所包的八卦即是道教文化的核心象征符号。此外，建房工匠建造物质设备时对吉时的选择也是按术数学的规则进行的。《鲁班经》是建房工匠职业行为的指导手册，在其间可以明显发现巫术与技术的形影不离，也可以看到道教文化对建房工匠巫术的深

---

① ［英］马林诺夫斯基：《巫术科学宗教与神话》，李安宅译，中国民间文艺出版社 1986 年版，第 67 页。

② 卿希泰、唐大潮：《道教史》，江苏人民出版社 2006 年版，第 28 页。

深浸润。建房工匠咒语并非全部是受道教影响的产物。道教文化在传播的过程中不一定都能本土化，也可能遭到排斥。此外，作为从事具体言语实践的建房工匠有着自身的创造力，这些因素也会使建房工匠咒语体现出别具一格的形式。如《坚瓠集》之余集卷一记载的造船建房工匠所念的咒语是：

> 木龙，木龙，听我祝词：第一年船行，得利倍之。次年得利十之三。三年人财俱失！①

　　建房工匠咒语从语体风格上看具有一定的文学性。常见的文学表现手法有起兴、押韵、夸饰等，这些手法的运用使咒语更加生动、形象。关于"起兴"的表现手法，朱自清有过一段精辟的论述。他说："由近及远是一个重要的原则。所歌咏的情事往往非当前所见所闻，这在初民许是不容易骤然领受的。于是乎从当前习见习闻的事指指点点地说起，这便是'起兴'。又因为初民心理简单，不重思想的联系而重感觉的联系，所以'起兴'的句子与下文常是与意义不相属，即是没有论理的联系，却在音韵上（韵脚上）相关连着。……音韵近似，便可满足初民的听觉，他们便觉得这两句是相连着的了。这种'起兴'的句子多了，渐渐会变成套语；《诗经》中常有相同的起兴的句子，古今歌谣中也多……"② 夸饰也是中国文学源远流长的表现手法。郭晋稀指出："夸是夸张，饰是修饰。创作上需要把事物形象突现出来，一方面是对事物加以夸张；另一方面是集中刻画，所以本篇以夸饰名篇。"③ 多种文学手法的运用使描述形象生动，如在眼前，满足了听众的心理需求；同时，也使咒语显示出语体上一气呵成的气势。"这里所讲的'气势'是由文气衍生出来的，主要是指咒语在表达上的一气呵成、浑然一体的特点，也指咒语气象宏阔、雍容的艺术特点。"④

　　建房工匠咒语的传统表征也体现在保密性原则的相对性方面。文化人

---

① （清）褚人获：《坚瓠集》（第四册之余集），浙江人民出版社 1986 年版，第 13 页。
② 朱自清：《朱自清说诗》，载《诗言志辨》，上海古籍出版社 1998 年版，第 684 页。
③ 郭晋稀：《文心雕龙注译》，甘肃人民出版社 1982 年版，第 468 页。
④ 林拓：《道教咒语的文学价值》，《中国道教》2000 年第 4 期。

类学、宗教学、民俗学的研究一般认为咒语对保密性有严格的规定。但根据笔者的田野调查，建房工匠在实施白巫术时所念的咒语不但可以公开，而且要高声朗诵；只有在念施行黑巫术的咒语时，才对保密性有严格的要求。原因在于白巫术中的咒语是求吉咒语，可以促进建房工匠与主人之间的关系友好化；而黑巫术中所念的咒语是主凶咒语，其目的在于祸及主人，会造成建房工匠与主人之间关系的恶化甚至决裂。正是建房工匠咒语不同的文化功能决定了其保密特征的相对性。可见对咒语的分析必须与其密切相关的特定语境相结合，才能见其本质。

学界惯于从咒语的使用者和呼唤对象的不同将咒语分为原咒和巫术咒语两大类型。尽管正如马林诺夫斯基所指出的那样，"巫术在它的夸大性上，在它的'万能'性上，和感情冲动、白天做梦以及强烈而不能实现的欲望是极相似的"。[1] 但是，我们不能据此得出结论说，巫术是任何人都可以实施的。一个基本的事实在于：巫术不能脱离其文化语境而存在，不能将个人的迷信行为和对信众有严格要求的巫术混为一谈，特别是当巫术涉及宗教时，更应当小心地进行界定。巫术思维的确在现代社会仍有遗存。但是，我们显然不能将一般人使用语言来控制他物以实现预想目的的行为视为咒语并和巫术咒语在同一逻辑范围内进行比较。因为任何一种文化事项只有得到传统力量的承认才具有普遍意义，个人的所谓念咒行为若得不到同一社会或社区的承认，就丧失了它的文化生境，个人所迷信的语言和巫术咒语是迥然相异的。建房工匠咒语的存在是因为传统力量（也即社会群体的集体力量）逼迫的结果。求吉咒语自不用说，以祸及主人为目的的咒语则是建房工匠为了发泄被主人苛刻对待后产生的不满情绪，从而形成对自身职业威望的自觉维护。而这些咒语的特性在于有相对广泛的信众。咒语是被相信而不是被理解的。同时，我们将发现将咒语分为原咒和巫术咒语的不准确之处还在于：在巫术咒语系统之内，同时存在直接呼唤具体事物的"名"（即所谓"原咒"）和直接呼唤神灵的情况（即所谓"巫术咒语"）。例如，大理地区的一则木匠咒语是：

　　紫金梁，紫金梁，你在山中做树王；今日遇着黄道日，选你做中

① ［英］马林诺夫斯基：《文化论》，费孝通等译，中国民间文艺出版社1987年版，第62页。

梁。大墨定下一丈二，为何多出五寸长？杨二杨二上前来，压压就不长。①

《咫闻录》中记载的一则建房工匠咒语是：

> 一进门楼第一家，旗杆林立喜如麻；人间富贵荣华老，桂子兰孙着意夸。②

我们在这两则巫术咒语中，并未发现建房工匠对任何神灵的呼唤，而是巫师对物、对前途命运的直接控制。《鲁班经》所载的一则建房工匠咒语曰：

> 五姓妖魔，改姓乱常，使汝不得，斧击雷降，一切恶魇，化为微尘，吾奉雷霆霹雳将军令，速速远去丰都，无得停留。③

其间就有对神灵"雷霆霹雳将军"的呼唤。呼唤神灵的目的在于通神，从而获得巫力。因而，在解析建房工匠咒语时，将其分为无神咒与有神咒则显得更为明晰。无神咒是建房工匠相信自身即为巫术力量的核心，不必借助神灵力量即可控制他物或命运来达到预期的目的；有神咒则是建房工匠在缺乏自信力或受传统的影响而依附于神灵力量，此类咒语的念咒者表现为神灵附体，巫师不过是神灵意志的间接实施者。建房工匠咒语在类型上的分野源于建房工匠自身对神灵崇拜传统的接受程度。一般而言，受道教仙话或其他神话系统影响的建房工匠会严格使用有神咒来实施巫术，而受道教或其他神话系统影响较小的建房工匠则多采用无神咒。两类咒语在巫术结构中所发生的效力取决于建房工匠巫术的信众，因而并无强弱的区分。也就是说特定的社会或社区有自身对建房工匠咒语的区分能

---

① 大理白族自治州《白族民间故事》编辑组：《白族民间故事》，云南人民出版社 1982 年版，第 224 页。

② 慵讷居士：《咫闻录》，广陵古籍刻印出版社 1983 年版，第 295 页。

③ 午荣编，李峰整理：《新刊京版工师雕斫正式鲁班经匠家镜》，海南出版社 2003 年版，第 329 页。

力，对有神咒和无神咒的选择与认同是群体力量合力作用的结果，而不仅仅取决于建房工匠本身。此外，还需要分析建房工匠咒语与巫术仪式间的关系。正如前文所言，没有咒语参与的巫术仪式是不存在的。"语言与身体、语言与行动之间的密切联系可以在社会仪式上得到充分表达。仪式是一种施为语言（performativelanguage），而施为话语（performative uttera-nee）也是行为，超越了'表达意义之声音'的限制，把身体的动作和说话黏着在一起，以言代行，以行附言。"① 动作，言语直接构成了仪式，二者是密不可分的。若将肢体语言也纳入语言系统，则仪式本身就是一种语言实践。建房工匠咒语在此时与仪式形成了互渗、共生的状态。

建房工匠咒语作为一种特殊的语言现象，不是一种日常交际用语，它是建房工匠巫术结构系统中的一个要素，是建房工匠们的一种文化实践方式。建房工匠依靠传统，通过承载着深厚文化积淀的咒语来为主人求吉或招祸。建房工匠通过咒语去命令、申诉、祈求愿望的实现，去招福致祸，这时咒就是巫力，就是巫师本身。法国民俗学家让·塞尔韦耶在其名著《巫术》中指出："言辞自身没有魔力，它们只是言辞而已，然而，言辞自有其得自睿智力的隐蔽法力，言辞借以在有信仰的人们灵魂里面起作用。"② 建房工匠咒语对于它的信众而言是一种被信仰的语言，而信仰的力量来源于人类长期的文化实践形成的文化传统在民众中的传承，是文化实践造就了语言的特质。离开语言的文化生境来讨论语言是不科学的。把语言作为一种文化实践，就是要透过语言表象去探究语言所包含的文化信息，从而试图重构语言现象的历史背景和发生机制。

弗雷泽的巫术、宗教、科学三段论力图证明巫术时代先于宗教时代而存在。他认为，由于人类对巫术失败经验的总结、人类自身知识水平的提高和人类精英在思想上的转变及对大众的引导，与神并列的巫术技法逐渐向神屈从的宗教祷告转变。涂尔干批评了巫术先在的观点，他认为："恰恰相反，巫术是在宗教观念的影响下形成的。巫师所施行的法术也是以宗教戒律为基础的，而且巫术的作用范围也仅仅局限于次级领域，适用于纯粹的世俗关系。"他进而又说："胡伯特和莫斯指出，巫术就像是建立在

① 纳日碧力戈：《关于语言人类学》，《民族语文》2002 年第 5 期。
② ［法］让·塞尔韦耶：《巫术》，管震湖译，商务印书馆 1998 年版，第 65 页。

漏洞百出的科学基础上的粗陋工业一样，巫师所采用的各种手法，尽管在外观上非常拙劣，但在其背后却潜藏着宗教概念的背景和一个力的世界，而力的观念也是从宗教那里获得的。现在我们可以理解了，巫术中为什么充满了那么多宗教因素：原来，它就是从宗教中产生的。"①

　　现在看来，要确定巫术与宗教（特别是将原始宗教考虑在其中）这样古老文化现象的源流关系是十分困难的，我们更倾向于认为：它们的原初形态是巫术、宗教相混合的，因此在早期应当称为巫术—宗教，这就是为什么在大量的民族志材料当中我们发现初民的生活中既有宗教式的祷告，也有巫术式的诅咒；在涂尔干所说的道德共同体，即教会产生之后，巫术和宗教才在组织形式上大相径庭，继而在观念世界也出现了鸿沟。像道教这样吸收了以往巫术知识，将其系统化进行改造，从而成为一种具有明显咒术倾向的宗教，对后世的巫术的影响也是巨大的。毕竟除了一些严格遵守教义教规的道士之外，还有一些专事法术的道士存在，他们其实是一些依托于道教信仰的高级巫师。道教为了吸引更多的信众，逐渐具有了强烈的民间性和世俗化倾向，产生了民间道教。从神仙、神咒、祷词、神符的信仰来看道教对工匠建房巫术的影响，可以清楚地看到道教的民间化和世俗化倾向，也可以验证巫术与道教之间"你中有我，我中有你"的关系。

　　道教确实从神仙、神符、神咒方面对工匠建房巫术产生了强有力的影响，但是，来自佛教的影响也是不容忽视的。尽管在明代午荣整理的《鲁班经》中，佛教咒语的记载较道教咒语而言并不占很大的比重，但是在一些有关建造佛寺的传说中，宣扬佛教法力的例证却屡见不鲜。今云南楚雄黑井古镇高山之巅的飞来寺，传说工匠们已经将木料搬运到高山上准备修建，可是在一夜之间，木料却莫名其妙地飞到了对面的高山上，人们认为这是佛祖的神谕，于是就在山巅上建造了庙宇，飞来寺因此而得名。

　　佛教在向各地传播的过程中，为了弘扬佛法，吸引信众，创作了有关在佛教法术帮助下建成庙宇的传说，以彰显寺庙的灵验。传说的创作者主要是佛教徒和善男信女。如昆明晋宁县内的盘龙寺，有云南第二大

---

①　［法］爱弥尔·涂尔干：《宗教生活的基本形式》，渠东、汲喆译，上海人民出版社2006年版，第344—345页。

佛寺之称，本是大理段氏后人莲峰禅师于 1347 年创建。可是盘龙寺的建造过程却附会上了情节生动的莲峰禅师以佛教法术助匠建寺的传说。莲峰法师有一件神奇的玄色金缕袈裟。法师要兴建庙宇，首要之事便是选择地点。他和盘龙山的山神、土地化缘，双方说好只要袈裟能盖过的地方，不料莲峰法师的袈裟竟然由四个地脚神拽着衣角，盖住了整座山。见识了法师的高超法术，山神和土地不但不敢多言，而是求乞留在法师身边，法师则让二神迁往人烟兴旺的地点享受香火。有了建庙的土地之后，莲峰法师又向梁王化木材。法师依然说只要一袈裟木料，梁王认为一袈裟木料很少，于是就爽快地答应了。哪知道法师的袈裟盖住了大片的森林。梁王有言在先，也不好反悔。附近的善男信女为法师神奇袈裟所吸引，纷纷前来帮忙砍伐木料，整整齐齐的木料如何运到山上又成了一个难题。法师则以法术借牛魂运木料。法师还在盘龙山山腰修建"月牙井"，这口神奇的井竟然会涌出木料来，看管木料的匠人们只管在井边取木料，不过因为匠人顺口回答说："够啦！够啦！"之后井里就再也拉不出木料了。在建造盘龙寺的过程中，莲峰祖师还用法术咒走了兴风作浪的六龙和建坝淹庙的拐带神。①

另一则名为矮寺的传说中出现的有法术在身的僧人则不知来路。传说匠人们最初是准备建一座高大的寺庙的。当时匠人们正在烈日当空的时候锯木料，这时却来了一个嘻嘻哈哈的和尚向他们打招呼。匠人们忙于锯木料，所以言辞上得罪了和尚。和尚伸伸腿，匠人们事先量好的梁柱就长了一截。和尚缩缩腿，锯好的木料又短了一截。为建庙化缘的长老恭敬地给神奇的和尚赔罪，和尚则说了一句："大化小，高变矮，阿弥陀佛。"说罢便如风般飘然而去了。正是因为这样，高大的寺庙无法建成，只能建造一座矮寺。② 由观音寺的庙僧讲述的传说《观音寺》叙述的是观音菩萨变化为老和尚来帮助建造观音大殿的异事。③

庙宇兴建过程中广泛出现法术传说附会的现象，一方面是出于佛教在民间传播的过程中需要以神异叙事来吸引信众，以达到弘扬佛法的目的。

---

① 王定明主编：《昆明山川风物传说》，云南民族出版社 1994 年版，第 106—112 页。
② 同上书，第 118—119 页。
③ 同上书，第 146—147 页。

另一方面，建庙的过程本身就是困难重重的，如木料的砍伐、搬运，以及最终的建造等，都充满了艰辛，现实的困境也会对这类传说的产生和扩布构成积极的增益。

第五章 "建房工匠匿物主祸福" 巫术的社会文化语境

　　迄今为止，我们所涉及的工匠建房民俗系统内的种种表现，从动土、伐木之类的前期工作，再到立柱、上梁，直至房屋建成之后，工匠都和参与巫术实施的人群密切合作，或祭祀神灵，或驱除邪魅。这些巫术行为从来都是公开的表演，凝聚着群体的意志，全力指向求吉除祟的目的。工匠和雇主以及在某些环节出现的阴阳先生、风水先生、道士、少数民族所特有的巫师之间建立的是一种齐心协力的同盟关系，他们的所作所为其实是为了在获得神的护佑的同时打败鬼魅妖邪，最终为新房的主人，也是工匠们的雇主求得家居大吉的生活福祉。在这种情况下，工匠们是受到尊重和信任的"白巫师"，他们所施行的白巫术是光明正大的正义行为，在他们所处的社群之内取得了合法性。然而，建房工匠却不仅仅是"祭司"和驱魔者，正如他们身兼技师和巫师的双重身份，在乡村社会则往往是农民、技师、巫师的三重身份那样，他们的巫师身份依然不是一种单一的性质。太多的例证表明，他们既是受人尊敬和爱戴的"白巫师"，又是受到鄙视和警惕的"黑巫师"，因为他们同时掌握了从目的上截然对立的"黑白"两种巫术。

　　建房工匠所施行的种种民俗活动中，有一类充分体现出了巫师鬼鬼祟祟的行为方式，那就是在房屋建造的过程中，对于他们亲手缔造的新房，他们可以将一些巫术灵物藏匿在任何可能的地方，达到令新房主人大吉大利或是厄运缠身的目的，大多是依据工匠的主观意愿，同时也牵涉到巫术是否得到顺利地实施等规则。不妨将这种巫术称为"建房工匠匿物主祸福"巫术，以区别于那些公开的巫术行为。在下面的讨论中将阐明：这种巫术同样有着悠久的历史渊源，它其实是工匠用于和雇主之间进行博弈的资本，目的是为了争取自身的利益，树立行业的权威形象；这种巫术由工匠独立实施，对社会造成了深远而广泛的影响。

据笔者调查，大理州巍山县紫金乡洱海村一带的木匠相信，古代鲁班师傅会施法术，这种法术曾十分盛行，这些年却不常见了。法术据说是依据《木工经》上的记载施行的。有一户人家对人十分客气，从外面请来一伙木匠建新房。建新房的过程中，木匠们发现鸡是杀吃了好几个，却见不到鸡心、鸡肝端上来。房子盖好以后，木匠们要回家了，主人家对木匠们说："鸡心、鸡肝被家里人腌好了，现在你们要回去了，请你们带回去吃吧。"木匠们出了主人家的门，开始议论说："原来主人家把鸡肝腌起来给我们吃，我们作了法，这是不好的。我们回去把法解了吧。"于是木匠们回到主人家中，告诉主人："我们暗中拴了一根墨斗线在新房旁边的小毛竹上，如果我们不回来解法，到了天黑的时候，新房就会飘来飘去地摇动。当风吹动毛竹时，房子也会被吹动。"木匠们解法时，不但要念咒语，还要开光，开光仪式必须要见血，即使用小麻雀、小蚂蚱，只要出一点血的东西就可以拿来开光。不开光作法就不灵验。一户人家请鲁班师傅来装修房子，装修完毕后，隔了六天六夜，主人打开房门从楼梯上上去时，看见一个白发苍苍、面目狰狞的老鬼从上面扑下来，吓得不敢上去了。主人家又惊又怕，于是去请人瞧迷信。瞧迷信的人说，是鲁班师傅在建房时做了手脚，一般的人是不敢去解法的。最后只好去请鲁班师傅来解法，原来是他将打来打去已经烂掉的凿子柄放在房顶，他拿出凿子柄后，老鬼就消失了。

20世纪80年代，上打比么这里出了一件木匠施法的怪事：一个大理来的木匠到主人家承包建房，那位木匠十分了得。木匠到这户人家去商量，要求把装修的活计承包给他们，但是主人家拒绝了。在竖房子那天，木匠到工地上看了一圈，后来，房子建好之后，三间房子的右边这间长出一串一串的菌子来，菌子的形状十分规矩。中柱这边四面都弹了墨线，所以这边没有出菌子，而出菌子的那边没有弹过墨线。右边那间房的墙壁上，主人家养着蜜蜂，养蜜蜂的木箱上也长出了菌子。这间房从上到下都出满了菌子，连瓦上都出了。主人没有办法了，只有把这间房拆了重建。木匠每天让他的徒弟不得偷闲，自己总是一幅半睡半醒的样子，偶尔才做一些轻巧活计，是一个小工头。苏远亲自见过房子里出的菌子，这种事情恐怕是科学也难解释的。后来，打比么三队也出了一桩木匠施法的事。

木匠施行的法术乃是巫术的一种高级形式，其实是道教咒术在民间传播的例证。法术信仰在洱海村曾一度盛行。从前不但木匠会施法，有些建新房的主人家也会施法，于是出现了斗法的场景。有一次木匠们正砍伐木料，主人家则在厨房中做蒸糕点作为木匠的晌午饭。木匠谎称进厨房中点火抽烟，趁机就施展法术，令蒸锅中的水汽无法上升，无论烧多大的火，也蒸不了糕。木匠正是想这样刁难主人家，由此来指责主人家时辰到了不供应饭食。女主人佯装不知情，立即重新煮了一锅汤圆给木匠们吃。她出去取木渣来烧火时，悄悄在每一棵木料上摸一把，顺便已经施展了法术。这样一来，两个木匠根本无法将木料砍出来使用。利斧落下时，仿佛落在皮球上，反弹回来。师傅看出了其中的窍门，责令徒弟向女主人道歉，女主人将法术解除，砍料子就顺利了。建房过程中，竖房子那天主人家要备下酒肉，邀请亲朋好友来做客。上梁时，鼓吹手吹奏的乐曲声中，木匠们将梁提上去。木匠们已经将新草绳染红准备提梁，木匠施法之后，鼓吹手吹不响小喇叭。老叭喇匠知道其中的名堂，拿出大号吹一声，叭喇响起来了。他再朝梁的方向一吹，木匠们顿时无法将梁提上去了。

"建房工匠匿物主祸福"巫术所意味着的首先是这种藏匿巫术灵物的行为同时包含了致祸和召福两方面的内容。《鲁班经·灵驱解法洞明真言秘书》列出了供工匠们使用的巫术灵物。第一类可以召福，具体方法是：小船船头朝内藏于斗中，主人进财，船头朝外则退财；桂叶藏于斗中，家中人能考取科举；名为"不拘"的枝条藏于任意处，房主可得长寿；三篇竹叶相连的竹头，在竹叶上分别写上大吉、平安、太平三词，深藏在房屋高顶椽梁上，可以使主人家人口平安，永远吉祥，竹叶也可藏匿于钉椽屋檐下的梁柱上；门缝中间藏上毛笔一只，家中代代皆能出贤能并且正直的人才，安隐的人家则出忠信之人；在梁上画上乌纱帽，门槛上画上官靴，枋中画上腰带，那么主人所生的儿子就可以考中科举，到翰林院去编书；米藏于斗中，主人可富贵荣华，千财万贯，丰衣足食；在正梁两头分别藏一枚钱币，平放，主人家可享受寿财福禄，代代兴旺。

第二类则用于邪恶的阴谋陷害，是致祸之法：画披头散发之鬼形，四角各书写一个鬼字，每个鬼字旁依次书写金、木、水、火，制作成披头五鬼，藏于中柱内，主人会因此死亡；一口小棺材，藏于堂屋内的枋内，如果主人家招惹上刑罚之祸，大则伤及大口，小则有小丁死亡；书有"日"字的圆形、花边物件，藏于大门枋内，主人家运不兴，诸事不顺，疟疾缠身；刻一个木人藏在铁锁中，上面装饰五彩人形，深藏在井底或直接筑在墙壁内，那么这家人一年之内就会死五个人，三年五载之后就会全家死绝，关门闭户；在门口架梁内藏一块碗片和一只筷子，房主的后代就将成为乞丐，遭受饥寒交迫的折磨，只能变卖房产，苟且偷生，住在桥下或寺庙中；埋一只倒翻的小船在房屋北首的地中，这家主人出门经商，将翻船而死于江中，儿女溺死于井中或河中，妻儿则会因难产而死；在白纸上画两把刀，藏于门前白虎首枋内，宅内人将杀人放火、谋财害命，最终招来牢狱之灾，死于秋后问斩；将一个系有一根绳子的柴头埋在地下任意一处，住宅内的夫妻父子之间将争吵不休，最终有人将用绳子上吊而死；画一个单枪匹马的形象藏匿，宅主将荣居武官之职，名声显赫，但却不免最终战死沙场；白虎像藏在梁楣内头，宅内有口舌之祸，争吵不休；在一块破瓦上写上"冰消"二字，加上一截断锯，藏在梁头合缝之处，其巫术效果是"夫丧妻嫁子抛离，奴仆逃亡无处置"；包七个钉头，藏于柱内孔中，只能保证宅中居七口人，如果家中添人或者是娶媳，增加一口人就必然会失去一口人；在木上镶缝中画上鬼符，家中将常有妖魔作怪，妻女儿郎经常生病；将一锭好墨和一只笔藏在枋内，主家将荣登宰相之职，但如果笔头蛀坏则退官；大门上枋中书写一个口字，家中将横祸不断，财耗人损，直至变卖房屋；门槛合缝中书写一个囚字，房主有祸上头则入狱不得出，成死囚；用头发裹一把刀，藏在门槛下的地中，儿孙出家落发、有子无夫的鳏寡之苦就会发生；牛骨埋在屋中间，则虽终日忙碌，老死之时连棺材都没有，后代儿孙也是劳累之命；墙内、合缝内画一个葫芦，主人将频繁招惹医卜星相之类的异术。①

工匠建房时的巫术行为历经历代工匠的实践和整理，已经形成多种版本的经典化著作，其中既包括如明代午荣整理的《鲁班经》以及被归入"缺一门"类的邪书《鲁班书》，也有一些在偏远地区传播的经典。例如，云南木匠之乡大理剑川流行的《木经》即是一种地方化的木匠经典，民

---

① （明）午荣编，李峰整理：《新刊京版工师雕斫正式鲁班经匠家镜》，海南出版社2003年版，第316—323页。

间文学调查者在为白族民间传说《雕龙记》中的"木经"一词所作的注释说："相传是鲁班祖师传下的关于建筑学的经典,实际是口头相传的建筑经验。剑川白族木工,自古人才辈出,木匠极多,皆能建造房屋,雕刻佛像,兼能彩画墙壁,还传说持有神咒,能趋吉避凶。《木经》是父子、师徒单传的,因此渐渐消失了。"① 从白族木匠传说中的情节来看,《木经》传播的不仅是木匠技术,而且包含着大量的咒术,亦是黑、白巫术兼有。据相关学者的调查,滇南地区存在记载着种种法术的《鲁班书》,系手抄本,其中有大量内容是黑巫术,"在当地人心目中,鲁班既是木匠,也是蛊师"。② 滇南的木工曾依据祖传《木经》书上记录的法术来报复那里良心坏的房主。③ 据笔者在云南楚雄彝族地区的调查,当地彝族地区木匠中曾流行手抄本的《木工经》,读过《木工经》的木匠会施行法术,吉凶祸福,全凭匠意。④ 浙江曹松叶收集到的工匠在建房过程中依据《鲁班经》记载的法术来报复房主的故事,多达八十余则。⑤ 成文的工匠经典或口传经典在工匠中的传播,使得工匠"匿物主祸福"巫术的流传愈加广泛。

第一节 "建房工匠匿物主祸福"巫术的源头

现在要追溯的是,从巫术传统的关联性上来看,"建房工匠匿物主祸福"巫术究竟和我国古代的巫术文化有着怎样的渊源?可以肯定地说,工匠所施行的这种藏匿型的巫术源头乃是中国上古时期就风行的巫蛊信仰。关于巫蛊的最初起源,有学者已经做过较为详细的考证,赘述实属无益,只将前人研究结论的要点进行转述。其一,殷墟甲骨卜辞中大量出现了关于蛊的内容,表明早在上古时期,关于蛊的信仰就已经成为一种社会

---

① 大理白族自治州文化局编:《白族民间故事选》,上海文艺出版社 1984 年版,第 122 页。原文将"人才"误写为"人材",就此更正。

② 邓启耀:《中国巫蛊考察》,上海文艺出版社 1999 年版,第 121 页。

③ 杨立峰:《匠作·匠场·手风——滇南"一颗印"民居大木匠作调查研究》,同济大学博士学位论文,2005 年 12 月,第 24 页。

④ 调查地点:云南楚雄市红村,云南牟定县巴大村。调查时间:2008 年 7—8 月。

⑤ 曹松叶:《泥水木匠故事探讨》,《民俗》第 108 期,第 1 页。

风气而盛行于世。其二，从文字学的角度看，蛊字的繁体为"蠱"，甲骨文则是两虫同置于一个器皿中的形状，可见蛊字的字源是象形文字。东巴象形文中的"瘟神"也是像两条尖头虫置于器皿中的情况。秦篆中的蛊字为三条虫在皿中的形象，是繁体"蠱"之原型。"虫在皿中为蠱"即蛊的造字法则。其三，《左传·召公元年》、《周礼·秋官》、《史记·封禅书》等古籍中都有关于蛊的记载。《山海经·南山经》："鹿吴之山，上无草木，多金石。泽更之水出焉，而南流注于滂水。水有兽焉，名曰蛊雕，其状如雕而有角，其音如婴儿之音，是食人。"①

　　从文字的起源和古籍中最初有关蛊的记载，以及现代以来的学者在边疆少数民族地区的调查来看，蛊确实源于秘养毒虫而害人的邪恶巫术，而且在长期的传播中也多与毒虫有关。然而，从汉代以来的记载来看，巫蛊显然已经超越了畜毒虫害人的范围。汉武帝晚年发生的"巫蛊之祸"即与毒虫无关，而主要是偶像伤害之术。这场"巫蛊之祸"牵涉到了武帝、太子刘据、丞相公孙贺以及丞相刘屈氂等朝中重臣，因"巫蛊之祸"被杀害的人前后共计五六万人，可说是巫蛊史上最为惊心动魄的一次祸乱。这场由三起事件组成的祸乱，固然和汉武帝老年昏庸、残暴多疑而滥杀无辜、动辄灭族有关，但是，也可以看出巫蛊之术能酿成如此大祸，其真正的根源还在于巫蛊信仰的根深蒂固和广泛的信仰群体的存在。为平定巫蛊之乱，汉朝皇室付出了惨重代价，朝中两位宰相也因此丧命，但民间巫蛊并未休止，而是猖獗泛滥。从这场祸乱中可以看出巫术的社会扰乱能力之巨大，巫蛊已经成为人们相互报复的一种手段。"巫蛊之祸"三案中首当其冲的是公孙贺一案。《汉书·列传第三十六·贺子敬声》："安世遂从狱中上书，告敬声与阳石公主私通，及使人巫祭祠诅上，且上甘泉当驰道埋偶人，祝诅有恶言。下有司案验贺，穷治所犯，遂父子死狱中，家族。"②而"巫蛊之祸"中最为惨烈的要数江充诬陷太子一案。《汉书·列传第十五·江充》记载：

　　　　后上幸甘泉，疾病，充见上年老，恐晏驾后为太子所诛，因是为

---

① 邓启耀：《中国巫蛊考察》，上海文艺出版社1999年版，第45—49页。
② 安平秋、张传玺分史主编：《汉书》，汉语大辞典出版社2004年版，第1372页。

奸，奏言上疾祟在巫蛊。充将胡巫掘地求偶人，捕蛊及夜祠，视鬼，染污另有处，辄收捕验治，烧铁钳灼，强服之。民传相诬以巫蛊，吏辄劾以大逆亡道，坐而死者前后数万人。是时，上春秋高，疑左右皆为蛊祝诅，有与亡，莫敢讼其冤者。充既知上意，因言宫中有蛊气，先治后宫希幸夫人，以次及皇后，遂掘蛊于太子宫，得桐木人。太子惧，不能自明，收充，自临斩之。骂曰："赵虏！乱乃国王父子不足邪！乃复乱吾父子也！"太子縡是遂败。语在《戾园传》。后武帝知充有诈，夷充三族。①

江充为求自保，利用汉武帝老年昏庸多疑而且相信巫蛊的弱点，借口查巫蛊而在皇宫中大肆搜查指控，为所欲为，导致太子为求自保而率众与武帝所调动的兵马之间激战，死伤无数。随太子参战者又被灭族。在此之前，朱世安告发公孙贺埋偶人事件已经让汉武帝对巫蛊之诅咒恨之入骨，而江充所利用的正是这一机会。两次巫蛊案的中心内容都是偶像伤害术，而偶人在巫术中的使用，在汉代以前已经存在。《史记·本纪第三·殷本纪》记载了一个荒唐至极、蔑视上天的商朝国君以偶人像天神，并对其侮辱的事件。内容是："帝武乙无道，为偶人，谓之天神。与之搏，令人为行。天神不胜，乃僇辱之。为革囊，盛血，卬而射之，命曰：'射天'。"② 据说成书于战国时期的奇书《太公金匮》记载了周武王为惩罚不来朝见的丁侯而施行的偶像伤害术，从巫术的细节来看，这一巫术是按照术数要领来施行的：

> 武王代殷，丁侯不朝。太公乃画丁侯于策，三箭射之。丁侯病困，卜者占云："祟在周。"恐惧，乃请举国为臣。太公使人甲乙日拔丁侯着头箭，丙丁日拔着口箭，戊己日拔着腹箭。丁侯病稍愈。四夷闻之，各以来贡。③

---

① 安平秋、张传玺分史主编：《汉书》，汉语大辞典出版社 2004 年版，第 1021—1022 页。
② 安平秋分史主编：《史记》，汉语大辞典出版社 2004 年版，第 28 页。
③ （宋）李昉等撰：《太平御览》，中华书局 1960 年版，1998 年重印第三册，第 3267—3268 页。

汉代甚至有将木偶用于审讯的事件。《论衡·乱龙篇》："李长子为政，欲知囚情，以梧桐为人，象囚之形。凿地为坎，以卢为椁，卧木囚其中。囚罪正则木囚不动；囚冤侵夺，木囚动出。不知囚之精神着木人乎？将精神之气动木囚也。夫精神感动木囚，何为独不应从土龙，四也。"①在这则巫术传说中，巫术代表的囚犯，李长子正是利用了木偶与囚犯之间的神秘联系来判断罪与非罪的。西汉时期，朝廷对于巫蛊之类的邪术是以灭族的重罚来惩治的，大概是汉武帝时的"巫蛊之祸"已经在朝野上下形成了挥之不去的阴影，对偶像伤害术的恐惧已经到了草木皆兵的程度。《汉书·列传第二十五·霍去病附公孙敖》："后觉，复系。坐妻为巫蛊，族。"②《汉书·列传第二十五·霍去病附赵破奴》："居匈奴中十岁，复与其太子安国亡入汉。后坐巫蛊，族。"③汉代的巫蛊主要是指偶像伤害术，正如有学者总结说："巫蛊之术，盖以桐木为人，埋地中，以针刺之，诅其死也。《礼记·王制》疏言：'掘得桐人六枚，尽以针刺之。'"④

巫蛊的指涉，已经超越了原有的窠臼，获得更为丰富的内涵，而作为偶像伤害术，汉以后的典籍中依然出现了络绎不绝的记载。曾有画家顾恺之为求美女而对美女画像刺以棘针。《晋书·列传第六十二·顾恺之》："（顾恺之）尝悦一邻女，挑之弗从，乃图其形于壁，以棘针钉其心。女遂患心痛，恺之因致其情，女从之，遂密去针而愈。"⑤南齐时，一个叫徐世檦的人是一个梦想取代别人而称帝的野心家兼妄想症患者，他通过对人像的肆意摧残来满足自己的心理需求。《南史·列传第六十七·徐世檦》："（徐世檦）又画帝十余形像，备为刑斩刻射支解之状；而自作己像着通天冠衮服，题云徐氏皇帝。永元二年事发，乃族之。"⑥隋朝太子杨坚重演东汉江充的栽赃嫁祸之伎俩，《隋书·列传第十·文四子·庶人杨秀》："太子阴作偶人，书上及汉王姓字，缚手钉心，令人埋之华山下，

① 北京大学历史系《论衡》注释小组：《论衡注释》，中华书局1979年版，第915页。
② 安平秋、张传玺分史主编：《汉书》，汉语大辞典出版社2004年版，第1187页。
③ 同上书，第1188页。
④ 瞿兑之：《汉代风俗制度史》，上海文艺出版社1991年版，第230页。
⑤ 许嘉璐分史主编：《晋书》，汉语大辞典出版社2004年版，第2063页。
⑥ 杨忠分史主编：《南史》，汉语大辞典出版社2004年版，第1639页。

令杨素发之。"① 唐代的高骈之死就被认为与偶像伤害术有关："行密入城，掘其家地下，得桐人。长三尺余，身被桎梏，钉其心，刻'高骈'二字于胸。盖以魅道厌胜蛊惑其心，以致族灭。"②

偶人的使用，也出现在对嫉妒之心的发泄方面，《金史·后妃（下）》记载："先皇昔或有幸御，李氏嫉妒，令女巫李定奴作纸木人、鸳鸯符以事魇魅，致绝圣嗣。所为不轨，莫可殚陈，事即发露……今赐李氏自尽。"③

之所以要对偶像伤害术进行钩沉，是因为汉代出现的巫蛊主要以偶像伤害术为主，而巫蛊信仰又是后世"建房工匠匿物主祸福"巫术的源头。"建房工匠匿物主祸福"巫术中有大量以偶人作祟的内容。尽管唐宋及以后人们仍然在使用这种性质的巫术，但作为源头的梳理，可就此止步。这种巫术充斥在世界各民族的巫术中，弗洛伊德总结说："通常，最普遍用来伤害敌人的一种魔法即是以简易的材料将敌人塑成模像。塑像是否像他并不重要，只要将他塑造成像即可。其后，对塑像的任何破坏都连带地发生在敌人身上（对塑像任何部分的损害即将使敌人在相同部位产生疾痛）。类似的魔法不仅可用于私人仇敌的报复，同时，也可施用于帮助神明来对抗魔鬼。"④ 对于这种巫术的原理，弗雷泽交感巫术理论也可以作出合理的解释。我们所关心的是，许多的巫术知识，其实很早就已经被人们所掌握，工匠们在房屋建造过程中施行的巫术，必然继承了这些知识遗产——当然不一定是整体化地继承，而更多地是一种巫术思维模式。

第二节 "建房工匠匿物主祸福"巫术的文化动力

现在让我们将视线集中在那些发生在住宅中的怪异事件上，因为建房工匠们所施行的匿物巫术，正是在房屋之内发挥作用的。按传说的记载，生活于曹魏时期的术数家管辂已经开始在屋椽下放瓦片来使盗鹿者的父亲身体不适了。此事在《异苑》中有记载：

---

① 孙雍长分史主编：《隋书》，汉语大辞典出版社 2004 年版，第 1108 页。
② 黄永年分史主编：《旧唐书》，汉语大辞典出版社 2004 年版，第 4049—4050 页。
③ 曾枣庄分史主编：《金史》，汉语大辞典出版社 2004 年版，第 1095 页。
④ ［奥地利］弗洛伊德：《图腾与禁忌》，杨庸一译，中国民间文艺出版社 1986 年版，第 101 页。

管辂洞晓术数。初，有妇人亡牛，从之卜，曰：当在西南穷墙中，可视诸丘冢中，牛当悬头向上。既而果得，妇人反疑辂为藏己牛，告官按验，乃知是术数所推。……时有利漕治下屯民捕鹿者，获之，为人所窃。诣辂为卦语云："此有盗者，是汝东巷中第三家也。汝径往门前，候无人时，取一瓦子，密发其碓屋东头第七椽，以瓦著下，不过明日食时，自送还汝。"其夜盗者父忽患头痛，壮热烦疼，亦来诣辂卜。辂为发祟，盗者具服令担皮肉还藏者故处，病当自愈。乃密教鹿主往取。又语使复往如前，举椽弃瓦，盗父亦差。①

瓦片是寻常之物，但按管辂所吩咐的方法使用，却产生了奇异的效应。偷盗事件平息之后，取瓦巫术的危害得到了禳解。干宝《搜神记》这样的志怪笔记主要是对当时民间的种种传说进行忠实的记录，所以干宝才说他的作品"是以明神道之不诬也"②。在这部书中记载了一间有妖怪作祟的凶宅，作祟的妖怪却是埋藏在宅中的金、钱、银和杵：

魏郡张奋者，家巨富，忽衰死，财散，遂卖宅与黎阳程应。应入居，举家疾病，转卖与邻人何文。文先独持大刀，暮入北堂梁上坐。至一更中，竟忽有一人长丈余，高冠赤帻，升堂问曰："细腰。"细腰应诺。其人曰："舍中何以有人气？"答曰："无之。"便去。须臾，复有一高冠青衣者，次之，又有高冠白衣者，问答并如前。及将曙，文乃下堂中，因往向呼处，如向法呼细腰，问曰："向赤衣冠谓谁？"答曰："金也，在堂西壁下。""青衣者谁也？"曰："钱也，在堂前井西五步。""白衣者谁也？"曰："银也，在堂东北角柱下。"问："君是谁？"答云："我杵也，今在灶下。"及晓，文按次掘之，得金银各三百斤，钱千余万，烧去杵。由此大富，宅遂清宁。③

---

① （南朝宋）刘敬叔撰，范宁点校：《异苑》，中华书局1996年版，第87—88页。

② （晋）干宝著，黄涤明译注：《搜神记全译》，贵州人民出版社1991年版，第559页。

③ （晋）干宝撰，李剑国辑校：《新辑搜神记》；（宋）陶潜撰，李剑国辑校：《新辑搜神后记》（上），中华书局2007年版，第331页。

金、钱、银、杵在夜间能幻化成人，作祟于宅主，其情节生动，历历在目，这一传说应当属于工匠巫术中匿物变形的作祟类传说的原初形态一类，这一点在后面的论述中还将进行详细的讨论。在此，我们有理由推测，"工匠匿物主祸福"巫术在干宝的时代或更早就已经存在，但这只是文献上的孤证，所以仅限于推测。值得注意的是，这种宅中器物为怪的传说对于后世的影响是极其深远的。《湖海新闻夷坚续志·后集卷二·怪异门·物怪·古器为怪》载：

> 姚康家夜宿邢君牙废宅，遥见三人入廊房内赋诗。一人细长而黑，吟曰："昔日炎炎徒自知，今无烽灶欲何为？可怜长柄今无用，曾见人人未下时。"一人细长，面黄创孔，吟曰："当时得意气填心，一曲君前直万金。今日不知庭下竹，风来犹自学龙吟。"又一人肥短，鬓散发乱，吟曰："颐焦鬓秃但心存，尘埃不复论。莫笑今来同腐草，曾经终日扫柴门。"吟罢，忽然不见。姚怪之，不语，天明寻之，见铁铫一柄、破笛一管、扫黍穰帚而已。①

又《中吴纪闻》卷一"林大卿买宅"载：

> 州民有宅一区，多出变怪，无有售之者。林颜大卿独求买之。既徙入，中夜据厅事独坐，以示其不恐。忽见一白衣妇人，纵其口所如，俄至一处所，潜伏不见。诘朝，使人穿地，得银百余铤，其上皆镌一"林"字。此无异尉迟敬德事也。②

柱穴是房屋中可以藏匿巫术灵物的地方，许多工匠正是那样做的。在唐人孙光宪的记载中，已经出现了在柱穴中安放偶人，而偶人却化为美女迷惑小京官张某的记载：

> 唐文德中，小京官张寓苏台，子弟少年，时在丈人陆评事院

---

① （金）无名氏撰，金心点校：《湖海新闻夷坚续志》，中华书局1986年版，第232页。
② （宋）龚明之撰，孙菊园点校：《中吴纪闻》，上海古籍出版社1986年版，第22页。

往来，为一美人所悦。来往多时，久而心疑之，寻病瘵。遇开元
观吴道士守元，曰："子有不祥之气。"授以一符，果一冥器婢
子，背书"红英"，在空舍柱穴中。因焚之，其妖乃绝。闻于刘
山甫。①

　　这则材料特别值得一提，因为偶像伤害术的特征是将偶人视为将要诅
咒的对象，然后再施行各种巫术。而婢子"红英"显然是由木偶幻化而
来的精灵，也就是说，这种巫术背后的原理不全是弗雷泽所说的交感巫术
原理，而是变形原理。事实上，有学者已经尖锐地批评过弗雷泽："在这
个问题上，弗雷泽很武断，他毫不怀疑他的法则，并认为没有任何的例外
可言。感应是巫术既充分又必要的特征，所有的巫术仪式都是感应的，而
所有的感应仪式也都是巫术仪式。"② 当然，婢子和美女之间确实受相似
律的制约，但婢子迷惑张某，其间经历了变形的过程，而这种过程显然是
巫术的巫力发挥作用的结果。在宋以后所记载的工匠巫术中，出现的偶人
精灵也同样经历了变形的过程。材料中小京官张某的遭遇并未言明是建房
工匠匿物所导致的，但却存在着这种可能，因为柱穴为房中极隐蔽之处，
一般的巫师将灵物置于其中的可能性不大。
　　宅中有妖异之说，已经成为古人的噩梦。宅之妖异的起源，可能是宅
中之物日久为怪，或是宅之外的精怪闯入宅中为患，更为奇妙的是，人们
对妖异兴起的原因有时根本无从解释。《幽冥录》引《太平广记》卷三百
五十八曰：

　　　毕修之外祖母郭氏，尝夜独寝，唤婢，应而不至。郭屡唤犹尔。
后闻蹋床声，郭厉声呵婢，又应诺诺不至。俄间屏风上有一面如方
相，两目如升，光明一屋。手掌如簸箕，指长数寸，又挺动其耳目。
郭氏道精进，一心至念，此物乃去。久之，婢辈悉来，云："向欲

① （宋）孙光宪著，林青、贺军平校注：《北梦琐言》，三秦出版社2003年版，第
162页。
② ［法］马塞尔·莫斯：《巫术的一般理论　献祭的性质和功能》，杨渝东译，广西师范大
学出版社2007年版，第43页。

应，如物镇压之者。体轻便来。”①

孔子所说的木石之怪“魍魉”也是传说中的宅妖之一。《坚瓠秘集》卷二“宗阳宫魍魉”载：

《北墅手述》：武林宗阳宫中祀玉帝，庑下雷公电母灵不可犯。明时有数书生读书宫后，一生有胆力，雷雨晦明之夜，众谓之曰：“若能于此时将一红纸裹投于闪电娘子金钹内，明日当以盛馔醉汝。”生曰：“诺。”移时而返，曰：“纸裹投矣。吾转至殿角，见一魍魉凭檐而立，叱让道，彼若不闻。吾以老拳挥彼，正中其腰，拳直透腹，竟似击絮，觉腹中肠胃若有若无。急掣拳猛喝，彼忽隐去。”众哗笑以为诞。明旦众起涤面，生揎臂见右臂黝似髹漆，众皆骇异，始信其然。月余，生臂渐褪皮，逾年始复。②

郭氏、婢女以及书生的遭遇可谓是有惊无险，而宅中妖异导致人亡的传说却也不在少数。《秋灯丛话》卷一“白须叟怪”载：

桐城方监司熺，雍正初被议，侨寓临清。人以室多怪异告，弗信之。居载余，毫无见闻。有戚萧某，自南来访，设榻厅舍，观书至夜分，将就寝，蓦见一须叟，方中阔服，昂然而入。甫欲通问，叟辄举手拱揖，遂噤不能出声。叟造几前，取书从客翻阅，至得意外，击节称赏。竟数页，一垂髫童子捧茶至，叟执杯略让，旋自饮。饮讫，袖微拂，童子俯首趋进，叟以拳击其顶，童子即蹈空而旋，捷如车轮，每一击，则应手而转，闪烁夺目，后转益疾，第觉凉风飕飕，砭肌肤，萧已颓然入梦境矣。天明仆起，见萧昏卧，唤之乃苏。其宅后亦无他异。萧归，岁余殁。③

① （南朝宋）刘义庆撰，郑晚晴辑注：《幽冥录》，文化艺术出版社1988年版，第96页。

② （清）褚人获集撰，李梦生校点：《坚瓠集》《清代笔记小说大观》，上海古籍出版社2007年版，第1930页。

③ （清）王槭著，华莹校点：《秋灯丛话》，黄河出版社1990年版，第30页。

宅中妖异作怪，以莫名其妙之举动魔魅于人，迷惑人的心智，最终夺人性命。从纪晓岚和他的老师对于凶宅之说的深信不疑，可以窥见宅中妖异在时人思维中投下的巨大阴影。纪晓岚严肃地写道：

> 辛卯夏，余自乌鲁木齐从军归，僦居珠巢街路东一宅，与龙桌司承祖邻。第二重室五楹，最南一室，帘恒飚起尺余，若有风鼓之者，余四室之帘则否。莫喻其故。小儿女入室，辄惊啼，云床上坐一肥僧，向之嬉笑。缁徒厉鬼，何以据人家宅舍，尤不可解也。又三鼓以后，往往闻龙氏宅中有女子哭声；龙氏宅中亦闻之，乃云声在此宅。疑不能明，然知其凿然非善地，遂迁居拓南先生双树斋。后居是二宅者，皆不吉。白环九司寇，无疾暴卒，即在龙氏宅也。凶宅之说，信非虚语矣。先师陈白崖先生曰："居吉宅者未必吉，居凶宅者则无不凶。如和风温煦，未必能使人祛病；而严寒渗厉，一触之则疾生。良药滋补，未必能使人骤健；而峻剂攻伐，一饮之，则洞泄。"此亦确有其理，未可执定命与之争。孟子有言："是故知命者，不立乎岩墙之下。"①

当然，宅中妖异之类也未必尽是恶类。有人就曾遇怪而得福报。《坚瓠广集》卷三"梁间老叟"载：

> 崇祯中，慈仁寺僧坐毗卢阁下，闻楹间有人语渐哗，蹑梯窥之，有男女数人，长止尺许。一老叟出，谓僧曰："吾辈本居深山，思睹帝里之胜，携家而来，暂栖于此。师毋见迫，不久当去，师勿露，必有以报也。"居数日，僧复闻哗如前。又问之，叟曰："吾归矣。师可俟我于郭外某处。"僧如言候之，不见，倦卧于道左，觉而探怀中得千钱焉。昔金之将南迁也，有狐舞于宣华殿。元将亡，狐从端明殿

---

① （清）纪昀撰，董国超标点：《阅微草堂笔记》，重庆出版社2005年版，第171—172页。

出。此殆其类乎?①

也有的怪异事件对宅主既未为祸，也未为福，只是作为一种神秘现象为民众所传说。《坚瓠秘集》卷五"沈家怪异"：

> 《广闻录》：万历甲寅七月，阊门外下塘治坊沈廷华家，初有三足蟾蜍一只，头三角，角红如丹瑚，缘墙行走。俄墙下地裂，走出数十人，并长六七寸，或老或少，或好或丑，或乌纱绛袍，或角巾野服，或垂白寡发。群众驱逐，薄暮忽跳跃四散而隐。明日，家人晨起，忽见墙上幻出五色彩画，宛然金碧山水。次日，换青绿山水。越日，又换诸细巧人物故事，或染麒麟望月，或写丹凤朝阳。一日，见两仙人坐树下围棋。一日，忽见衣锦婴儿捉少妇衣襟而立，观者以爪触伤妇颊，血出如缕。如是累月，符咒多方不能治。《说储》载：嘉靖中瞿元立曾见一三足蟾蜍，取贮缸中，翌日视之，遁去矣。②

宅中的种种妖异之说，无疑和前朝传说、夜间梦寐等有关联。而民众为了应对妖异，使宅居清宁而无祸端，相应地镇宅祈福的巫术也就开始应运而生，日趋发达。这是属于积极的一面。消极的一面在于，建房工匠恰恰借着宅异或凶宅之说，将其作为实施"建房工匠匿物主祸福"巫术的有利文化势力。也就是说，宅之吉凶，宅之妖异的社会信仰，正是"建房工匠匿物主祸福"巫术的社会文化语境的构成要件之一，也是一种文化动力。有了这种文化动力，建房工匠才有了可以依凭的文化传统。于是，房屋这一人类居住的空间，成了建房工匠大显身手的场所；这一场所成了一个弥漫着巫术气息的空间。

"建房工匠匿物主祸福"巫术的施术方法显然和唐以来的镇宅法密切

---

① （清）褚人获集撰，李梦生点校：《坚瓠集》《清代笔记小说大观》，上海古籍出版社2007年版，第1680页。

② 同上书，第1996页。

相关。从敦煌文献的记载来看，唐五代至宋期间，敦煌地区曾广泛盛行镇宅巫术。P. 2765《大唐和八年甲寅岁（843）具注历日》：

> 正月十三日："加冠、修宅、起土、治井灶碓磑、治病、书符、解除吉。镇宅。"① 二月十三日："入财、治井灶、移徙、入宅、起土、竖柱、镇宅。"② 三月二十八日："祭祀、加冠、拜官、入学、修宅、治病、〔作〕井灶、入舍、竖柱、镇宅吉。"③

镇宅已经成为社会上民众间盛行的一种巫术行为，人们对镇宅巫术的信仰已经超越了地位、身份的界限，镇宅巫术的效应已经对生活造成了严重的影响。P. 3281《六十甲子历》：

> 癸卯姓苏字他家，正月除，……镇宅吉；甲辰姓孟字非卿，正月满，……作鸡牺、镇宅吉；乙巳姓唐字文章，正月平，……作厕、镇宅吉；丙午姓魏字文公，正月定，……镇宅凶，煞妇人及女子；丁未姓石字叔通，正月执，……镇宅凶，煞妇人及女子；戊申姓范字百阳，正月破，……镇宅吉，封王侯，得财物；……辛亥姓左字子行，正月收，……镇宅吉；……甲寅姓明字文章，正月建，……镇宅大凶；乙卯姓戴字公阳，正月除，……镇宅大凶；丙辰姓霍字叔墓，正月满，……镇宅大富。④

镇宅的吉凶关乎人本身的平安，镇宅得吉，可令宅主加官晋爵、财运亨通。特别需要指出的是，敦煌文献中出现了大量将巫术灵物埋于宅居范围之内，从而实现镇宅求吉目的的记载。敦煌镇宅巫术所使用的石包括了赤、黄、黑、青、白等不同的颜色，还有未作出说明的其他石类。P. 3594 所记《用石镇宅法》：

---

① 邓文宽：《敦煌天文历法文献辑校》，江苏古籍出版社1996年版，第143页。
② 同上。
③ 同上。
④ 陈于柱：《敦煌写本宅经校录研究》，民族出版社2007年版，第168—169页。

凡人居宅处不利，有疾病逃亡耗财，以石九十斤镇鬼门上大吉利
艮是也。人家居宅以来，数亡遗失，钱不聚，市买不利，以石八十斤
镇辰地大吉。居宅以来数遭兵乱□口舌，年年不饱，以石六十斤镇大
门下吉利。①

此外，P. 793 中的《厌釜鸣法四三十二》："又妨六畜，用黑石斤
埋子地。"② 以石头镇宅求吉不仅出现在敦煌文献中，在其他文献中也
多有记载。如《太平御览·地部十六·石上》：《毕万术》曰："埋石
四隅，家无鬼。（取苍石四枚及桃七枚，以桃弧射之，乃分置四隅，
无鬼殃。）"③《遵生八笺》卷六引《七签》曰："除日，掘宅四角，
各埋一大石为镇宅。主灾异不起。是日，取圆石一块，杂以核桃七
枚，埋宅隅，绝疫鬼。"④ 用石镇宅巫术源于古人的石崇拜观念，而在
有的情况下，石头被与其他巫术灵物混合在一起使用。敦煌文献
P. 4667va 记载：

南方以黑石一枚，重十一斤，大豆一升，埋南墙下大吉。东
方以白石一枚，重十二斤，白米一升，埋东墙下大吉良。西方以
赤石一枚，重十斤，赤小豆一升，埋西墙下大吉良。北方以雄黄
五两，黍米一升，埋北墙下大吉良。庭中以青石一枚，重十斤，
青米一升，埋中庭下大吉良。桃板九斤朱沙（砂）射书。已上用
方镇之，宜人及下钱六畜财物等，人世世安乐吉庆，无人病痛死
亡，大吉利。⑤

这些貌似零碎的镇宅物的使用，对于巫术的实施者和接受者而言，事
实上都具有其作为巫术灵物的特性，而不是随意用之。镇宅巫术灵物的使

① 陈于柱：《敦煌写本宅经校录研究》，民族出版社 2007 年版，第 169 页。

② 同上书，第 170 页。

③ （宋）李昉等撰：《太平御览》，中华书局 1960 年版，1998 年重印第一册，第 205
页。

④ （明）高濂：《遵生八笺》卷六，文渊阁四库全书本。

⑤ 陈于柱：《敦煌写本宅经校录研究》，民族出版社 2007 年版，第 189 页。

用遵循了东南西北中五方的空间观念,巫力所建构的,是一个各方皆吉的
居住空间。唐代还出现了用铁镇宅的巫术信仰。《太平广记》卷一百四十
四"温造"条记载:

> 新昌里尚书温造宅,桑道茂常居之。庭有二柏树甚高。桑生曰:
> "夫人之所居,古木蕃茂者,皆宜去之。且木盛则土衰,由是居人有
> 病者,乃土衰之致也。"于是以铁数十斤,镇于柏树下。既而告人
> 曰:"后有居,发吾所镇之地者,其家长当死。"唐大和九年,温造
> 居其宅,因修建堂宇,遂发也。得桑生所镇之铁,后数日,造果卒。
> 出《宣室志》。①

五行的平衡和宅中之人的健康之间有着直接的相关,而桑生的诅咒发
挥了效应,咒语、巫术灵物、施咒者和受害之间存在着传染的原理。敦煌
文献及唐代相关文献对埋巫术灵物之类的镇宅巫术的记载,无疑和"建
房工匠匿物主祸福"巫术之间有着巫术模式上的渊源关系。这类巫术曾
被道士以及一般民众所掌握,成为构成巫术信仰的社会文化语境的一股重
要力量。

第三节　巫术作为工匠与雇主间博弈的资本

我们可以肯定的有关"建房工匠匿物主祸福"巫术滥觞的确切时期
应当定在宋代。南宋时期的洪迈在《夷坚志》中记载的"常熟圬者"一
条说:

> 中大夫吴温彦,德州人,累为郡守,后居平江之常熟县。建
> 房方成,每夕必梦七人,衣白衣,自屋脊而下。以告家人,莫晓
> 何详也。未几,得疾不起。其子欲验物怪,命役夫升屋,撤瓦遍
> 观,得纸人七枚于其中,乃圬者以佣直不满志,故为厌胜之术,
> 以祸主人。时王显道□(日,夬。左右结构)为郡守,闻之,尽

---

① (宋)李昉等编:《太平广记》,中华书局1961年版,1998年重印第三册,第1035页。

捕群匠送狱，皆杖脊配远州。吴人之俗，每覆瓦时，虽盛署，亦
遣子弟亲等其上临视，盖懼此也。吴君北人，不知此，故墮其
邪计。①

工匠建房时在瓦下藏匿的纸人夜间变形为怪，致使主人得疾，我们再
一次发现了模拟物变形的巫术例证。而且这种黑巫术还受到了官方的严厉
制裁。从中我们也可以知道，这种巫术在吴人中已经广泛流行了。这一巫
术事件经过是：工匠在瓦下埋七枚纸人（施行巫术）——吴温彦每天在
夜间梦见七枚纸人却不知缘由，于是生病（巫术发挥作用）——发现巫
术灵物（巫术被禳解）——工匠受到惩罚（巫师付出代价），事件的最终
谜底是在结尾才得到揭示。许多工匠巫术事件或传说也是按这样的基本范
式来叙述的。

明代关于"工匠匿物"巫术的记载更加丰富，而且这一巫术的社会
影响达到了顶峰。像《便民图纂》、《农政全书》这样通行于民间的民众
生活指导手册，已经记载了破解"工匠匿物"中的黑巫术的方法。《农政
全书》说：

凡卧室内有魇魅捉出者，不要放手，速以热油煎之，次投火中，
其匠不死即病。又法，起造房屋于上梁之日，偷匠人六尺竿，并墨
斗，以木马两个，置二门外，东西相对。先以六尺竿横放木马上，次
将墨斗线横放竿上，不令匠知。上梁毕，令众匠人跨过，如使魇者，
则不敢跨。②

"油煎魇魅物"的惩罚行为，其背后的巫术原理仍然是魇魅物和工匠
之间在巫术力量上无法割断的传染关系，神秘的巫力将魇魅物和工匠联系
在一起，对魇魅物的惩罚就能制裁工匠。关于使用六尺竿、木马、墨斗来
检验工匠的巫术法则，涉及了两方面的内容：其一是工匠的工具所具有的
特性；其二是工匠与其工具之间的联系。工匠对工具的长期使用，使得工

---

① （宋）洪迈撰，何卓点校：《夷坚志》，中华书局1981年版，第452页。
② （明）徐光启：《农政全书》，中华书局1956年版，第871页。

具在巫术中也成为了灵物,特别是墨斗线,在古代文化的积淀中已经具备了正义力量的属性,它的功用首先是建造技术意义上的"正"和"直",由此衍生的是巫术意义上的辟邪功能。清人俞樾著作中所说的正是这一原理:

> 木工、石工所用之墨线,古谓之绳墨。《记》云:"绳墨诚陈,不可欺以曲直"是也。然权衡规矩,皆不足辟邪,惟木工、石工之墨线,则鬼魅畏之,其故何也?邪不胜正也。《管子·宙合篇》曰:"绳扶拨以为正。"东晋《古文尚书》曰:"木从绳则正。"《淮南·时则篇》曰:"绳者,所以绳万物也。"高诱注曰:"绳,正也。"鬼魅之畏墨线,畏其正耳。慈溪西门外曾有僵尸,夜出为人害。一夕,有木匠数人登城,隐女墙窥之。果见棺中有僵尸飞出,其行如风。匠人伺其去远,乃至其处,以墨线弹棺四周,复登城观其反。俄而僵尸还,见墨线痕,不敢入,徘徊四顾,如有所行见者然。俄见墙上有人,踊跃欲上。众匠即以墨线弹女墙,尸遂不能上。相持至天明,仆于地,乃共焚之。①

墨斗线"正物"、"绳万物",甚至在传说中用于制伏恐怖狰狞的邪物——食人僵尸,那么,它被用于考验工匠"心术"正否也是自然的了,因为墨斗线可以"绳万物",自然可以"绳工匠"。民众运用工匠所使用的工具来实施反巫术仪式的活动在《秋灯丛话》卷二"匠役厌胜之术"中也有记载:

> 余家有祖遗公宅一区,凡族人寓其中者,不数年即贫乏他徙。后倾圮拆毁,梁隙间有木寸许,镂两马架车向檐外作奔驰状,御者鞭其后,乃知为匠役厌胜之术也。或谓营造将落成时,取锯木行马,立大门左,架以丈木,置斧头一柄于其下,逼令众匠跨之,即可解。然而

---

① (清)俞樾:《右台仙馆笔记》,上海古籍出版社1986年版,第155—156页。

斧顺木师所手持者方效，未知信否？①

正如笔者曾强调的那样，这些彼此关联的事物之间，绝不是文学意义上的相似，而是事物之间存在了布留尔所说的神秘互渗。工匠的工具甚至是在巫术仪式中受到祭祀的神灵。云南大理市洱海西岸才村一带的白族工匠在祭祀木神的仪式中，同时要祭祀尺及墨斗。他们在象征木神的"圆木大吉"神位两边立上"尺京童子"和"墨斗仙官"的神位，所祭祀的工具神显然是具有神格的。② 性质相近的工具神祭祀也在云南楚雄吕合一带彝族工匠的建房巫术祭祀中进行。当地红村在民国时期曾通行一种工匠巫术知识，即木匠可以通过巫术仪式惩罚偷盗工具的人。木匠发现工具被偷后，备下三张红纸，分别在每张红纸上依次写下：

> 赐封鲁班仙师鲁国公输子之神位
> 曲尺童子之神位
> 墨斗郎君之神位

然后将三个神位放于盛满米的米斗之中，杀鸡以鸡血祭祀。随后将墨斗线绕于木马之上，用斧头在木马上敲墨斗锥，口中念道："速还！速还！"木匠和村民都深信这样即可令偷工具的小偷头痛欲裂。小偷必须提肉来谢罪，并将肉挂在木马上，才能解咒。③ 在巫术仪式中，曲尺和墨斗都有相应的神格，通过对祖师的工具神的祭祀，加以诅咒，小偷就会受到惩罚。工具不但具有神格，还有木匠将其用于"工匠匿物"巫术中用于报复雇主。湖南湘西的民间木匠将一把用过很久、准备废弃的凿子悄悄涂上自己的鲜血，诅咒之后，将它藏在雇主屋内的某个角落。因为木匠相信多年以后，这把受过诅咒的凿子就会变成妖怪来祸害雇主。④ 工匠的工具

---

① （清）王椷著，华莹点校：《秋灯丛话》，黄河出版社1990年版，第30页。

② 吕大吉主编，何耀华等编：《中国各民族原始宗教资料集成：彝族·白族·基诺族卷》，中国社会科学出版社1996年版，第748—749页。

③ 被访谈人：李佐春，75岁，男，彝族，当地著名木匠。访谈地点：云南楚雄红村。访谈时间：2008年7月25日。

④ 田茂军：《湖南湘西的民间工匠及其现状》，《民俗研究》1998年第4期，第41页。

被作为神来祭祀，也被作为将要变成妖怪的巫术灵物来使用，工匠和工具之间存在着巫术意义上的密切联系。①

《农政全书》和《便民图纂》记载的"油煎魇魅物"法，不但在明代是一种生活知识，且对清代的民间生活也起到了指导作用。

> 吴有富商，倩工造舟，供具稍薄疑，工必有他意。视工将起，夜潜伏舟尾听之。工以斧敲琢曰："木龙，木龙，听我祝词。第一年，船行，得利倍之；二年，得利十之三；三年，人财俱失！"翁闻而识其言，初以舟行商，获利果倍，次年亦如言，遂不复出。一日，破其舟，得木龙，长尺许。沸油煎之。工在邻家，登时疾作，知事败，来乞命。复煎之，工仆地，舁归而绝。凡取厌胜者，必以油煎。见《便民图纂》。②

木工对木龙进行诅咒之后藏匿，就可以支配舟主的命运。值得注意的是，"工匠匿物"巫术中出现了咒语，而木工和他所藏匿的木龙之间受到弗雷泽提出的接触律的支配——巫术灵物受到油煎，木工立即毙命。在谢肇淛这样的文人看来，"工匠匿物主祸福"巫术纯粹是无稽之谈，不足为信。他在《五杂俎》中说：

---

① 一则名为《杨木匠的曲尺》的传说体现出木匠对工具的崇拜。传说称，有一个叫杨发展的木匠，家住曲石街上。一天，杨木匠拿起行头，外出帮人做木活，行至小回街，忽然天昏地暗，狂风呼啸，雷鸣电闪，大雨倾盆而下，他踉踉跄跄地向附近的一块岩石跑去，躲在大岩石下，风被阻了，雨被隔了，杨发展看了看顶上的大岩石，自言自语道："好险哪，这块岩石可不能再压下来了。"话音刚落，只听得轰隆一声巨响，大岩石猛塌下来，急得杨发展忙用量木尺去顶，落下来的岩石虽然被顶住了，那把量木尺子却被压成了一柄曲尺。一天、两天、三天过去了。村里的人不见杨木匠回来，便分头去寻："杨发展，杨发展，你在哪里？"杨木匠在岩石下听得分明，忙应声道："我在这里，我在这里。"众乡亲忙撬开岩石，救出了杨木匠，都说木匠的曲尺是个宝，造房子顶天立地不会倒。从此，木匠师傅都用曲尺了。见毕坚著：《腾冲的传说》，德宏民族出版社1986年版，第182页。此外，云南通海流传的关于张果老试鲁班技艺的传说中，也出现了鲁班用直尺撑桥而使得尺子变为曲尺的内容。杨立峰：《匠作·匠场·手风——滇南"一颗印"民居大木匠作调查研究》，同济大学博士学位论文，2005年12月，第107页。刘辉豪、孙敏主编：《云南蒙古族民间文学集成》，云南人民出版社1988年版，第61—65页。

② （清）褚人获：《坚瓠集》（第四册之余集），浙江人民出版社1986年版。

　　木工于竖造之日，以木签作厌胜之术，祸福如响。江南人最信
之，其于工师不敢忤嫚。历见诸家败亡之后拆屋，梁上必有所见，如
说听所载，则三吴人亦然矣。其他土工、石工莫不皆然，但不如木工
之神也。然余从来不信，亦无祸福。家有一老木工，当造屋时，戏自
诩其能，余诘之曰："汝既能作凶，亦当能作吉。屋成能当令永无鼠
患，当倍以十金奉酬。"工谢不能也。大凡不信邪，则邪无从生。①

　　谢氏虽然标榜其属于不信邪的异类，但他的记载表明"建房工匠匿
物主祸福"巫术在江南、三吴一代拥有广泛的信众。对于巫力而言，木
工较之土工和石工巫力更为强大。谢氏机智地揭穿了老木工的底牌，但这
并不影响巫术信仰的继续存在和蔓延，当一种信仰已经根深蒂固，除非在
思想界、科技界取得重大的突破和广泛的支持，否则是不会得到有效遏制
的。同时，"谁都知道的事实，乃是人类的记忆对于积极的证据永远比消
极的强。一件成功可以胜过许多件失败。所以证实巫术的例子永远比反例
来得彰明较著"。② 所以房主对建房工匠是不敢怠慢的。这里也透露出一
个信息，即由于"工匠匿物主祸福"巫术的存在，对房主而言是一种潜
在的威胁力量，而对工匠而言，则是一种树立权威，维护利益的有力手
段。杨穆记载于《西墅杂记》的三则传说中的巫术也是对于相似律的运
用：其一，夜间听见屋室中不停地传来角力声，知道有怪异，无数次地进
行巫术禳解却没有效果。无奈将房屋授予他人，房屋被拆毁之后，发现梁
间有两个裸体而披头散发的木刻小人在相互角力；其二，皋桥有一户姓韩
的人家，自从营造新房以来，四十多年的时间里家中不断有人死丧，后来
因为风雨毁坏了墙壁，发现墙中藏有一块用方砖盖着的孝巾，其巫术意义
是"砖戴孝"（专戴孝）；其三，常熟县有一户人家建了一座新屋之后，
两三代人所生的女儿都不守贞洁，原来是工匠在椽间安放了木人，作三四
个男子勾引女子的情景，房主急忙将木人拿掉，其家中女子才开始清白

---

　　① （明）谢肇淛：《五杂俎》，世纪出版集团、上海书店出版社 2001 年版，第 112 页。
　　② ［英］马林诺夫斯基著，李安宅译：《巫术科学宗教与神话》，中国民间文艺出版社 1986
年版，第 70 页。

守洁。①

这些巫术事件无论有多么的不可思议，却毕竟是发生在民间，影响有限。在明初，发生了与汉代"巫蛊之祸"相似的大规模巫术事件，因为这次"建房工匠匿物主祸福"巫术直接牵涉到九五之尊的明太祖朱元璋。《明史·列传第二十六·薛祥》记载：

> 八年，授工部尚书。时造凤阳宫殿。帝坐殿中，若有人持兵斗殿脊者。太师李善长奏诸工匠用厌镇法，帝将尽杀之。祥为分别交替不在工者，并铁石匠皆不预，活者千数。营谨身殿，有司列中匠为上匠，帝怒其罔，命弃市，祥在侧争曰："奏对不实，竟杀人，恐非法。"得旨用腐刑。祥复徐奏曰："腐，废人矣，莫若杖而使工。"②

明太祖在明朝初建、战事方息的情况下，是极有可能产生幻觉的，幸亏薛祥仁厚，力谏之下才令一部分工匠得以幸免。民国柴小梵对此事非常感叹，他在《梵天庐丛录》中写道：

> 《续通典》：明太祖洪武八年，凤阳宫殿成。太祖坐殿中，若有人持兵斗殿脊者。李善长奏，诸工匠用厌镇法，太祖将尽杀之。工部尚书薛祥为分别交替不在工者，并铁石匠，皆不与，活者千数。今民间建屋，犹有镇厌之说。工匠不惬其主人，即施此伎俩，以图阴害，实则事等儿戏，绝无影响。不图明初竟以此兴大狱，抑亦堪以解颐矣。③

可是对于"建房工匠匿物主祸福"巫术深信不疑的明太祖而言，凤阳宫殿的巫术事件却纠缠于他的意识中，令他无法释怀。他在诏书中两次提及这件事：

---

① 参见刘桂秋：《工匠"魇镇"——顺势巫术之一例》，《民俗研究》1989 年第 3 期，第 92 页引文。

② 章培恒、喻遂生分史主编：《明史》，汉语大辞典出版社 2004 年版，第 2086 页。

③ （民国）柴小梵：《梵天庐丛录》，山西古籍出版社、山西教育出版社 1999 年版，第 1130 页。

《免河南等省、扬州、池州、安庆、徽州税粮诏》：前者兵征四方，军甲伇吾民备之。即今天下平定，正当使民乐，其乐而生，其生实朕之本意也。奈何工匠之徒厌镇宫殿，致使土木之工复兴，俞劳繁重，内郡多被艰辛。其余外郡，转运尤难，朕于今年四月二十五日敕中书下户部，使之度出几何，量入几何。对云：官军足食，可三二年。于是诏令河南、北平等省，直隶扬州等府，悉将今年民间夏秋税粮尽行蠲免。所有事宜，开列于后。……①

《奉迎社稷祝文》：曩者建国之初，立神坛于此，其官殿城垣一切完备。后因工匠厌镇，百端于心，弗宁。复命工兴造宫室，亦已完备。于社稷之思，想必有厌，故将神坛建于午门之右。工既完成，理合奉迎安祭。谨告神其鉴之尚飨。②

从文中我们可以看到明太祖对施行厌镇巫术的工匠十分厌恶，并且为此重兴土木。为了应对工匠在重建中再次厌镇，他将供奉社稷之神的神坛建在午门之右。一种在现代人看来是迷信中的雕虫小技，甚至对于古代如谢肇淛这类不信邪的人而言也属于无稽之谈的迷信，却牵动了一代帝王的心，如同魔障，对他个人的生活产生了负面影响；工匠又因此丧命，重兴土木，劳民伤财。

清代笔记记录了大量关于"建房工匠匿物主祸福"巫术的事件，其中有不少记叙翔实，情节生动，结构完整，是考论巫术的重要材料。纪昀在笔记中说，他家族内三代人中都有人受害于工匠藏于楼角中的魇魅物，所以患上了心慌失眠的疾病：

伯祖湛元公、从伯君章公、从兄旭升，三世皆以心悸不寐卒。旭升子汝允，亦患是疾。一日治宅，匠睨楼角而笑曰："此中有物。"破之则甓砖如小龛，一故灯檠在焉。云此物能使人不寐，当时圬者之魇术也。汝允自是遂愈。丁未春，从侄汝伦为余言之。此何理哉？然

① （明）姚士观等编校：《明太祖文集》卷一，文渊阁四库全书本。
② （明）姚士观等编校：《明太祖文集》卷十七，文渊阁四库全书本。

观此一物藏壁中，即能操主人之生死。则宅有吉凶，其说当信矣。①

如纪昀这样的大学者，同样相信巫术的真实效应，特别是当巫术的受害者就是他的亲人，更加强化了他的意识。木灯檠为怪这一传说的由来当在清代以前。因为在金朝时的笔记中就有了记载。《湖海新闻夷坚续志·后集卷二·怪异门·物怪·木灯檠怪》：

> 甘渡巡把宋潜，招赵当训其子弟。静夜赵独坐观书，忽见美妇人立灯下，唱曰："郎行就不归，妾心伤亦苦。低迷罗箔风，泣背西窗雨。"遂灭灯趋赵就寝，曰："妾本东方人，鬻身于彭城郎，今郎观光上国，妾岂可孤眠暗室！"赵纳之。天明而往，夜则又来就赵赀，生怪之，具告其父，潜往观之。赵大呼，遂以手抱之，甚细，视之，乃一木灯檠，焚之，其怪遂灭。②

淄川官员孙明经所讲述的经历说，他曾受害于魇魅之术，他的自述被袁枚记录下来：

> 淄川高念东侍郎元孙明经某，自言其少时合卺后，得头眩疾，辄仆地不知人事。数日后，耳边渐作声，如曰："勒勒。"又数日，复见形，依稀若尺许小儿。自是日羸瘦，不能起床。家人以为妖，延术士遣之。不效，乃密于床头藏剑。病瘥时，每间小儿由塌前疾趋木几下即灭，遂以铜盘盛水置几下。一日午寝方觉，见童子至，以剑挥之，辖然堕水中。家人于铜盘内得一木偶小儿，穿红衣，颈缠红丝，两手拽之作自勒状。乃煅之，妖遂绝。后相传里中某匠，即于是日死。盖明经入赘时，其岳家修葺房宇，匠有求而不遂，故为是厌魅术。术破，故匠即死。然自是明经病骨支离，不能胜步履。明经家故有园亭，一日值月上，扶小仆至亭。至，即命仆归内室取茶具。邻旧有女，笄而美，明经故识之。自是女伺仆去，即登墙而望，手持茗

---

① （清）纪昀：《阅微草堂笔记》，世纪出版集团、上海古籍出版社2005年版，第89页。
② （金）无名氏撰，金心点校：《湖海新闻夷坚续志》，中华书局1986年版，第232页。

碗，冉冉自墙而下，至亭内置茶几上，谓明经曰："知君渴，愿以奉君。"明经疑其怪，且旧病未复，力促之去。女曰："君领此，妾当去耳。"少顷，闻小仆来，女忽不见。会视几上碗茶，惟一桑叶，贮一撮土而已。嗣后每逢帘波昼静，清夜月明，女辄至，谈论间颇有慧心。明经自以新病初起，刻自把持，女亦不甚干于亵狎。其容姿意态，长短肥瘦，一日间可以随心变易。故明经始虽疑之，久亦乐得以为谈友，不复问其所自来也。女往来行迹，人不能见，未至时觉举座冷气逼人。明经一日梦与夫人为欢，醒觉乃即女。明经知为其术所幻，然欲强留之，女遽揽衣下床，大笑而去。摄其衣，如纸，瑟瑟有声。后明经得导引之法，女遂绝迹。①

　　明经受害于工匠所藏的木偶人，其源头自然是自商朝无道之帝武乙这类的偶像伤害术。这则巫术事件的叙述遵循了这样的叙述范式：工匠为明经的岳父修葺房宇时，对岳父有所求却没有得到满足（巫术事件的起因）——（施行巫术）将穿红衣，颈系红丝，双手作自勒状的木偶小儿秘藏在房中——孙明经得疾，闻"勒勒"声，病寐时见到尺许小儿（巫术发挥作用）——一剑将木偶击落于铜盆中（巫术被禳解）——工匠死去（巫师付出代价）。较之宋代洪迈记载的事件，多出了对原因的叙述，只不过这种叙述是在事件的高潮跌宕之后，才将最终的谜底打开的方式。这种倒叙的范式，无疑是讲述者的常用范式，对于增加吸引力是行之有效的。许多工匠巫术事件或传说也是按这样的基本范式来叙述的。孙明经大概是患了神虚多梦的病症，所以后来又为虚幻美女所迷惑。还应当注意的是，木偶尺许小儿变形而成的可以走动吓人的尺许小儿——木偶变化成妖怪，其外形并未发生较大变化。

　　所有的材料之中，大概没有比《听雨轩笔记》中所记载的两则更为精彩了，这两则关于"建房工匠匿物主祸福"巫术的记载，从文学的角度看，无疑是两则经典的微型小说，且来看内容：

　　　　予姑父邱云达先生，向居新市镇之横街。父苍佩翁读而兼估，性

---

①　（清）袁枚：《子不语全集》，河北人民出版社 1987 年版，第 552 页。

素明敏，于事无弗精当者。后慕村居之乐，造别业于东栅中台衖内，移家其中，而翁自造屋。后心渐昏沉，惟事酣睡，询以事，则所答非所问。人以为造屋用心太甚，血减神疲故也。投以药饵，不效。其妻弟王学曾曰："此为工匠所魇也。"令手持明镜，遍索室中，于中门上横枋内觅得片纸，中书一"心"字，而四周以浓墨涂之，如月晕然。王曰："是矣。"若炼以沸油，造魇者当立死，然处之未免太甚。因焚纸于原所，翁疾日以瘳，而造魇之匠，方居肆挥斤，忽一黑圈自空而下，直套其身，即疾癫狂，终生不愈。计其时，即焚纸之候也。

又余杭张姓造一新宅，中夜常见吏役无数，排衙于堂内，一官中坐，诉讼纷纭，若断事状，叱之则隐，少顷复集，至五更始杳。其家讼事大起，经年不休。一日，有所亲自远来，章具酒款之，道及室中怪异事。其人胆气素豪，而工于袖弩，欲亲睹之。因以猪羊血蘸矢端，设榻其处，倚枕以俟。二更后，果有小人数十，长二寸余，自柱间出，未几渐长尺许，为吏为役，分列两行，吆喝之次。一官纱帽蓝袍，自正梁堕下，坐于胡床，言："此处何得有生人气？速擒之以来！"声呖呖类鹡鸰。于是吏役十余辈，奔至榻前，逡巡不敢上。官怒，亲自向前指挥，使众登榻。其人暗发一矢，正中官心，遽倒于地。众惶惶遽奔，至洞间而隐。起身拾识，则寸许木偶耳。纱帽蓝袍，宛如所见。呼主人起而告之。天晓，即使人舁柱起，其下镂空，藏有小木人无数，亦如所见者。又梯视梁间，见梁与枋交缝处有穸在焉，即安所射木人之所也。因召昔日造屋之匠诘之。推以夥（伙）伴所为。主人当匠前付木人于火。匠归，心痛数日死。其后，此屋无他异，讼事亦结云。予以为工匠魇魅之术固可痛恨，然亦由于造屋者待之刻薄而然。语云："谋大事者，不惜小费。"谅哉。①

从邱云达先生之父的遭遇中，我们依然看到了相似律和接触律这样的巫术原理。此外，巫术事件中的施行巫术之法和《鲁班经》所记的一条

① （清）清凉道人编：《听雨轩笔记》，《笔记小说大观》第二十五册，广陵古籍刻印出版社1983年版，第337页。

巫术法则极为相近。① 破解巫术之法也提及了明代《便民图纂》、《农政全书》所记载的方法，可见，作为来自工匠方面的巫术知识和来自民间解除巫术的知识，已经在社会上发挥了效用。对于两种处于博弈关系中的力量——工匠与雇主，以及他们各自所持有的知识——施行巫术的知识和破解巫术的知识，在其社会情境中发生了相互作用。而反巫术的一方，却又表现出恻隐之心，并未采用致使工匠立即死亡的炼沸油法，而是使其得了终生不愈的癫狂症。第二则巫术事件描述的是一场依据相似律、接触律和变形律而展开的戏剧化事件。工匠藏匿的木偶数量多达数十，木偶的造型模拟的是官吏及差役，匿物的位置是将官首之偶置于梁枋交缝处，小吏及差役之偶埋于柱下，埋藏的位置及木偶的制作显然是有秩序的，工匠所阴谋设计的，竟然是一起由木偶变形而成的精怪在夜间上演的诉讼场景。而这一巫术的直接恶果是导致张家常年被诉讼之祸纠缠不清。两则材料的叙述自然也遵循了以下范式：（巫术事件的起因）——（施行巫术）——（巫术发挥作用）——（巫术被禳解）——（巫师付出代价）。从房主诘问工匠的情节，也可以看到事件中谎言的存在。第二则巫术事件中值得一提的还有关于禳解巫术的一些要素：胆量是制伏精怪的首要条件；猪羊血在制胜过程中发挥了作用。而对于那些木偶精灵，他们是会走动的精灵，外形如故。

以木偶、土偶和纸人来施行黑巫术的巫术知识，并非是建房工匠所专有。这一类型的巫术其实在民间生活中曾经一度蔚然成风，为江湖术士所掌握。在蒲松龄的笔记小说中，就有关于江湖术士为敛财而控制偶人在夜间危害他人的描写，其巫术原理与工匠建房巫术中的偶人幻化为精灵、鬼怪之类同属一脉。蒲松龄写道：

> 于公者，少任侠，喜拳勇。力能持高壶，作旋风舞。崇祯间，殿试在都。仆疫不起，患之。会市上有善卜者，能决人生死，将代问之。既至，未言。卜者曰："君莫欲问仆病乎？"公骇然应之。曰：

① 这条巫术方法是：在圆形物中书曰字，注语说："黑日藏家不吉昌，昏昏冈冈过时光，作事却如云蔽日，年年疟疾不离床。藏大门上枋内。"见（明）午荣编，李峰整理：《新刊京版工师雕斫正式鲁班经匠家镜》，海南出版社 2003 年版，第 317 页。

"病者无害，君可危。"公乃自卜。卜者起卦，愕然曰："君三日当死！"公惊诧良久。卜从容曰："鄙人有小术，报我十金，当代禳之。"公自念生死已定，术岂能解；不应而起，欲出。卜者曰："惜此小费，勿悔勿悔！"爱公者皆为公惧，劝罄囊以哀之。公不听。倏忽至三日，公端坐旅舍，静以觇之，终日无恙。至夜，阖户挑灯，倚剑危坐。一漏向尽，更无死法。意欲就枕，忽闻窗隙窸窣有声。急视之，一小人荷戈入，及地则高如人。公捉剑起，急击之，飘忽未中。遂遽小，复寻窗隙，欲遁去。公急斫之，应手而倒。烛之，则纸人，已腰断矣。公不敢卧，又坐待之。逾时，一物穿窗入，怪狞如鬼。才及地，及击之，断而为两，皆蠕动。恐其复起，又连击之，剑剑皆中，其声不耎。审视，则土偶，片片已碎。于是移坐窗下，目视隙中。久之，闻窗外如牛喘，有物推窗棂，房壁震摇，其势欲倾。公惧覆压，计不如出而斗之，遂劐然脱扃，奔而出。见一巨鬼，高与檐齐；昏月中，见其面黑如煤，眼闪烁有黄光；上无衣，下无履，手弓而腰矢。公方骇，鬼则弯矣。公以剑拨矢，矢堕。欲击之，则又弯矣。公急跃避，矢贯于壁，战战有声。鬼甚怒，拔佩刀，挥如风，望公刀劈。公揉进，刀中庭石，刀立断。公出其股间，削鬼中踝，铿然有声。鬼益怒，吼如雷，转身复剁。公又伏身入；刀落，断公裙。公已及胁下，猛斫之，亦铿然有声，鬼仆而僵。公乱击之，声硬如柝。烛之，则以木偶，高大如人。弓矢尚缠腰际，刻画狰狞。剑击处，皆有血出。公因秉烛待旦。方悟鬼物皆卜人遣之，欲致人于死，以神其术也。

次日，遍告交知，与共诣卜所。卜人遥见公，瞥不可见。或曰："此匿形术也，犬血可破。"公如言，戒备而往。卜人又匿如前。急以犬血沃立处，但见卜人头面。皆为犬血模糊，灼灼如鬼立。乃执付有司而杀之。

异史氏曰："尝谓买卜为一痴。世之将此道而不爽于生死者几人？卜之而爽，犹不卜也。且即明明告我以死期之至，将复何如？况借人命以神其术者，其可畏尤甚耶！"①

---

① （清）蒲松龄著，于灿英编释：《聊斋志异》，重庆出版社 2002 年版，第 69—70 页。

从蒲松龄的感叹之词来看，术士的巫术方技在社会上拥有相当广泛的信众。同样依据变形原理祸害他人的妖术不仅为江湖术士所用，也是一些心术不正的道士常用的伎俩。《坚瓠余集》卷一"道士妖术"：

> 《闻见厄言》：崇邑金某兄弟，科贡出仕云南，留家住此。一日，有众道士异宋殿祖师到门抄化，金不为礼。道士遗一纸条，夜遂无故火起梁柱间者数次，急救乃息。其家向延蔡某为西宾，蔡携其子同学。一日忽见两子在旁听讲，面貌不异，言语相同，呼之共答，不分真假。蔡计无所出，乃将两子并抱紧束不放。一子忽坠地，急以足踏住，乃是一纸人，尚啧啧有声。释其子，急取持手中，知吐火者定是此物，不付诸火，急投诸水，其怪遂灭。又安丘劳氏亦为此辈遗一纸条，遂化为蛇，夜出淫其仆妇。主人惧而厚赂其道士，求其收去，怪遂灭迹。①

道教流派中有大量茅山法术或符箓咒术之类的内容也不足为怪，因为道教正是在吸收民间巫术性宗教的基础上发展起来的。同时，在道教的发展过程中，道教法术和民间巫术之间的相互影响也一直存在着。正是在这种长期交流互动的历史演变中，建房工匠所施行的巫术系统才日益体现出多样化的色彩。论及道教法术或妖术与民间巫术之间的互动，还可以举一例。《坚瓠续集》卷二"治汤火咒"称：

> 《夷坚志》载：俚巫蹈汤火者多持咒语，其咒云："龙树王如来，授吾行持北方任癸禁火大法。里火星辰必降，急急如律令。"咒毕，手握真武印吹之，用少许冷水洗，虽火烧坏或疮亦可疗，为人拯治辄效。②

民间巫术和宗教类法术或妖术的区别就在后者有着严密的内在文法，

---

① （清）褚人获集撰，李梦生点校：《坚瓠集》，《清代笔记小说大观》，上海古籍出版社2007年版，第2035页。

② 同上书，第1568页。

后者虽然是在前者的基础上发展来的，却日益经典化，自觉性较强。而前者对于后者的吸收则是"凡为人所信，皆为我所用"。所以我们看到了俚巫巫术兼容了佛教、道教和原始巫术的内容，成为一种混合型的巫术。相比而言，民间巫术显得有些不够严密，缺乏独创性而形式粗糙。"建房工匠匿物主祸福"巫术正是一种以原始宗教为主体形态，同时大量吸收了道教法术而形成的巫术系统。

在一些巫术事件中，"建房工匠匿物主祸福"巫术会因巫术施行过程中违反了禁忌而使巫术效应发生逆转，即由致祸变为招福。如《咫闻录》中的记载：

> 周瑞如，籍隶黔中。其家大门久朽败。延匠重修。周刻薄待匠，锱铢较量。匠有算法，合其意好算，不合其意用恶算。匠恨周之刻，将朱漆竹箸数十枝，遍插土上，以土掩之。盖欲其运败，得快意也。方欲咒时，忽仰首见主人在前观视。匠不得已，大声咒曰："一进门楼第一家，旗杆林立喜如麻。人间富贵荣华老，桂子兰孙着意夸。"嗣以后门坏烂，周复延此匠修治，匠思前此几为看破，先为魇魅。遂刻木人一，木马一，碎米一撮，置于门限之内。周于窗棂见之，急出问讯。匠为禹步载指，看见主人，遂噀水而咒曰："叱咄！赤赤阳阳，日出东方。公子封翁，米粟盈仓。与仆毕至，骡马成行。自求多祸，云集千祥。急急如律令敕。"百余年来，竟如匠祝。谚曰："人有千算，不如天算。"正此谓也。①

《鲁班经》记载的藏物主祸福法有其禁忌："凡匠人在无人处，莫与四眼见。自己闭目展开，一见者便用。"②周瑞如显然使工匠在被迫之中违反了禁忌，从而未得祸却得福。同时，咒语的使用起到至关重要的作用。现在我们的讨论触及了一个问题，那就是在国际学术界，通常将巫术

---

① （清）慵讷居士：《咫闻录》，《笔记小说大观》第二十五册，广陵古籍刻印出版社1983年版，第296页。
② （明）午荣编，李峰整理：《新刊京版工师雕斫正式鲁班经匠家镜》，海南出版社2003年版，第316页。

按巫师出于善意或恶意分为黑巫术和白巫术,[1] 但在实际情境中, 这一通则同样受到了质疑。《此中人语》内记载的例子也是驳斥黑、白巫术截然对立之分的证据:

> 凡人家造住宅, 切忌苛刻匠人。吾乡钟氏, 道光中叶骤富, 大兴土木, 轮奂一新, 外人莫测其底蕴。生三子, 卒其二, 遗寡媳不守妇道, 家资暗耗。其幼子, 父母溺爱, 荡检逾闲, 靡恶不作。父没后, 尤肆意花柳。所有家产, 十破其九, 而手头用惯, 不喜食贫, 房屋又大, 一时难寻主顾。同治初年, 将往屋拆御变卖。拆至仪门首, 中间有竹尺一竿, 破笔一枝, 且有白书一行曰: 三十年必拆。屈指计之, 自落成至拆卖, 恰三十一年尔。又大团盛氏为南邑首富。相传其祖上造屋时, 一日见水木匠耳语。留心察之, 见泥水匠做一小泥孩, 木作头做一小木枷, 将枷套泥孩顶上。遂诘之。两人齐对曰: "此枷乃四方四一家也!" 因不复问。厥后大团镇上, 总推盛氏为首屈一指。盖匠人虽欲使伎俩, 而口彩颇好, 遂反凶为吉云。[2]

巫术本来就存在着许多自相矛盾的内容, 在实际的情境中, 施术的原初目的并不会始终得到实现, 于是巫术在违反禁忌之后, 加上某些施术要素的变更, 巫术的效应背叛了施术者的原初目的, 那么无论把这种巫术称为白巫术还是黑巫术, 显然都是不妥当的。我们已经发现了分类的缺陷, 如果我们仍然固执地坚持两分法, 坚持非此即彼的二元论, 将看不见任何的进展。在黑巫术和白巫术的二分法之间加注相对和逆转两个要件是必要的。

明代的《遵生八笺》罗列出大量的 "建房工匠匿物主祸" 巫术及其相应的禳解方法, 从中可见种类巫术的五花八门以及其背后的巫术原理:

> 方隅土木等神, 其祭文曰: 兹者建造屋宇, 其木、泥、石、绘画

---

① 李安宅编译:《巫术与语言》, 上海文艺出版社 1988 年版。

② (清) 程趾祥:《此中人语》,《笔记小说大观》第二十四册, 广陵古籍刻印出版社 1983 年版, 第 218—219 页。

之人，所有厌镇咒诅不出。百日乃使自受其殃。预生盟于群灵则灾祸
无干于我，使彼自受而我家宅宁矣。造船者亦如此。例梓人最忌倒用
木，植必取生气根下而稍上，其魇者倒用之，使人家不能长进作事。
解法：以斧头击其木曰：倒好倒好，住此宅内，世世温饱。又若造前
梁临上，乃移为后。梁魇曰："前梁调后梁，必定先死娘。"卯眼内
放竹楔者，谚曰："枸卯放竹，不动自哭。"使人家房屋内常有哭声。
有刻人像书咒于身，以钉钉于屋上。钉眼，令瞎；钉耳，令聋；钉
口，令哑；钉心，令有心疾；钉门，使主人不得在家，令出门，钉
之，终不得安居屋内。如钉床，以竹钉十字钉之；或书人形纸符于
内，使卧床之人疾病不安。此梓人魇镇之大略。解之法：其屋既
成，用水一盆，使家人各执柳枝蘸水绕屋洒之，咒曰："木郎，木
郎，速远去他方。作者自受，为者自当。所有魇镇，与我无妨。急急
一如太上律令敕！"则无患矣。

　　如瓦匠魇，有合脊中放土人、船、伞之类；或于壁中置一匙、一
箸，曰："只许住一时，其家便破。"如瓷砌门限阶塞之下，用荷叶
包饭于下，以箸十字安在上，令有呕噎之疾。有砌灶，用木刻一人，
以瓦刀朝其寝或向厅堂，使其刀兵相杀。石匠凿人形置磉上。又画匠
彩梁俱有魇咒，说破不妨。凡木匠魇人，必插木签在首，不令插之即
不灵矣。①

　　工匠们鬼鬼祟祟施行巫术，对宅主造成不利，他们的方法是多样化
的，而且所有参与建房的工匠都有自己的巫术要诀。高濂辑录的巫术知
识，禳解的方法有对方隅土木神的祷告，神灵在巫术禳解中发挥了作
用；其他的解法是直接命令、驱逐或预先阻止。厌镇术中的以钉钉偶人
的方法，继承的即是古老的偶像伤害术。高濂所记载的倒用木的魇魅
术，在阿昌族的建房习俗中可以得到印证。民国时期，阿昌族建房是要
将四个分别书有"道好"、"道有"、"道福"、"道贵"的小条幅倒贴或
斜贴在堂屋两侧的四根檐柱上。这一风俗来源于一则木匠和雇主之间相
互博弈的传说。传说的概要是，木匠师傅为主人建房的过程中，因为误以

① （明）高濂：《遵生八笺》卷七，文渊阁四库全书本。

为主人有意在饮食方面亏待自己，所以将四根檐柱倒过来安放，以祸害主人。后来，木匠发现主人是将猪腰、猪心、腰花准备好让木匠带走，木匠才意识到错怪好人，所以让徒弟在主人家的柱子上贴上分别书有"道好"、"道有"、"道福"、"道贵"的四道条幅。木匠的徒弟不识字，所以将条幅倒贴或斜贴，后来，主人家平安吉祥，这一习俗也就在建房仪式中沿用下来。①

明代的《便民图纂》、《农政全书》、《遵生八笺》，都将"工匠匿物"巫术作为生活知识体系中的一部分形成文字；而另一方面，《鲁班经》、《鲁班书》以及《木经》、《木工经》等工匠著作承载着施巫的知识；明清以来文人笔记描述的巫术事件，同时记录了来自施巫者和禳解者双方的知识，并且展示出巫术信仰的社会心理。此外，通过口头之间相互传播的、无法回到历史现场考察的巫术传说和巫术知识，是更为丰富的一个体系。在施巫术者和禳解者之间，博弈双方无数次地利用各自掌握的知识，制造了一次次巫术事件。

巫术受害者，即宅主的禳解行为无疑是为了解除恶毒的诅咒；工匠的施巫，是为了树立行业的权威形象，从而维护利益，获得被尊重甚至是被畏惧的社会地位。有趣的是，工匠不仅是恶毒的施巫者，也可以是善意的禳解者，他们同时拥有两种能力，工匠经典甚至为主人提供了禳解之术。《鲁班经》所载的"建房工匠匿物主祸福"巫术方法之后，又附有各种禳解方法。方法之一是：

> 凡造房屋，木石泥木匠作诸色人等蛊毒魔魅，殃害主人，上梁之日，须用三牲礼福，攒扁一架，祭告诸神将、鲁班仙师，秘符一道念咒云：恶匠无知，蛊毒魔魅，自作自当主人无妨。暗诵七遍，本匠遭殃，吾奉太上老君敕令，他作吾无妨，百物化为吉祥，急急律令。
>
> 即将符焚于无人处，不可四眼见，取黄黑，狗血，暗藏酒内，上梁时将此酒连递匠头三杯，余分饮众匠。凡有魔魅，自受其殃，诸事

① 钟敬文主编，万建中等著：《中国民俗史·民国卷》，人民出版社 2008 年版，第 153—154 页。

皆祥。①

　　巫蛊盛行、草木皆兵的社会文化情境，使得雇主对建房工匠时时保持着高度的警惕和戒备，为了消除这种紧张的状态，禳解之法成为调节博弈双方关系的解决之道。

　　"工匠匿物主祸福"巫术在民国时期依然在盛行。民国人柴小梵说："今民间建屋，犹有镇厌之说。工匠不惬其主人，即施此伎俩，以图阴害，实则事等儿戏，绝无影响。"② 从民国社会对"工匠匿物主祸福"巫术的信仰来看，事情绝非柴氏所说的那么轻松。据日本学者泽田瑞穗的观察，民国时期的笔记中，除柴小梵的《梵天庐丛录》之外，郑逸梅的《梅瓣集》、海上漱石生的《退醒庐笔记》、汪大侠的《奇闻怪见录》等文人笔记对该巫术现象都有记载。③ 浙江曹松叶于20世纪30年代收集到的"工匠匿物"巫术的传说多达八十余则，这些巫术传说具备了从巫术事件的起因、施巫、巫术发挥效应、巫术禳解的过程。④ 巫术的内容再一次表现出"建房工匠匿物主祸福"巫术所依据的原理及工匠与雇主之间的博弈关系。相似律、接触律、变形律等原理被淋漓尽致地运用。另外还有具有特殊魔力的传统巫术灵物的观念，如血的使用、香的使用，巫术禳解中秽物的使用，等等，因为这些事物具有一种特殊的性质，容易激发出迷信的观念，而且在巫术史上被长期使用而成为了一种传统——不止限于工匠巫术内的使用传统。此外，表格中的巫术方法一部分和明代午荣整理的《鲁班经》的记载相一致，但工匠们也使用了不同于该书记载的巫术。原因有二：一是存在着不同版本的工匠巫术经典，午荣整理的《鲁班经》只是其中的一种成文版本，它所记录的也只是一部分巫术知识；二是工匠们在实际的巫术活动中，有自由创造新类型的巫术的情况。我们还可以举

---

　　① （明）午荣编，李峰整理：《新刊京版工师雕斫正式鲁班经匠家镜》，海南出版社2003年版，第316—323页。

　　② （民国）柴小梵：《梵天庐丛录》，山西古籍出版社、山西教育出版社1999年版，第1130页。

　　③ ［日］泽田瑞穗：《中国的咒法》，日本株式会社平河出版社1990年修订版。参见邓启耀：《中国巫蛊考察》，上海文艺出版社1999年版，第121页。

　　④ （民国）曹松叶：《泥水木匠故事探讨》，《民俗》第108期，第1—7页。

一例情节完整的传说：

《匠人诡计》：常听得人家传说：我们在雇了匠人建造房屋的时候，如果对于匠人的饮食和其他一切待遇方面，有了不周到，不优美，甚或得罪了他们的话，那么他们就要怀恨在心，设法在房屋的不易为人发现的地方，用些诡计，制造些什么你以后不幸福的密物在内，以为报复！

某甲，虽然在幼年时他父亲曾经使他学习些贸易之道的，但是他却嗜赌如命，一天到晚只知在赌场之中，呼卢喝雉，把大好光阴，全都浪费在不正当的作为上。然而他的赌运亨通，在二三年内，居然给他连连胜利，弄到了一笔大大的横财。有了钱后，就想把原有的已经破旧得不堪风雨之虐的房屋，重新翻造一下，主意既定，就唤了许多匠人，前来动手。那和他究竟是个小家子的气量，对于匠人方面的工资和酒饭等等，处处算小，处处不能使匠满足，于是他们就暗暗的把泄恨的方法布置下了！

房屋造成以后，某甲自然重理故业，因为在赌上，已经得好处，就误为是可靠的营生了。哪知此后竟大不如前了，非但不能再有胜利之望，而且把所有积蓄，逐渐填下，结果竟连一切的衣服什物等等都输完，所剩的，只有那只新造的房子了，而且以后不得已，也大都典质给人家来居住，自己只在大门口的一小间里，作为栖身之所。但是他的赌兴，仍旧未稍杀，常常整夜不归，家里只有他妻子王氏留着。

王氏每当深更半夜，为家道日落而忧得睡不着的时候，说也奇怪，总会听得有一阵阵小车轱辘之声，在阴阴中发出来，而通宵不绝。有一次王氏辨明了这声是发之于大门口的，就一个人暗暗的起来一瞧，究竟静静的一辨，知道确在大门的门槛底下，于是就放大了胆，动手把近处的砖头、泥土竟发掘，结果在门槛底下，看见有一辆木制的小小的小车，车上堆满了许多木雕的元宝，另有一个泥塑的小车夫，把一车的元宝在向大门外运出去。于是明白，丈夫的所以赌博屡屡失败，或是这东西在作祟了！王氏不愧也是个聪明人，她就把那车子改了一个方向，嘴里说一声："请你以后向里边车进去吧！"然后仍照原样埋好，当时无人得见，以后也未为人知。

果然，以后某甲，赌运重新转机，把已经失去的产业，在不多时中，全都恢复![1]

"建房工匠匿物主祸福"巫术在民国以后依然在民间流行。湘西的工匠为了报复雇主，有时会在修建牛栏时念滚坎咒，以诅咒栏中的牛摔死；在修建猪圈时念千年不长咒，诅咒圈中的猪永远长不肥。这种诅咒应当是毫无效应可言的，但他们在屋梁上藏匿蜘蛛、蜈蚣和蚂蚁的险恶诅咒，却会带来实际的祸害。[2] 在宋代，柱穴内的蜈蚣就曾毒死老人，而且令一位孝顺的妇人牵涉上诉讼之苦，若不是遇到明断是非的官员，孝妇可能已蒙冤受死。这件事见《夷坚志》：

> 营道孝妇：道州营道县村妇，养姑孝谨。姑寡居二十年，因食妇所进肉而死。邻人有小憾，诉其腊毒。县牒尉薛大圭往验，妇不能措词，情志悲痛，愿即死。薛疑其非是，反覆扣置，妇曰："寻常得鱼肉，必置厨内柱穴间，贵其高燥且近。如此历年岁已多，今不测何以致斯变？"薛趋诣其所，见柱有蠹朽处，命辟取而视，乃蜈蚣无数，结育于中。愀然曰："害人者此也。"以实告县，妇得释。予记小说中似亦有一事相类。薛，字禹圭，河中人，予尝志其墓。[3]

鉴于宋代已经出现了"建房工匠匿物主祸福"巫术，并且巫蛊信仰的源头最初就是和毒虫的使用联系在一起的，所以也不能排除毒死老人的蜈蚣是工匠建房时埋入其中的可能。

大理白族木匠传说中记载了一则"建房工匠匿物主祸福"巫术。《根子盖新房》中的木匠因为不满东家根子在饮食安排上的刻薄，上大梁时悄悄将一种叫鬼见木的木头垫在梁下，据说安了这种鬼见木，夜间房顶上会传出奇怪的声音吓人。后来木匠发现误解了东家，所以将鬼见木拿掉，

---

① （民国）韦月侣等编著：《民间故事》，广益书局刊行1940年版，第78—83页。

② 田茂军：《湖南湘西的民间工匠及其现状》，《民俗研究》1998年第4期，第41页。

③ （宋）洪迈著，何卓点校：《夷坚志》，中华书局1981年版，第975页。

两人重归于好，对唱着白族调，由东家根子送木匠回家。① 事实上，白族木匠安放的鬼见木又叫"鬼响木"，是一种裂开之后会发出"噼噼啪啪"的响声的松木，如果东家对木匠招待不周，木匠就会将这种木头放在梁下作为报复，让东家以为是鬼在作祟，从而受到惊吓。② 白族木匠掌握了物质的科学属性，借着民间对木匠巫术的信仰，从而实现自身与雇主之间的博弈，争取自身应得的利益，同时提高了木匠行业的社会威望。湖南湘西藏匿昆虫的方法和云南滇南地区的"鬼响木"，其巫术的施行不仅是一种如同白日做梦般的无现实巫术效应的方法，而且是利用了自然界中事物的特性来祸害他人的。所以巫术和科学之间并不是截然对立的两极，有时两种知识体系会同时被用于人类的活动中。

据笔者的田野调查，云南楚雄彝族的工匠在"文化大革命"以前仍然在施行藏匿性的巫术。如将一只破笔藏在梁枋交缝处，夜间就会有披头散发的女鬼沿中柱而下；在砌灶时，用泥捏一个小泥人蹲在厕所上的情景，以后灶上煮出的永远是半生不熟的烂饭；一位彝族男子回忆说，他年少时房间里夜间传出舂米的响声，第二天邻居之间相互指责对方的劳作影响了自己的睡眠，但双方都没有舂米，原因是老木匠施法。一位彝族老木匠回忆说，他年轻时为别人建房时，将一只笔，一锭墨，一本通书藏在瓦片下，通书中所有的"火"字都要用笔画到，这样，房主家会出读书人，房子也可以免除火灾。③ 楚雄的彝族木匠中，只有掌握《木工经》的才会施行巫术，巫术知识是他们同雇主博弈的资本。值得一提的是，木匠和雇主间的博弈并不仅仅是藏匿巫术灵物，他们在伐木仪式、动土仪式、上梁仪式、谢土安龙仪式中常常是以白巫师的身份来树立正面的权威形象的。在笔者收集到的巫术传说中④，木匠同雇主相博弈的资本还有其他的表现形式：

---

① 大理白族自治州文化局编：《白族民间故事选》，上海文艺出版社 1984 年版，第 320—321 页。

② 杨立峰：《匠作·匠场·手风——滇南"一颗印"民居大木匠作调查研究》，同济大学博士学位论文，2005 年 12 月，第 24 页。

③ 调查地点：云南楚雄市红村，云南牟定县巴大村。调查时间：2008 年 7—8 月。

④ 被访谈人：李佐春，75 岁，当地著名木匠，彝族。访谈时间：2008 年 7 月 23 日。访谈地点：红村。

（一）大臣寺老化场有一木匠，是位患了恶性皮肤病的癞子。他手艺精湛，但人们却歧视他，不愿意和他接触。有一天，一些木匠在竖房子，他则独自一个人拎了茶壶和茶杯在树下喝茶。他把五尺竿平放在地上，房子就怎么也竖不起来。村里有人看见他在树下喝茶，就回去告诉东家。东家马上请他来帮忙，他不慌不忙，用手斧在柱子上敲了三下，说："怎么不起来？"房子就竖起来了。人们正在感叹，他已经回家了。

（二）习家寺有一木匠，盖房子时，他榫头、榫眼做好之后，就回家去了。村里人不等木匠回来就开始竖房子，怎么也竖不起来。原来木匠临走时将木头的名字贴在了木头后面，村里的人只好请木匠来树，才成功了。

（三）有一家人请木匠造楼梯，造之前男主人答应杀公鸡给木匠吃，并亲切地称木匠为妹夫。但是，男主人没有杀鸡给木匠吃，木匠就在楼梯造好的那天将五尺竿从楼梯上扔下来，说："梯子是平的。"说完就回去了。那家人从楼梯上上去，一到楼梯顶就滚下来。主人家只好请木匠来解法，杀鸡招待，并端着饭菜从楼梯上一路献下来。从此以后，楼梯就可以顺利通行了。

（四）有一个木匠到小姨妹家去做木活，木匠天天早上睡懒觉，小姨妹就说："你怎么会这么懒！"木匠说："明天你也起不来。"第二天早上，小姨妹怎么也穿不上裤子，原来是木匠施了法。

在受访者的记忆里，这些巫术事件并不是传说或者故事，而是一些真实发生的往事。工匠的工具是他们的法宝，他们拥有的神奇巫力控制着房屋的建造。"建房工匠匿物主祸福"巫术在边疆少数民族地区显然是经历了地方化的过程。曾有民俗学学者和他的知青朋友们现场探索了这种巫术的真相。如新房建成之后，夜间传来恐怖的"鬼敲门"声，其实利用的是蝙蝠对黄鳝血的喜爱，事先将黄鳝血偷偷涂在门板上，蝙蝠觅食黄鳝血，于是发出响声。半夜床下鬼叫的巫术则是工匠预先在癞蛤蟆口中放上胡椒，缝上嘴，然它无法咽下胡椒也无法吐出胡椒，然后把这可怜的"巫术灵物"装入仅留下一个透气孔的竹筒内，藏于床下，夜间就会有

"老人"的咳嗽声将人吓得半死。① 事实上，许多彝族巫师都掌握了这些
方法。黄鳝血还有其他的巫术用途。事先在草纸上用黄鳝血画一个面目狰
狞的恶鬼，等血迹干燥后，将草纸贴在墙上，对着草纸喷一口苏打水，火
塘边的墙壁上的草纸上立即出现了血淋淋的鬼怪。在那种鬼怪传说盛行的
乡村社会，阴森森的夜间，施术者就把恐惧带到了住房之内。

一直到 20 世纪 90 年代，"建房工匠匿物主祸福"巫术还在浙江省温
岭市引发了治安事件。1994 年春节期间，温岭市太平镇下罗村常年受到
脉管炎折磨并负债累累的村名陈德正误信前来招摇撞骗的阴阳先生挑唆，
开始拆梁拆瓦，并让妻子去找当初盖新房的木匠林福增算账。按照阴阳先
生的说法，陈德正的病痛是由木匠盖房时在梁上做手脚引起的。陈德正的
妻子为此砸碎了林家在下罗村三间房子的门窗，陈德正的亲戚继而又纠集
人群打砸了林家企业的设备及产品，使工厂被迫停工。如此尚且不解恨，
闹事者有去砸林家的新居，未找到林福增本人，再次回工厂乱砸一通。下
罗村的村民有不少开始拆梁，邻村也有人掀瓦拆梁，找林木匠算账。②

"建房工匠匿物主祸福"巫术在目前是否已经销声匿迹？应当说，式
微是它的趋势，但彻底终结却是言之过早了。这种巫术有着它悠久的历史
渊源，并且曾经拥有广泛的信众，对于它的未来，似乎能用一位民俗学前
辈在 20 世纪 90 年代对民间信仰所作的预言来表明立场："作为有着悠久
传统和深刻影响的神秘超凡魔力的崇拜，还会在中国广袤的山野村寨中继
续遗存和延续下去。只要民间生活处于天灾人祸的侵害之中，生老病死处
于无可奈何的状态之下，人们对超自然力的畏惧和企愿就不会停止和
终结。"③

第四节　社会文化语境中巫术传说的文类标识

毫无疑问，"建房工匠匿物主祸福"巫术是一种愚昧的巫术观念，
"主祸"型的巫术甚至还给工匠及房主的正常生活带来了扰乱。这种巫术

① 邓启耀:《中国巫蛊考察》，上海文艺出版社 1999 年版，第 122—124 页。
② 钱玉、建平:《听信骗子胡言，无辜木匠遭殃》，《人民日报》1994 年 6 月 7 日第 5 版。
③ 乌丙安:《中国民间信仰》，上海人民出版社 1995 年版，第 300 页。

何以长期存在？在前面的论述中已经有涉及，但考虑到问题的复杂性，还是有对此进行总结和补充的必要。

根据巫术事件中的记述，从事件内部来看，仅"主祸型"巫术发生的原因也是多种多样的。据爱伯华的归纳，这类巫术的原因（他称之为恶行的母题）可以分为三种情况：一是工匠认为他们受到了业主的虐待（又分三种情况：业主有意虐待工匠；业主不是有意虐待工匠；业主善待工匠，但是被工匠误解为是业主有意虐待他们）；二是"工匠搞恶作剧"；三是"偶然发生坏的影响"。① 工匠无意中对业主造成的伤害，清代笔记中还有一例。《右台仙馆笔记》载，刘氏新建成一屋，在屋内居住的人患上了咯血的疾病。相宅的人认为梁上有异常。观看房梁后，果然有一条数寸长的赤虫蠕动，除之不去。换梁之后，病人就痊愈了。原因是木工上梁时不小心划破手指，血浸入木中。② 文人笔记中也出现了"刻薄匠人"的说法，有的还感叹说："予以为工匠魇魅之术固可痛恨，然亦由于造屋者待之刻薄而然。语云：'谋大事者，不惜小费。'谅哉。"③ 也可用另外一种分类方法，即第一种情况是工匠有意为之，第二种情况是无意中产生的巫术效应，其中第一种情况较为多见。工匠主观的报复行为牵涉到工匠寻求社会认可度的强烈动机。暂且撇开巫术不谈，从一则关于木匠和道士之间的对话体传说中，木匠行业的社会地位和木匠对于寻求认可的渴望也显露无遗。《坚瓠己集》卷三"儒匠"载：

> 有木匠颇知通文，自称儒匠，常督工于道院。一道士戏曰："匠称儒匠，君子儒，小人儒？"将遽应曰："人号道人，饿鬼道，畜生道？"④

① ［德］爱伯华著，王燕生、周祖生译：《中国民间故事类型》，商务印书馆1999年版，第170—171页。

② （清）俞樾：《右台仙馆笔记》，上海古籍出版社1986年版，第116页。

③ （清）清凉道人编：《听雨轩笔记》，《笔记小说大观》第二十五册，广陵古籍刻印出版社1983年版，第337页。

④ （清）褚人获集撰，李梦生校点：《坚瓠集》，《清代笔记小说大观》，上海古籍出版社2007年版，第1148页。

从事任何职业的人，都希望受到社会大众的认可和尊重，而在分层的社会中，在文化惯性已经势不可当的社会中，这一愿望却未必能够实现。建房工匠虽然以其智慧和辛劳为大众构建人类甚至神灵偶像的栖息空间，却未必能获得他人的尊重。所以，工匠只有从技术之外开辟出另一种途径，这就是巫术。确实，在长期的社会发展史中，工匠是一个并未得到重视的阶层，甚至还遭受压迫和欺凌。有学者指出，历代统治者重农业而抑工商，清朝雍正皇帝继承了这种传统，下层民众的俚曲中透露出以"挣钱"为评价行业地位高低的标准，工匠也认为他们从事的职业是"四艺之末"。《鲁班殿碑》中说："维我匠役，业为途茨，虽属曲艺之末技，实为居家所日需，而刀恩更□也"；① "维我匠役，业为途茨，虽属曲艺之末技，养家之常道"②。事实上，"尽管有所不满，而且也承认自己的职业居'四技之末'，但恰恰因为如此，他们需要通过多种方式来抬高自己的地位，加强群体的认同和竞争力。……更为重要的是塑造和强化本群体的信仰象征，并且使这个象征无可争辩地为社会各个阶层所接受"。③ 也就是说，可以将"建房工匠匿物主祸福"巫术列入某一社会群体为了获得更高的社会认同和社会地位而不断施行的一种主观的功利性行为。这是从社会结构的角度来解释工匠们的巫术动机，也就是笔者从一开始就强调的，建房工匠和雇主之间其实处在一种博弈的情境中——从待遇（工钱和饭菜、被尊重的感觉等）上来说，工匠和雇主之间存在着需求和满足需求的关系；从巫术上来说，工匠和雇主之间存在着"主祸福"和"求吉避祸"的关系。工匠所拥有的博弈资本是技术和巫术知识（包括主吉和主祸以及各种禳解行为），而雇主所拥有的资本是待遇和反巫术知识。在博弈的过程中，双方往往会为了实现自身的利益和对方达成协议，即工匠出卖技艺和求吉巫术、不施行主祸巫术，雇主则提供良好的待遇。然而，一旦这种平衡状态被打破，"主祸"巫术被秘密地实施，双方就要付出代

---

① 《鲁班殿碑》，《北京图书馆藏中国历代石刻拓本汇编》第71册，第17页。见赵世瑜、邓庆平：《鲁班会：清至民国初年的祭祀组织与行业行为》，《清史研究》2001年第1期。

② 《鲁班殿碑》，《北京图书馆藏中国历代石刻拓本汇编》第76册，第32页。见赵世瑜、邓庆平：《鲁班会：清至民国初年的祭祀组织与行业行为》，《清史研究》2001年第1期。

③ 赵世瑜、邓庆平：《鲁班会：清至民国初年的祭祀组织与行业行为》，《清史研究》2001年第1期，第3—4页。

价,一般情况下,首先是雇主遭受了损失,然后雇主依据反巫术知识,惩罚了工匠。在双方博弈的资本中,工匠的"主祸"巫术知识和雇主的反巫术知识成为了最为有力的威慑力量。

分析了这种社会组织结构中的博弈关系,依然不能很好地解释巫术长期被信仰的动机。比如说,现代社会中几乎没有巫术参与建房活动中,工匠(建筑工人)和雇主之间的博弈依然以来自工匠一方的工资待遇、安全保障、被尊重的感觉以及来自雇主的建筑质量、工作效率、服从指挥等资本来进行博弈,也就是说,博弈状态是雇用式生产关系中所必有的现象,只不过博弈双方所持的资本因社会文化语境的不同而相异。于是,引出了"建房工匠匿物主祸福"巫术存在的另一个原因——巫术文化语境。

也就是说,巫师施行巫术是因为社会需要巫术,民众信仰巫术。在巫术事件中我们已经看到了我国民众对于宅居安全的重视,住宅直接影响到了住户的祸福。当巫术信仰的宏大文化背景存在时,工匠巫术信仰获得了来自社会的支撑。在这样的巫术文化语境之中,无论是工匠或雇主,绝大部分都不可避免地被社会模塑成了巫术的人,形成了巫术心理。"通常一种信仰肯定会反映出人类深层次的渴望或焦虑。在某种程度上,它只是简单地尝试着解释厄运,随之而来的就是希望可以避免厄运。这种信仰看起来是整合了我们共有的幻想生活中的某些元素,来表述我们某些最深层的恐惧,并且表达了我们对他人潜在的怀疑。"① 有学者说过:"据说去买《鲁班经》的时候,店家把书给你,是面朝内的。知《鲁班经》的泥水木匠,假使那天不打算别人,连草头都要折掉三个,因为看过《鲁班经》之后,不损害别人,亦有罪恶,可见民间看《鲁班经》是充满阴谋的书本。"② 此外,还有练习《鲁班书》上的巫术将会受到"缺一门"的报应的说法。从此我们可以看出社会巫术心理的一斑,工匠巫术的长期存在,不仅仅是因为它是作为"利益理性人"的工匠为了和雇主之间进行博弈的资本。

沿着巫术心理的角度,我们可以解释为什么在大量的工匠巫术传说中

---

① [英]布里吉斯著,雷鹏、高永宏译:《与巫为邻:欧洲巫术的社会和文化语境》,北京大学出版社 2005 年版,第 3 页。

② (民国)曹松叶:《泥水木匠故事探讨》,《民俗》第 108 期,第 1 页。

出现了虚构的成分，甚至有些成分的幻想能力是惊人的，如同戏剧一般。这些幻想性的夸张内容自然不是一种现实中的事实，却是一种巫术心理意义上的真实，它们纠缠着工匠和雇主的头脑——巫术活动中的虚构、幻想、猜疑、报复、威慑、恐惧、谎言，它们是人类自身的一部分。就是在巫术被科学嘲弄为荒谬的时代里，我们依然看见了这些人类本能在社会中的存在——巫术的式微或终结并不意味着曾经维护巫术信仰的心理要素会终结，它们依旧渗透在人类社会的其他行为中，影响着人们的生活。

那些巫术事件在民众中，以语言或文字的方式传播，形成了一股维护工匠巫术信仰的强有力的力量，这些传说就是工匠巫术传说。"这些口承传统在世界民间文化中有一定的位置，并且构成了民俗研究中一个很重要的领域。……这些传奇和故事不仅是想象力的简单发挥或者集体幻想的一种传统表达，并且在长时段的夜间讲习期间，它们不断重复烙下了一种期待、恐惧的印记。稍加鼓动，这种印记就会引致错觉并激起最活跃的反应。"[1] 工匠巫术传说包括两个部分：其一，作为源头的祖师的传说，即鲁班的种种传说；其二，作为普通工匠的巫术传说。鉴于相关的研究依然存在将传说与故事不相区别的混乱状态，笔者认为有必要再次对这类关于工匠巫术叙事的传说性质作明确的界定。

神话、传说和民间故事之间的区别，已经有学者作出精当的论述。威廉·巴斯科姆认为，民间故事是虚构的散体叙事，而神话、传说则被讲述者和听众视为是真实的叙述，只不过神话被认为是发生在久远过去，传说发生的世界则和今天的很接近。[2] 威廉·巴斯科姆显然是在社会文化语境中来讨论神话、传说及民间故事的。神话、传说的信实性是指"传播它的人们认为它是真实的事实"。笔者认为，传说信实性的形成，受益于支撑它的社会文化语境的存在。前文所涉及的工匠巫术传说，使其具有信实性是工匠巫术信仰的社会文化语境，凭借这一语境，工匠巫术传说加强了巫术信仰，成为巫术系统最具活力的要素。马林诺夫斯基指出"巫术的当代神话"的现象，他说："关于每一个大术师，都有一套动人听闻的故

---

① ［法］马塞尔·莫斯著，杨渝东译：《巫术的一般理论 献祭的性质和功能》，广西师范大学出版社 2007 年版，第 43 页。

② ［英］马林诺夫斯基著，李安宅译：《巫术科学宗教与神话》，中国民间文艺出版社 1986年版，第 71 页。

事……任何野蛮社会里都是这类故事做了巫术信仰的骨干。"③神话、传说和民间故事之间的区分，将根据语境的变化而发生反转。"神话或传说会从一个社会传入另一个社会，它可能会被接受而不被相信，于是变为从另一社会借过来的民间故事，而且有可能发生反转。这完全可能，即同一故事类型在第一个社会中可能是民间故事，而在第二个社会中是传说，在第三个社会中成了神话。……虽然如此，了解一个社会上的大多数人在特定时期相信何为真实是重要的，这是由于人们的行为是基于他们所相信的东西。"① 从平民百姓到帝王朱元璋，信仰工匠巫术的信众们，正是被这些工匠巫术传说牵制着行为，演绎出无数的巫术事件，而这些巫术事件，又再次成为传说，传说的产生源源不断，巫术信仰的力量也就生生不息。当然，社会中总是存在怀疑巫术的人群，如谢肇淛这样"不信邪"的人。但是，更多的人却持"其说当信也"的态度，少数不信邪的人群被大多数相信巫术的人群所形成的巫术社会文化语境所遮蔽了，更何况，巫术事件中还会出现巧合的情况，巫术成功的事件比失败的事件更为有力。

明确了工匠巫术传说在其传播的语境中所具有的"信实性"之后，可以发现，这种作为巫术信仰支撑力量的散体叙事，从数量上来说已经是一个庞大的家族，而且可以概括出最为恒定的情节来。爱伯华在于 20 世纪 40 年代出版的著作中，就曾列有这一类型，不过，他的著作并未按严格的 AT 分类法来进行分类，而且他的书收入了大量的神话和传说，他显然没有将"信实性"的重要原则考虑在内。② 爱伯华未严格按照 AT 分类法分类的原因未知其祥，但就工匠巫术传说而言，是不可能机械地嵌入国际上为民间故事分类所作的模式之中的，笔者甚至可以说，"建房工匠匿物主祸福"巫术传说（爱伯华称为"工匠的绝招"）是我国所特有的传说，传说中所涉及的巫术行为是我国建房工匠和普通民众在吸收了古代建筑巫术知识的基础上，同时主要依据经典化的巫术著作《鲁班经》、《鲁班书》、《木经》、《木工经》等有文字记录的工匠巫术经典来进行的，由此形成的带有故事性的传说并不适宜于用 AT 分类法来编排，否则将出现

---

① ［美］威廉·巴斯科姆：《口头传承的形式：散体叙事》，载阿兰·邓迪斯编，朝戈金等译：《西方神话学读本》，广西师范大学出版社 2006 年版，第 11、13 页。

② ［德］爱伯华著，王燕生、周祖生译：《中国民间故事类型》，商务印书馆 1999 年版，第 164—173 页。

削足适履的结果。

AT 分类法的初衷，其实是为了使民间故事学家能用它来检索世界范围内的有关故事类型所存在的异文，从而以国际性的学术视野来从事民间故事的"平行研究"和"影响研究"，而不是成为自说自话的井底之蛙。有的故事类型索引编订者相信许多故事都有人类共同性①，这确实是事实，因为人类的心理存在着许多相通的区域。但是，不得不承认，有太多的传说是我国所固有的，"建房工匠匿物主祸福"巫术传说即是其中一例。这类传说在信仰巫术的社会中流传，主要不是因为传说情节本身的文学化的吸引力，而是其中包含的巫术信仰所唤起的神秘的复杂感情，如恐惧、惊叹等，并且直接影响到了他们的日常生活；民众为其情节的奇异所吸引主要是源于传说已经反转为民间故事的社会中人们的接受心理。编订这类传说的索引自然有利于检索巫术研究的材料（如果是仔细、认真地编订），除此之外，对于民间文艺学的研究，实在看不到太大的意义。

---

① ［美］丁乃通著，郑建成等译：《中国民间故事类型索引·导言》，中国民间文艺出版社1986 年版，第 18 页。

第六章　"鲧化玄鱼"与鸱尾
的起源及演变

　　在中国古代建筑中，广泛出现了一些鸟形、鱼形、兽形或这三种形状相组合而成的装饰形象，这些形象的使用固然从审美的角度看有着极高的美学价值，但是，除美学价值之外，它们还有极强的巫术意味，属于巫术象征符号。这些符号中，鸱尾无疑是非常著名的。关于鸱尾的研究，日本学者村田治郎的见解较为精当，其他学者在论述中涉及鸱吻的起源、流变等关键问题时，大都无法在它的基础上加以推进。村田治郎在他的名作《中国鸱尾史略》中，首先叙述了鸱尾形状的变迁，然后发表了以下观点：其一，在晋代以前，我国的建筑中并没有鸱尾，鸱尾应当是在东晋以后乃至晚近才出现的。东晋时期出现了关于鸱尾的大量记载，但是却不能将鸱尾的前身认为是鸱尾本身。其二，自东晋以来，鸱尾的使用就一直延续；但自唐代以来，鸱吻的说法也较广泛地出现了，这一说法在唐、宋、元、明、清历代都在使用。其三，鸱尾一开始是在皇家建筑上使用的，其后，鸱尾在寺庙、高级官署和贵族的私邸上也得到了运用，鸱尾是权力的象征。其四，鸱尾具有镇压火灾以及更加丰富的目的。日本学者松本文三郎先生指出鸱尾的原形是印度空想怪鱼摩歇鱼（摩伽罗），《大唐西域记》等书的描写中，这种空想怪鱼是"目如太阳、巨形大口，长着胡须和鬃毛、口喷海水的神灵"。村田治郎则认为这一说法不值得信服，因为"这种说法忽视了鸱尾形式的变迁，这也是其致命的弱点。考古学者不能不根据实物遗存而立己说。鸱尾形成鱼形是在辽宋以后（唐末的鸱尾形还不太明确），以前它没有头形，是个似鱼非鱼、似鸟非鸟的东西。摩伽罗之说是在鱼形形成以后才可解释得通的。而鱼形之前形象的本质到底为何，恐怕尚未解释清楚。"①

村田治郎在翔实考证之后得出的颇多观点固然颇具说服力。然而，笔者认为，考虑到我国古代越人对于鱼的广泛崇拜，加上鲸鱼的生活习性，笔者认为，中国鸱尾（鸱吻）的原形极可能是我国古代越人所崇拜的鲸鱼，而鲸鱼在神话中正是上古治水英雄鲧所化的玄鱼。鸱尾的形象几经演化，不断地被当时的文化系统加入新的意义，是一种源远流长的象征符号。

第一节　作为宗教与政治象征的鸱尾

《诗经·小雅·斯干》中有对房屋造型艺术的描述，其中有如下内容："如跂斯翼，如矢斯棘，如鸟斯革，如翚斯飞，君子攸跻。"② 仅从诗歌的字面意思上，很难确认这种造型方式是一种图腾形式还是纯艺术的装饰，更不能将它和鸱尾的起源相联系，但是我们可以肯定的是，建筑上的鸟形装饰自那时已有。村田治郎曾说：

> 晋王嘉（子年）撰、梁萧绮录的《拾遗记》中有如下的记载："鲧治水无功，自沉羽渊，化为玄鱼。海人于羽山下修玄鱼祠，四时致祭。尝见出水长百丈，喷水激浪，必雨降。《汉书》：越巫请以鸱尾厌火灾，今鸱尾即此鱼也。"③

村田治郎继而检索《汉书》、《史记》中的相关记载，得知其中只有越（粤）巫建议火灾之后建大屋以厌胜的说法，而无以鸱尾厌火灾的记载。④

---

① 村田治郎著，学凡译：《中国鸱尾史略》，《古建园林技术》1998 年第 2 期。

② 周振甫译注，徐名翚编选：《〈诗经〉选译》，中华书局 2005 年版，第 189—191 页。

③ 村田治郎著，学凡译：《中国鸱尾史略》，《古建园林技术》1998 年第 2 期。

④ 四库全书本《拾遗记》记载了鲧化玄鱼的神话，但却未曾提及汉书言越巫上厌胜法，用鸱尾以厌火的内容。班固《前汉书》的记载如下："勇之乃曰：粤俗有火灾，复起屋，必以大用胜服之，于是作建章宫，为千门万户，前殿度高未央。其东则凤阙，高二十余丈；其西则商中数十里虎圈；其北治大池、渐台，高二十余丈，名曰泰液；池中有蓬莱，方丈瀛洲、壶梁，像海中神山、龟鱼之属；其南有玉堂、璧门、大鸟之属；立神明、台井、干楼，高五十丈，辇道相属焉。"见（汉）班固著：《前汉书》卷二十五下，郊祀志第五下，文渊阁四库全书本。从中我们可以看到汉王朝建筑中对象征符号的使用明显受到原始宗教的影响。

宋人高承所撰《事物纪原》卷八记载：

> 鸱尾 《唐会要》曰：汉柏梁殿灾，越巫言，海中有鱼，虬尾，
> 似鸱，激浪则降雨，遂作其像于屋以厌火灾。王睿《炙毂子》：柏梁
> 灾，越巫献术，取鸱鱼尾置于殿屋以厌胜之。今瓦为之。苏鹗《演
> 义》曰：汉武作柏梁殿。《上疏》者曰：蚩尾，水之精，能辟火灾，
> 可置之堂殿。今人多作鸱字。颜之推亦作鸱，刘孝孙事始作蚩尾。又
> 俗间呼为鸱吻。如鸱鸢，遂以此呼之，后因有作此鸱者。王子年
> 《拾遗记》曰：鲧治水无功，自沉羽渊，化为玄鱼，海人于羽山下修
> 玄鱼祠，四时致祭，尝见灪溏出水长百丈，喷水激浪，必雨降。《汉
> 书》：越巫请以鸱尾鱼厌火灾，今鸱尾即此鱼尾也。按王嘉，晋人，
> 晋去汉未远，当时已作鸱字，苏鹗之说亦未为允也。吴处厚《青箱
> 杂记》曰：海有鱼，虬尾，似鸱，用以喷浪则降雨。汉柏梁台灾，
> 越巫上厌胜之法，起建章宫，设鸱鱼之像于屋脊，以厌火灾，即今世
> 鸱吻是也。[①]

宋代王溥所撰《唐会要》引用的是唐末人苏鹗的《苏氏演义》中的
有关记载：

> 苏氏骏曰：东海有鱼，虬尾，似鸱，因以为名，以喷浪则降雨。
> 汉柏梁灾，越巫上厌胜之法，乃大起建章宫，遂设鸱鱼之像于屋脊，
> 画藻井之文于梁上，用厌火祥也。今呼为鸱吻，岂不误矣哉！[②]

从文献上看，《汉书》、《史记》确实没有关于越巫上厌胜法，用
鸱吻的记载，王子年也没有将这种说法归于《汉书》的记载。《事物纪原》之
说可能是误说。说汉代即有以鸱尾厌火习俗的时代可能在唐末。笔者认
为，关于汉代鸱吻用于厌火的说法有两种可能：其一是唐末人根据其他的

---

① （宋）高承撰：《事物纪原》卷八，文渊阁四库全书本。
② （宋）王溥撰：《唐会要》卷四十四，文渊阁四库全书本。

史料而补记，也就是说鸱尾用以厌火之说为事实；① 其二是这一说法纯属
附会和讹传。可以肯定的是，鸱尾在晋代的建筑中已经广泛使用了。《晋
书》中有如下记载：

> 丙寅，震太庙鸱尾。②
> 孝武帝太元十六年六月，雀巢太极东头鸱尾，又巢国子学堂
> 西头。③
> 五年六月丙寅，雷震太庙，破东鸱尾、撤柱，又震太子西池合堂。④

南北朝时期使用的鸱尾，具有极强的巫术意义，曾被认为是福祸的
征兆：

> 孝武帝大明元年五月戊午，嘉禾一株五茎生清暑殿鸱尾中。⑤
> 宋文帝元嘉十七年，刘斌为吴郡，郡堂屋西头鸱尾无故落地，治
> 之未毕，东头鸱尾复落，顷之，斌诛。⑥

自唐宋以来，关于使用鸱吻的记载络绎不绝，兹略录如下：

> 己酉，大风毁太庙鸱吻。⑦
> 六月戊午，大风，拔木发屋，毁端门鸱吻，都城门等及寺观鸱吻
> 落者殆半。上以旱、暴风雨，命中外群官上封事，指言时政得失，无
> 有所隐。……秋七月甲戌雷震兴教门楼两鸱吻，栏槛及柱灾。礼部尚
> 书苏颋卒。⑧

---

① 古人所掌握的汉代史料应当不仅限于《汉书》、《史记》，他们可能使用一些在现代已经
遗失的史料。
② 许嘉璐分史主编：《晋书》，汉语大词典出版社 2004 年版，第 187 页。
③ 同上书，第 672 页。
④ 同上书，第 681 页。
⑤ 杨忠分史主编：《宋书》，汉语大词典出版社 2004 年版，第 696 页。
⑥ 同上书，第 743 页。
⑦ 黄永年分史主编：《旧唐书》，汉语大词典出版社 2004 年版，第 77 页。
⑧ 同上书，第 154—155 页。

甲申大雨雹，暴风拔树，飘屋瓦，落鸱吻，人震死者十之二，京畿损稼者七县。①

乙丑大风震，电坠太庙鸱吻，霹御史台树。②

辛丑，大风，含元殿四鸱吻并皆落，坏金吾仗舍。③

十六年七月乙丑，大雷震太室斋殿鸱吻。……五年七月戊辰，雷雨震太室之鸱吻。④

六年丙戌，雷震奉先殿鸱吻，槅扇皆裂，铜环尽毁。⑤

……却与泥水匠商量，放出两头鸱吻咬杀佛殿脊。⑥

从史书的记载中，我们发现鸱尾使用的一些特点。鸱尾在一些具有宗教或政治意义的建筑上作为装饰品，譬如太庙、端门、都城门、寺观、含元殿、太室斋、奉先殿等，这表明了鸱尾和权力、宗教之间的象征关系。鸱尾被风、雷等毁坏的事件为史家所记载，表明鸱尾在宗教意义上具有极其重要的地位。在古代中国，风、雷等是一种超自然力量，风起雷动，是上天传达神谕、显示神力的方式，风伯、雨师、雷公、电母，皆是人格化的天神。例如，端门鸱尾落，即刻召集群臣以纳谏，即表明鸱尾被毁是对执政有失的惩戒。此种现象还被视为是礼部尚书苏颋之死的预兆。《蜀中广记》中的鸱尾，则被用于施行"咬杀佛殿脊"的黑巫术。鸱尾最早的起源是为了厌火，但在不同的历史时空中，鸱尾又具有了权力、宗教、预兆、避雷、黑巫术方面的意义。

第二节 鸱尾的神话学溯源

从文献记载来看，关于鸱尾在建筑中的地位，至迟在晋代已经得到确立。那么鸱尾的原形究竟是什么呢？汉人赵煜所撰《吴越春秋》记载：

---

① 黄永年分史主编：《旧唐书》，汉语大词典出版社 2004 年版，第 253 页。

② 同上书，第 416 页。

③ 同上书，第 469 页。

④ 倪其心分史主编：《宋史》，汉语大词典出版社 2004 年版，第 1157 页。

⑤ 章培恒、喻遂生分史主编：《明史》，汉语大词典出版社 2004 年版，第 343 页。

⑥ （明）曹学佺：《蜀中广记》卷八十六，高僧记第六，文渊阁四库全书本。

子胥乃使相土尝水，象天法地，造筑大城，周回四十七里。陆门八以象天八风；水门八以法地八聪；筑小城周十里，陆门三不开，东面者欲以绝越明也；立阊门以象天门，通阊阖风也。立蛇门者以象地户也。阊阖欲西破楚，楚在西北，故立阊门以通天气，因复名之破楚门；欲东并大越，越在东南，故立蛇门以制敌国。吴在辰，其位龙也；故小城南门上反羽为两鲵鳐，以象龙角；越在巳地，其位蛇也，故南大门上有木蛇。北向首内，示越属于吴也。①

伍子胥组织建造城池，是在运用巫术象征符号。吴越地区盛行的巫术在建筑中得到了形式和意义上的契合。文中称："故小城南门上反羽为两鲵鳐，以象龙角"，笔者以为"鲵鳐"即是后世鸱尾的原形。"鲵"在古代曾指"雌鲸"，而"鳐"字却不知何意。②"鳐"很可能是指雄鲸。《吴越春秋》在叙述伍子胥组织建城之后，又叙述了著名的干将、莫邪铸造雌雄宝剑的事迹，故既然用鲸作为巫术象征符号，极可能用雌雄一双。并且，鲸也极可能是吴越民众所崇拜的"龙"的原形。

如果说仅就《吴越春秋》的记载来论说鲸和鸱尾之间的源流关系尚显牵强，那么我们还可以从古代越人的鱼崇拜观念上寻找依据。有学者通过考证指出，古代越人有非常明显的鱼图腾观念。"而古越人先祖'无余'乃'禹之苗裔'，禹之祖考颛顼和鲧也都以鱼为图腾。"③在王嘉的《拾遗记》中有鲧化为玄鱼的记载：

尧命夏鲧治水，九载无绩，鲧自沉于羽渊，化为玄鱼，时扬鳍振鳞，横游波上，见者谓为河精。羽渊与河海通源也。海民于羽山之中修立鲧庙，四时以致祭祀，常见玄鱼与蛟龙跳跃，而出，观者惊而畏之。至顺，命禹疏川奠岳济巨海，则鼋鼍而为梁瑜峻山，则神龙而为驭行遍日月之墟。惟不践羽上之地。皆圣德感鲧之灵化。其事互说，神变犹一而色状不同。玄鱼、黄熊，四首相乱，传写流文，鲧字或鱼

① （汉）赵煜撰：《吴越春秋》卷二，阖闾内传第四，文渊阁四库全书本。
② 村田治郎著，学凡译：《中国鸱尾史略》，《古建园林技术》1998 年第 2 期。
③ 谷因：《布依族鱼图腾崇拜溯源》，《民族研究》1999 年第 1 期。

边玄也。群疑众说，并略记焉。①

《史记·封禅书》记载有越人用干鱼祭祀祖先的习俗。所谓"武夷君，用干鱼，阴阳使者以一牛……"注曰："索隐顾氏案《地理志》建安有武夷山，昔有仙人葬处，即汉志书所谓武夷君。是时，既用。越巫勇之疑即此神，今案其祀用干鱼，兼不享牲牢，或如顾说也。"② 越人的干鱼祭祀可能与鲸鱼搁浅死亡的现象有关。可以推断，越人用干鱼祭祀祖先神武夷君的习俗和鲧化玄鱼的传说是密切相关的。由此也可以推断，汉代越巫所建议的以鸱尾厌火之事不无可能。

鲸鱼是一种巨大的鱼形哺乳动物，当鲸鱼呼吸时，需要浮出水面，它呼气的时候所出现的喷泉状，是空气中的湿气凝结而成的。古代吴越之地的先民属于海滨族群，由于惊奇于鲸鱼的外形和习性，对其产生了强烈的图腾崇拜观念。由此产生以其形象厌火的巫术观念也就在情理之中。后世的知识体系，对于鲧化玄鱼和鸱尾厌火的知识一直在传承，同时也有所增补。《事苑类聚》继续记载汉代以鸱尾厌火的巫术现象，并记述了鸱尾形象的时代变迁：

　　鱼尾鸱吻 汉以宫殿多灾，术者言宜为其像，冠于屋，以禳之。今自有唐以来，寺殿宫观守旧，有为飞鱼形，尾底上指者，不知何时易名为鸱吻，状亦不类鱼尾。③

《萍洲可谈》指出鸱吻乃是皇权和宗教象征系统的象征符号之一，同时也记录了风俗的地区性差异：

　　宫殿置鸱吻，臣庶不敢用，故作兽头代之，或云以禳火灾。今光州界人家屋皆兽头，黄州界惟官舍神庙用之，私居不用，云恐招回禄之祸。相去百里，风俗便不同。④

---

① （晋）王嘉撰：《拾遗记》卷二，文渊阁四库全书本。
② 《史记》卷二十八，封禅书第六，文渊阁四库全书本。
③ （宋）江少虞撰：《事实类苑》卷六十，文渊阁四库全书本。
④ （宋）朱彧撰：《萍洲可谈》卷二，文渊阁四库全书本。

《〈尔雅〉翼》则对鲧死而化物的神话进行了综合辑录：

> 能鳖之三足者。《山海经》曰：从山上所三足鳖，今吴兴郡阳羡君山上有池，池中出三足鳖。盖自是一种，故魁下六星两两而比者曰：三能取此象也。昔晋侯寝，疾，梦黄能入于寝门以为厉鬼。子产称：尧殛鲧于羽山，其神化为黄能以入于羽渊，说者亦以为三足鳖。若从贤能之，能读之，则能乃兽名，熊属鹿足不当入渊中也。今祭禹庙不以鳖及能，白盖两避之。王子年《拾遗记》乃称："鲧自沉于羽渊，化为玄鱼。"玄鱼与黄能音相乱，传写文字，鲧字或鱼边，玄也。说文又称，蜮，似鳖，三足，以气射害人，岂亦能之类耶。①

宋代工匠经典《营造法式》中对于鸱尾使用依据的解释，其实也是出于对厌胜巫术的传承：

> 鸱尾　汉记：柏梁殿灾，后越巫言，海中有鱼，虬尾，似鸱，激浪即降雨，遂作其象于屋，以厌火祥。时人谓之鸱吻，非也。《谭宝录》：东海有鱼，虬尾，似鸱，鼓浪即降雨，遂设象于屋脊。②

《天中记》的记载对于描述了神话与文字起源之间的联系：

> 鲧鱼　夏鲧治水，无功，沉于羽渊，化为玄鱼，大千丈，后遂死横于河海之间，后世圣人以玄鱼为神化之物，以玄字合于鱼字为鲧字。（《拾遗录》）③

喷浪降雨、大千丈和搁浅死亡的特征，正是鲧化玄鱼为鲸的证据。那么治水英雄鲧所化之鲸鱼（水精）被巫师用于厌火也就在情理之中。《异鱼图赞补》增添了鸟化鱼的神话：

---

① （宋）罗愿撰：《尔雅翼》卷三十一，释鱼，文渊阁四库全书本。
② （宋）李诫撰：《营造法式》卷二，文渊阁四库全书本。
③ （明）陈耀文撰：《天中记》卷五十六，鱼，文渊阁四库全书本。这则记载和鲸鱼搁浅死亡的现象相关。

《青箱杂记》：海有鱼，虬尾，似鸱，用以喷浪则降雨，汉柏梁灾，越王上厌胜之法，乃大起建章官，遂设鸱鱼之像于屋脊，以厌火灾，即今世鸱吻是也。《惠州志》：黄雀鱼，常以八月化黄雀，十月后仍入海化鱼。①

《别雅》的记载表明由于古代语音、文字的讹传或变异，导致鸱尾多种异名的出现。鸱尾源流的解释系统还混入了占星学的内容，此外，对于曾经存在过的鸱尾的大小，鸱尾对于宫殿的重要性都有辑录：

蚩尾、祠尾、鸱吻、鸱尾也。苏鹗曰：蚩，海兽也。汉武作柏梁上有。《上疏》曰：蚩尾，水精，能辟火灾。《颜氏家训》曰：或问东宫旧事，何以呼鸱尾为祠尾？答云：张敞者，吴人。吴人呼祠祀为鸱祀，故以祠代鸱。或又呼为鸱吻。黄朝英按《倦游杂录》言：汉以宫殿多灾，术者言天上有鱼尾星，宜为象冠屋以禳之。《陈书》三公黄阁听事置鸱尾萧摩诃以功寝室，并置鸱尾。《北史·宇文恺传》云：自晋以前，未有鸱尾。《江南野录》：用鸱吻，此直一声之转，必欲改蚩字，又牵与蚩尤辨则曲矣。《大业杂记》：鸱尾，高百七十丈。《石林燕语》：以设吻者为殿。②

《别雅》对鸱尾诸异名的辑录，揭示了民间知识传播的某些规律。例如"祠"与"鸱"的关系，是语音混淆所致；蚩尾之说，则兼有语音混淆与附会上古神话人物蚩尤大帝的含义。以鸱尾作为鱼尾星的象征，以实现为宫殿禳灾的目的，似乎与鸱尾原形起源于鲸鱼崇拜之观念相悖，但是，鱼尾星作为一种星相被烙上鱼尾的印记，就说明其现实中提供象征性命名的资源依然是鱼。明代的文献中还记载有各种兽类形象作为巫术性符号在建造和铸造中的运用，可谓蔚为大观。《徐氏笔精》中的鸱吻乃是"龙九子"之一：

---

① （明）胡世安撰：《异鱼图赞补》卷中，羽鲜，文渊阁四库全书本。
② 凤阳府训导吴玉搢撰：《别雅》卷一，文渊阁四库全书本。

　　　龙九子　龙生九子，所载不同。一曰蒲牢好鸣，钟纽之兽；囚牛好音，乐器之兽；鸱吻好吞，殿脊之兽；嘲风好险，殿角之兽；睚眦好杀，刀头之兽；屃赑好文，碑旁之兽；狴犴好讼，狱门之兽；狻猊好坐，佛座之兽；霸下好重，碑座之兽。又云：瓦猫好险，檐前兽；饕餮好水，桥下兽；□□好慵，门前兽；宪章好囚，狱门兽；蜥蜴好腥，刀头兽；蒲牢、霸下、屃赑、鸱吻与前同。①

　　"龙生九子"之说，传达出神兽崇拜中的聚合与弥散的观念。龙九子聚合在龙崇拜的宏大观念之内，而龙九子，又因各自的神异秉性，拓展了龙崇拜的信仰体系，使龙崇拜的观念依据父子关系，弥散到器物和建筑的装饰艺术中，以彰显龙子的异能。中国古代的厌胜思想，通过富有造型感和视觉冲击力的形式来实现。其中鸱吻好吞的观念，和《蜀中广记》所记载的放鸱尾咬杀佛殿脊记载相互印证。《艺林汇考栋宇篇》亦说鸱吻（尾）为龙九子之一：

　　　《艺林伐山》：龙生九子不成龙，各有所好，屃赑、鸱吻之类也。②

《俨山外集》中又称鸱吻乃是鸱鸮氏之子：

　　　闸口上以石凿兽置两傍，状似蜥蜴，首下尾上，其名曰□（虫，八，左右结构）□（虫，夏，左右结构）昔鸱鸮氏生三子，长曰蒲牢，好声以饰钟，今之钟纽是也；次曰鸱吻，好望，以饰屋，今之吻头是也；次曰□（虫，八，左右结构）□（虫，夏，左右结构），好饮，即今闸口所置是也。③

《名义考》所列的工匠巫术灵物多达十四种，其中却未提及鸱尾：

───────────

① （明）徐（火勃）撰：《徐氏笔精》卷八，杂记，文渊阁四库全书本。
② （清）沈自南撰：《艺林汇考栋宇篇》卷九，梁桷类，文渊阁四库全书本。
③ （明）陆深撰：《俨山外集》卷七，文渊阁四库全书本。

十四物取义 赑屃，形似龟，性好负重，故用载碑。螭□，形似兽，性好望，故立屋角上。徒牢，形似龙而小，性好吼，有神力，故悬于钟上。宪章，形似兽，有威性，好囚，故立于狱门上。饕餮，性好水，故立于桥所。蟋蟀，形似兽，鬼头，性好腥，故用于刀柄上。□□形似龙，性好风雨，故立于殿脊上。螭虎，形似龙，性好文彩，故立于碑首。金猊，形似狮，性好火烟，故立于炉盖上。椒，图形，似螺蛳，好闭口，故立于门上，今呼鼓了，非也。蚵蛏，形似龙而小，好立险，故立于护杇上。鳌鱼，形似龙，好吞火，故立于屋脊上。兽吻，形似狮，好食阴邪，故立于门镮上。金吾，形似美人首，鱼尾，有两翼，性通灵。故用巡警，见《菽圆杂记》。得之倪村民家杂录中，必博雅者有所采也。其曰螭虎，亦不免讹耳。恐讹亦不止此云。①

古人将有特殊习性的兽类、鱼类、鸟类或混合形象的巫术灵物作为象征符号运用于建造或铸造工序之中，形成了一个庞大的象征系统。这个象征系统已经超越了龙九子的范围。"鳌鱼"极为可能是鸱尾的异名。民间装饰艺术知识体系在口传心授的过程中，难免出现以讹传讹的现象；从巫术灵物的多样性存在来看，工匠们在继承既有传统的基础上，也在不断丰富知识的内容，发明新兴的艺术符号。鸱尾也处在这一继承与创新的历史进程中。

如上所论，鸱尾在建筑中的巫术意义极可能起源于古代越人对鲸鱼的崇拜。先民依据鲸鱼身体硕大、喷水以及搁浅横死的生活习性，将其与文化英雄鲧化玄鱼的神话间建立起一种联想，并且以鸱尾的形象来厌压火灾。现实经验和想象经验赋予了鸱尾丰富的文化意义。附着在鸱尾上的文化意义是极其深远的。尽管鲧化玄鱼的神话在晋代的文献中才有了记载，但是，作为古越人的祖先神话却一直流传在其族群内部——至少在汉代以前就作为口头叙事和祭仪的解释系统而存在了。龙和鱼、鱼和鸟之间的变形则体现出神话思维的神秘性。在实际的运用中，用以厌火之物显然渗入了五行相克的原理，即以水精或水生植物、取水建筑（井）的象征化符

———————————

① （明）周祈撰：《名义考》卷十，物部，文渊阁四库全书本。

号来实现预想中的目的——厌火。

鸱尾是中国古代建筑中著名的厌胜符号。中国古代建筑是一种兼具现实功利性与超自然神圣性的文化事项，是一种神圣的文化空间。类似于鸱尾的厌胜符号，还有八卦、雄鸡、厌胜钱、厌胜米、石敢当、姜太公、鲁班、瓦猫等，这些凝固着特定巫术功能的历史文化象征符号，在技术、巫术、艺术三元互补的建造过程中加以运用，共同实现禳灾辟邪、祈求宅安的目的。空间安全，是人类的基本生理需求。鸱尾等厌胜符号正是人类为缓解对空间安全所怀有的焦虑感所发明的系列文化符号之一。鸱尾的制作及其厌胜作用的被接受，受益于鲧化玄鱼神话的有力支撑；制作和接受鸱尾的行为，又强化了起源神话的神圣性和信实性。作为一种视觉交流符号，鸱尾的存在强化了民众对上古宗教的信仰。

鸱尾还是一种极具"魅惑性"的艺术品。艺术人类学家盖尔认为，艺术乃是一种带有魅惑性的技术体系，它的魅惑性其实是一种魔法效应，在被魅惑的欣赏者看来，现实世界具有了魅惑的特质。艺术品是心理战中的武器，是魔力得以显现其自身的证据。① 鸱尾这种特殊的文化事项，现代人依据不同的认知视角，可以将其视为巫术灵物、装饰艺术或建造技术体系的一部分。然而，在古代文化语境中，巫术、艺术、技术并未得到非此即彼的区分，而是浑融一体、兼容并蓄。鸱尾的魅惑性在于其起源神话的悲剧性、奇幻性；在于其造型本身的独特、怪异，在于它契合了水精厌火的逻辑。鸱尾在一种象征过程中魅惑观众。昂立在建筑高端的鸱尾造像，导引民众对鲧化玄鱼的远古神话展开想象，从审美的角度，获得了对舍身为民的文化英雄的崇拜和缅怀；从功利的角度，获得了对免于火灾、占卜祸福以及避雷方面的心理慰藉。所以说，鸱尾具有审美效应，也是战胜内心焦虑的一种心理武器，而审美效应和功利效应的发挥，又离不开制作鸱尾的技术体系。

---

① Gell, A. The Enchantment of Technology and the Technology of Enchantment, in Coote and Shelton (eds.), Anthropology, Art and Aesthetics. New York: Oxford University Press, 1992, pp. 41—62.

结　　论

　　现在应该可以对工匠建房民俗的源流作一个较为概括性的描述了：我国初民自从创造居室以来，就开始了两方面的探索，其一是以实现居室的牢固、美观为目的的技术意义上的不断突破；其二是初民的空间观念中，居室是人、鬼、神共居的神圣空间，所以在建造过程中有了宗教意义上的趋吉辟邪的观念和仪式的发展。原初形态的建房民俗突出地表现为对土地、树木的信仰。初民认为土地和树木并非人类的私有财产，如果不施以巫术仪式，来自土地和树木中的神灵和鬼怪就会令居者遭受厄运。鬼神的无处不在影响了建造过程中的每一个环节。对居室的膜拜中蕴含了对建造者——工匠的膜拜。自春秋战国时期以来，在今山东省滕州市一带，出现了技术高超的工匠公输般。公输般因巧于发明器物，在民间形成了一个强有力的传说群；加之文人墨客的记载，工匠群体的夸饰，鲁班传说流传的范围逐渐扩大，影响力日益增强。至迟到唐代，社会上已经开始出现了将建筑物的建造者普遍地附会于鲁班的社会风气。因为受到鬼神理论和神仙信仰的推波助澜，鲁班逐渐演变为工匠之祖、工匠之神；同时，因为受到道教法术、术数学、阴阳五行观念、巫蛊信仰、风水学等文化的影响，奉鲁班为祖的工匠最终形成了伪托鲁班为作者的巫术经典。这类经典向各地传播的过程中，出现了《鲁班书》、《木经》、《木工经》等版本。建房工匠四处建造房屋，并将建房技术和巫术两种共存的知识传播开来。如同经典化民俗知识形成时，吸收了原初形态的工匠建房民俗中的巫术知识一样，经典化民俗知识在向各地传播的过程中，和地方民俗信仰相结合。在传播的过程中，工匠对传统的继承和自身的创造也是建房民俗表现出多样化特征的原因之一。接受民俗经典的建房工匠，成为了建房仪式中处于突出地位的施巫角色，他们往往和风水先生（阴阳先生）、巫师以及房主一起构成了建房仪式的组织力量。信仰鲁班的建房工匠施行的建房仪式一般分为伐木仪式、动土仪式、竖柱仪式、上梁仪式、封龙口仪式等程序，各程序都富含对传统文化符号的使用。工匠为了更加有力地凸显自身的社会地位，争取较好的待遇，在建房过程中出现了"建房工匠匿物主祸福"巫术的使用。工匠建房巫术在现代以来受到科学理性思维的强烈冲击，出现了式微，但却未曾彻底消失，更多地遗存在乡村民俗生活中。以上是对工匠建房民俗源流的概括性描述，而作为研究的结论，却有几个问题需要澄清。

一 传说和仪式

在对工匠建房民俗中道教神仙神格形成的历史进行考论的过程中，不难发现，主要是神仙传说和仪式合力建构了民俗信仰中的神格。民间文学研究史上曾经出现了影响深远的神话—仪式学派，该学派发轫于弗雷泽。弗雷泽通过对神话、仪式以及习俗进行分析之后，举出了大量神话产生于仪式的例证；同时也举出了一些神话产生仪式及习俗的反例。他的研究结论是神话和仪式之间相互表征了对方的存在。在弗雷泽的启示下，以穆瑞、哈里森和胡克为代表的学者开始纷纷发表论著，期间，出现了仪式先于神话和神话先于仪式两种争执不休的观点。尽管该学派内部存在分歧，但他们在著作中也形成了相对集中的论点："神话是作为仪式部分的叙事；神话是在仪式中叙述的事件；在仪式中既讲述神话又实施仪式；神话可以间接讲述或伴随着仪式讲述。"① 尽管神话—仪式学派在 20 世纪 50年代就已经基本消歇，而且争论神话和仪式孰先孰后的问题也成了一个先有鸡或先有蛋的、在一定程度上没有太大意义的问题，但是，神话—仪式学派的争论将神话和仪式的研究推向了从文化语境中来开拓新路的端口，即人们更多地不再将二者孤立来看，而是将它们视为相互编织缠绕在一起的文化事项，对它们的研究需要特别注重它们所处的文化语境。

一般来说，作为文类的区分，神话、传说和民间故事一起构成了民间文学中散体叙事的三种形式。这三种形式的要质有着极为复杂的结构，有时要对三者进行区分，则不得不依托于该形式的创作者、传播者和接受

---

① 孟慧英：《神话—仪式学派的发生与发展》，《中央民族大学学报》2006 年第 5 期。

者。相对于民间故事而言，传说和神话之间有一个共同点，即以信实性作为区分标准，则神话和传说都是"真实的"。近年兴起的历史人类学学派甚至将神话和传说作为"历史记忆"来看待，认为神话和传说虽然不是传统史学意义上的客观的"历史事实"，但却是一种"历史真实"，因为神话和传说构成了民众的思想史或心态史。本文所指的"事实"，是指"传播它的人们认为它是真实的事实"。① 民间工匠建房巫术是一种以"房屋建造程序深刻影响到建造者和房主的祸福"为信仰基础的巫术现象，这种现象的存在无疑和仪式以及传说密切相关，可以说，巫术仪式和巫术传说是支撑巫术信仰的最为重要的动力。民间工匠建房民俗的特殊性，使得其具有可以作为一个特定的语境来分析仪式和传说之间关系的可能。

　　巫术仪式的中心在于通过特定的行为模式来祭祀或驱逐神灵和鬼怪，参与者夹杂着敬畏、恐惧以及憎恶等心理，主要看巫术对象对于达到巫术目的而言是促进还是阻碍。传说的生命力在于其不是一成不变的固定文本，而是随着时空的改变而不断发生变异。但是，传说大多会形成较为恒定的情节，类似于民间故事中的母题之类的东西。围绕传说中的人物，单一的传说不断增加，一个庞大的家族——传说群就出现了。传说群是历时性积淀的产物，但传说群和一种广泛施行的巫术仪式交织在一起时，传说群所构建的神格获得了一种真实性，获得了来自传统文化的支撑，神格具有了权威和神圣的特质。

　　例如，民间工匠建房仪式中处于突出地位的祭祀神灵是鲁班，是仪式中的主神。建房工匠之祖鲁班在巫术仪式中受到了虔诚地祭祀。鲁班神仙化神格的建构来源于两种内部力量的支撑：几千年来鲁班传说在历时性的传承过程中日益积淀，成为了一个具有解释作用的传说群；其二是祭祀鲁班的仪式在民间不断演述，以模式化的祭祀行为对鲁班神格进行构建和表征。以鲁班为中心的传说群在中国多民族、多地域中间生成，构建了鲁班的神格，有力地支撑着工匠建房过程中有关鲁班及其衍生神张班的祭祀仪式，传说群使得鲁班已经成为一个象征性的符号，从文学层面上的传奇人物演化为信仰层面的神灵。

---

　　① ［美］威廉·巴斯科姆：《口头传承的形式：散体叙事》，载阿兰·邓迪斯编，朝戈金等译：《西方神话学读本》，广西师范大学出版社 2006 年版，第 11—13 页。

再如，姜太公的种种传说在历时性的演变中层层累积，最终构建了其神格——镇压鬼神的镇宅神仙，姜太公出现在工匠建房仪式要素——祷词、咒语、神位中，总之，姜太公已经被象征化，他所统摄的是其背后的传说和祭祀仪式。在民间工匠建房巫术中，传说和仪式之间是相互依存的。

现在看来，不可否认传说和仪式之间同样存在着神话——仪式学派所争论的先在性的现象。古代民众对于建造技术的崇拜和对神仙、巫术等的信仰，一步步推动着鲁班"神仙化的建房工匠祖师"神格的形成，可以说，祭祀鲁班的仪式是后起的产物，但是，当祭祀仪式出现后，传说和仪式之间的关系便成为相互扭结的状况，除了勤于考据辨析的学者之外，在地方性知识持有者那里，人们未必关心其历史演变，甚至有的民族还将鲁班传为本民族特有的工匠。姜太公神格的形成也是如此，传说先于仪式而层层累积，但祭祀仪式出现后，仪式和传说便难解难分，相互表征。

在笔者看来，对于传说和仪式的关系，在其发生阶段，传说是先于仪式而存在的，因为一个常识性依据在于：是人们的观念支配着人们的行动，是传说引发了仪式的举行。但是，人们也可以反驳说，是行动导致观念的产生，因为人们需要传说来解释仪式的合法性存在。如果将传说群历时性地层层累积考虑在内，第二种观点恐怕就要被击碎。而在实际的民间生活中，我们又确实看到可解释仪式的传说的大量存在。后起于仪式的传说用来解释仪式，大多是因为知识在传播的过程中出现了断裂，知识的遗忘需要新的解释体系，这种解释体系就是格尔茨所说的地方性知识。此外，解释性传说的出现还可能加入了对现实世界的某种心理表达。

克拉克洪认为神话和仪式有着共同的心理基础。"仪式是某种难以摆脱的重复性行动——经常是对社会的基本需要而作的某种象征性的戏剧化表演，这种需要有可能是'经济的'、'生物的'、'社会的'或'性的'。"① 传说作为不断传承变异的散体叙事，仪式作为模式化的表演行为，其实都是出于人类某种深层次需要甚至是焦虑而存在的，它们之所以扭结在一起并被认为是真实的存在，是因为他们有着共同的信仰基础；他

---

① 克莱德·克拉克洪：《神话和仪式：一般的理论》，史宗主编：《20世纪西方宗教人类学文选》，上海三联书店1995年版，第166页。

们之间之所以出现无法对应的情况，则是因为知识传承的断裂或其他文化观念的渗入。当然，不是所有的传说都引发了仪式的演述，也不是所有的仪式都有相应的解释性传说。传说和仪式同样存在共存、独存或共同丧失的现象。

二　象征和阈限

工匠建房民俗传统内的要素，其实都具有一种传统性，是一种经过长时期积淀的文化事项。文化事项在其历时性的演变之中，会有新的发明和创造，但任何新生体的出现，都是建立在以往的基础之上。同时，作为一种过程的工匠建房仪式，具有两个突出的特征：象征和阈限。这两个特征和传统性依然有密不可分的联系，比如说一个符号要成为象征性符号，必然是一个意义之网构建了它的存在，没有传统意义的支撑，一个符号的象征性就得不到特定群落的认可。但是，传统性并不能代替象征性，象征关系到人类思维中的抽象、具象、联想等机能。至于分析阈限，是在对仪式过程进行条分缕析，这意味着将仪式视为一种动态的人类行为，一种有规律和模式可循的行为。

象征可以说是仪式的基本特征之一，我们发现仪式是被象征化的一系列过程。文学理论范畴内的象征是指一种修辞方法，当意象持续并且重复地呈现和再现，那么意象就变成了象征，甚至是象征系统或者神话系统的一部分。① 仪式意义上的象征显然与文学理论所阐述的象征大有区别。《象征词典》这样解释仪式："基本上说，每一个仪式（rite）都是象征化并再生产出其创造性。所以，仪式与象征的机能紧密地联系在一起。无论是那些缓慢运动的仪式（ritual），还是有所个性化的仪式（ceremonies）都与超越运动的节奏联系相结合；同时，每一个仪式都属于一种聚合，即受到力量和类型的深刻影响，仪式的功能来自于不同的力量和这些力量相互交错所发生的权力表达。"② 仪式上的或文学上的象征无疑都必须将象征的原初意义考虑在内："象征，英语为 symbol，在希腊语中，'象征'

① 韦勒克、沃伦著，刘象愚、邢培明、陈圣生、李哲明译：《文学理论》，生活·读书·新知三联书店 1984 年版，第 204 页。

② 彭兆荣：《人类学仪式的理论与实践》，民族出版社 2007 年版，第 202 页。

的词根是表示把两种不相关的事物'联系起来',它们的重新组合产生出某种新的东西,由于更为复杂而显得更有价值,这是象征的原始意义。"①象征无疑是人类的一种再创造行为,是一个赋予事物、行为以特定意义的文化行为。

在建房仪式中,象征行为是无处不在的。基诺族通过在土地上种下种子,以种子是否出齐作为判断是吉祥福地还是不吉祥的凶地的依据;独龙族择地基时将种子放在灼热的石板上,以种子受热炸动之后是否离开石板来判断凶吉。在信仰宗教和巫术的时代,占卜时所发生的现象就是神谕的象征;在那样的思维模式下,偶然性得不到应有的承认,人的思维朝着有利于解释神谕的方向发展。建房仪式中由巫师或工匠来进行的占卜行为,如看鸡卦等,其实都是把特定现象视为神谕,神灵通过特定现象向人们吐露真言,指导人的行为。为了更加明晰地对建房巫术仪式中的象征现象进行分析,我们有对象征现象进行区分的必要。即在象征现象中,存在两个层次,第一个层次是象征符号的存在;第二个层次是象征行为的存在。需要注意的是,无论是象征符号还是象征行为,都是具有传统意义的,因为传统意义是象征在特定群落中受到承认的必要条件。例如普米族所崇拜的中柱并不是房屋架构里的中柱,而是在新盖的房子边上立一棵青松,以这棵青松象征房子的中柱。普米族用宗教颂词般的语言来歌唱这棵中柱:"这是一棵珍珠装饰的柱子,这是一棵碧玉凿成的中柱。这是一棵带来吉祥的中柱,这是一棵圣洁无瑕的中柱。……神圣的中柱阿,请接受我们的崇拜!"② 现实中一棵普通的松树,在象征性的思维模式里,却具有了无比丰富的意义,象征性将平凡的东西神秘化,将简单的东西复杂化,在简单与复杂、平凡与神秘之间建立起联系。在象征的世界里,真正深刻的不是借以表意的符号,而是符号所表达的意义,象征就是以符号进行表意,所以对于符号意义的最终解释权属于文化持有者。云南西双版纳傣族建造竹楼时要挑选象征男性的男柱"梢召"(又叫王子柱)、象征女子的女柱"梢喃"(又叫公主柱),中柱、家神柱(梢丢瓦拉很)、灵魂柱(梢欢),

---

① 胡志毅:《神话与仪式:戏剧的原型阐释》,学林出版社 2001 年版,第 102 页。

② 中国民间文学全国编辑委员会、《中国歌谣集成·云南卷》编辑委员会:《中国歌谣集成·云南卷》,中国 ISBN 中心 2003 年版,第 1268 页。

这些神圣的柱子必须树干通直粗圆，因为柱子的通直粗圆是家庭未来家业兴旺繁荣的预示，柱子上挂上的芭蕉叶是驱赶恶龙的辟邪灵物，中柱下垫的冬岛、冬芒树叶则是为了避免侵扰龙王。① 我们把象征现象分为象征符号和象征行为并不是要将二者孤立对待，事实上，在建房仪式中，象征行为正是通过有程序性地使用象征符号来完成的，没有象征符号，一个仪式就不可能称其为象征行为，巫师和工匠们总是要借助象征符号来使他们的行为意义深刻。所以有学者指出，仪式行为独特属性在仪式中得以保持的最小单元是象征符号，这些象征符号在物件、行为和意义之间建立起联系，因为象征符号和他们所象征的对象上有着品质、事实或思维上的联系。因为传统文化压力的存在，象征符号成为了典型或代表，得到信众的集体认同。象征符号也是促成联想的符号。②

以工匠建房仪式中最重要的程序之一——上梁仪式为例，上梁仪式中使用的每一件物件几乎都被象征化了。梁是紫金梁，甚至是龙；柱是通天柱或玉柱；用以祭祀神灵的鸡是金鸡、凤凰鸡或王母娘娘报晓鸡；木匠祭祀的对象——鲁班、姜太公及其他，通常以神位的形式来象征，加上人类的伟大发明——文字的使用，使得神灵的象征更加明朗；八卦、上梁钱，以及丰富多彩的用于抛撒的物件，无一不具有象征的意义。这些象征符号中，有些符号因为有长达数千年甚至更久的信仰系统（如民间传说）作为支撑体系而获得了坚如磐石的凭据（如鲁班、姜太公、八卦、雄鸡等）；有的符号所建立的物和意义之间的联系却未必有过多的支撑体系，而是出于人们在物和未来生活之间建立起的联想（如水族用于包梁的年历、笔、墨、椿树枝、扁柏树、盐茶米豆等）。③ "象征符号和人们的利益、意向、目标和手段相关，不管这些是明确表述出来的还是得通过我们观察到的行为推测而来。"④ 象征符号的使用具有强烈的目的性，但是建房仪式中的象征符号无论多么驳杂多变，都以辟邪或求吉为目的。

---

① 毛公宁主编：《中国少数民族风俗志》，民族出版社 2006 年版，第 699 页。

② ［英］特纳著，赵玉燕、欧阳敏、徐洪峰译：《象征之林：恩登布人仪式散论》，商务印书馆 2006 年版，第 19 页。

③ 毛公宁主编：《中国少数民族风俗志》，民族出版社 2006 年版，第 947 页。

④ ［英］特纳著，赵玉燕、欧阳敏、徐洪峰译：《象征之林：恩登布人仪式散论》，商务印书馆 2006 年版，第 20 页。

当然，工匠们特定的巫术性动作中也体现出象征思维来。在工匠的每一个动作中，都将象征渗透到其中，这时的动作之所以具有巫术意义，其实就是因为它是象征性的。如土家族木匠上梁仪式中的上枋仪式就明显体现出这一特性。工匠配合着动作唱道："梯上一步，一步大发，梯上二步，两仪太极。梯上三步，三生佳运。梯上四步，四季发财。梯上五步，五子登科。梯上六步，禄位高升。梯上七步，七姊妹团圆。梯上八步，八上八发。梯上九步，九长久远。梯上十步，万事大吉。"每一步都有其特定的象征意义。① 再如浙江东阳市的工匠在撒五谷仪式中唱道："一把五谷抛到东，东家要成大富翁；一把五谷抛到西，东家财主笑嘻嘻；一把五谷抛到南；餐餐小盘加大盘；一把五谷抛到北，一年四季不愁食；一把五谷抛到地，东家元宝满仓又满厨；五谷丰登万万年。"② 再如向东西南北中五方抛撒物品并配合有五行观念的祷词，其实都是一种带有巫术性质的求吉祷词。无论工匠们的求吉祷词是依据传统模式还是自由地临场发挥，其仪式目的都是围绕着求吉而展开的，此时工匠抛撒的巫术灵物就是象征符号，而抛撒的行为是象征性的行为，整个仪式都被象征化了。"仪式象征符号最简明的特点是浓缩（condensation）。一个简单的形式表示许多事物和行动。"③ 象征符号的使用乃是人类所特有的一种智慧，是人类想象力发达的表征。以简蕴繁、以少代多、通过象征性符号的使用，人类有了象征行为，一个意义之网被人类运用象征符号的行为编织起来。

维克多·特纳强调，过渡（transition）是一种过程，一种生成，在通过仪式中，过渡还是一种转换。他将过渡比喻为"正被加热到沸点的水，或正从蛆变成蛾的蛹"。他还从文化特性的角度强调过渡和状态之间的区别。④ 特纳之所以要强调状态和过渡之间的区别，是因为在他看来，对他的仪式理论具有直接启发意义的范根内普的关于通过仪式的理论其实都属

---

① 欧阳梦：《土家族建房习俗研究——以湖北省宣恩县老岔口村为例》，华中师范大学硕士学位论文，2007 年 5 月，第 19 页。

② 中国民间文学集成全国编辑委员会、中国民间文学集成浙江卷编辑委员会：《中国歌谣集成·浙江卷》，中国 ISBN 中心 1995 年版，第 139 页。

③ ［英］特纳著，赵玉燕、欧阳敏、徐洪峰译：《象征之林：恩登布人仪式散论》，商务印书馆 2006 年版，第 27 页。

④ 同上书，第 94 页。

于"状态"的范畴。范根内普认为，过渡仪式可区分为分离、边缘（或阈限）、聚合三个阶段。①

很明显，工匠建房仪式属于一种过渡性的仪式，这种仪式具有特纳所说的模棱两可的特性，参与到仪式中的个体具是一种"阈限人"的身份。② 从职业的角度看，中国的建房工匠其实具有多重社会身份。在乡村社会中，工匠往往是农忙时在家做农活，农闲时外出建房；即使是专职的工匠，其身份也包含了两重，即技术意义上的工匠和巫术意义上的巫师。建房工匠在不同时期都面临着角色转换（以乡村建房工匠为例）：农民（农忙时期）——工匠（建房时期）——巫师（施行建房巫术时期）。作为阈限人的建房工匠在施行巫术的时期变成了一种模棱两可的角色。他（他们）是农民吗？是工匠吗？是巫师吗？是又不全是，模棱两可，以往的社会文化背景对其进行了身份定位，当其在新的语境中行动时，却无法彻底脱离原来的身份。

云南楚雄彝族的工匠施行的巫术是一种在农耕文明状态下成形并成熟的巫术形态，属于《鲁班经》系统的巫术。木匠们平时和一般的农民没有任何区别，耕田种地，只是因为木匠拥有技术和巫术知识，所以村民对于木匠保持着一种敬意，不过这种敬意是蕴含着的，在日常生活中，木匠只是一个普通的农民。可是，当建房时期到来时，木匠的农民身份其实被弱化了，而关于技师和巫师的身份却被凸显出来。在建房仪式中，工匠每一个巫术动作都将关系到房主未来的生活福祉，也就是当地人说的家运。可以说，木匠的每一步技术程序都有相应的巫术程序相配合——技术和巫术并行不悖。巫术的施行一方面是为了保证技术的顺利完成，如建房中不会出现意外事故；另一方面则是作用于房主的未来生活。

以楚雄彝族建房工匠为例。对建房工匠而言，建房的第一个步骤是兴土动工。木匠在此要杀死一只会打鸣的公鸡，他们认为不会打鸣的公鸡没有驱邪除煞的功效。期间，有一理念称为"领生回熟"，即祭祀祭品杀死后祭祀一次；将祭品煮熟后再祭祀一次。生祭品是为了祭祀土地，熟祭品的

---

① ［英］特纳著，赵玉燕、欧阳敏、徐洪峰译：《象征之林：恩登布人仪式散论》，商务印书馆 2006 年版，第 94 页。

② 同上书，第 97 页。

祭祀会令主家建房后大发大顺。另一种解释是生祭品祭祀天地，熟祭品则意味着一帆风顺。祭品除了公鸡之外，还有米和茶，所有的祭品都要遵循"领生回熟"的要领。木匠和泥水匠在技术上毫不含糊，他们对于材料的使用有较精确的计算。如三间两层的房屋需要 12000 个土基，一个土基 40 公分长，20 公分宽。① 对于木匠而言，第二个重大的仪式是架木马，伐木时，须先砍中梁，因为中梁乃是木中之王。杀一只大公鸡祭祀中梁，然后将中梁靠在墙上，避免有人跨过。之后开始制作木料。竖柱前的夜里，要举行送木神的仪式。木匠用木棍架成三只脚的木马一对，用一根木棍代表中梁。从真正的中梁上锯下一个圆木片②，在上面写上"圆木大吉"四个字。木匠用木头制作成代表性的锯子、斧头等木工工具的模型。接下来是制作神位。在木板上写上"曲尺童子之神位"、"墨斗郎君之神位"、"赐奉鲁班仙师鲁国公输子之神位"，将三个神位插在盛满米的斗中。③ 送木神的木匠要向地师请教送木神的方向，方向是根据八卦方位定的，一般送往南方或北方，要一直走到看不见房子的地方，不能遇见人。临走之前在每个柱脚下烧香。将所有的祭品送到水边后，将象征工具的模型、牌位、圆形木片烧毁。工匠背对着村庄，将灰烬撒入水中。这一仪式的目的其实是象征着鲁班仙师已经降临，预先为工匠驱除了建房过程中的种种障碍。作为精灵的木神也被送走了，不会在家中作怪了。回到家后，放一封鞭炮，用木棍在柱脚下敲三下，大叫"起！起！起！"柱脚的香如果烧不尽，预示着上梁时要出大事；如果烧尽了则大吉，特别当烧香时发出噼噼啪啪的响声，则是最为吉利的征兆。第二天，木匠开始和泥水匠一起竖柱。下午三点将中梁的排位贡在梁边，竖柱完成后，将中梁排位贡在中堂的墙上。祭品是猪头，祭祀的时间约为一小时。在祭祀的时间里，将一个八卦图包在中梁的中间，在八卦图中心钉上一个银币。点梁时，主家将公鸡送给木匠作为礼物，木匠将公鸡用酒灌醉，将鸡冠掐破，以血点八卦图的四方，并念咒语。包八卦图、灌酒时都有相应的咒语。包八卦图时念：

---

① 当地人在建筑中使用的材料，用泥和切成段的干稻草合成，为长方体，有固定的制作模具，是一个立方体的木框。

② 圆形木片。

③ 斗：一种计算粮食多少的传统工具。

小小中梁，

一丈一尺六寸长，

仙天八卦，

奉来包棵大红梁。

自从竖柱日子包过后，

吓得一切邪魔鬼祟去远方。

自从竖柱日子包过后，

人丁清吉，

财源丰富，

方方来财，

五谷丰登；

粮食满仓，

装满前仓装后仓；

六畜兴旺，

猪、狗、鸡、鸭、牛、马、驴、骡全面发展。

灌酒时念：

一杯灌金鸡，

金鸡吃了笑嘻嘻；

二杯灌金鸡，

金鸡吃了身披五彩衣；

三杯灌金鸡，

金鸡吃了叫叽叽。

点梁时念：

鸡鸡鸡，

身穿五彩衣，

下得三双六个蛋，

抱得三双六个鸡。

> 第一个飞到山中去，
>
> 取名叫野鸡；
>
> 第二个飞到山箐里，
>
> 取名叫箐鸡；
>
> 第三个飞到竹棚里，
>
> 取名叫竹鸡；
>
> 第四个飞到秧田里，
>
> 取名叫秧鸡；
>
> 家中养着这只，
>
> 叫作点梁鸡。

点梁之后是拉梁。

木匠用食盐雕成一个塔的形状①，与一个元宝一起拴在提梁线上。

向上提梁时念：

> 中梁，
>
> 中梁，
>
> 你在山中做树王。
>
> 伐青日子请你根子做中柱，
>
> 木尖子做中梁。
>
> 拉梁，
>
> 拉梁，
>
> 小小草龙长又长，
>
> 请拉梁君子放下拴中梁，
>
> 一头拴中梁，一头拴梁脚。②

提梁之后念：

---

① 旧时农村食用的食盐凝结成块状，故可以用来雕刻。
② 草龙：一种由稻草搓成的粗绳子，长达数丈。草龙之称亦是受到龙崇拜的影响。

中梁合在中柱上，

金银财宝天天有。

念完之后，将手中的元宝扔给主家。拉梁之后就到了最为隆重的撒抛梁仪式。撒抛梁之前，用龙绳将抛梁粑粑向上拉[1]，抛梁粑粑装在一个大斗里。木匠一边拉斗一边念：

小小升斗四角叉，

粑粑撒给客人吃，

小斗奉还主人家。

接不着我的宝们富贵荣华；

接着我的宝们荣华富贵。

天上的宝赐下，

地上的宝捡起来。[2]

斗拉上梁后，木匠师傅向四面八方抛撒斗中之物，谓"撒抛梁粑粑"，口中念道：

一撒东方甲乙木，

金银财宝上秤称；

二撒南方丙丁火，

□□□□□□□□；

三撒西方庚辛金，

金银财宝万万五；

四撒北方壬癸水，

金银财宝似流水；

五撒中央戊己土，

---

① 抛梁粑粑的过程中其实包括了撒面粑粑、钱币和糖果。

② 们：当地方言，相当于汉语中的"么"。

□□□□□□□□□。①

梁下的小孩和一部分成年人就会争抢粑粑、钱币等物，捡到的人会有好运。场面十分热闹。撒梁之后是"架枋出水"。用两根椽子钉在木头上，用瓦盖住，提一壶水，将水浇在瓦上，念：

> 架枋出水，
> 大吉大利！

之后就是钉椽子、木头和盖瓦。封龙口时②，如果最后一片瓦盖好之后还需要将另一片分开来补充，则可根据补充的部分占卜出主家还剩下多少钱。以鲁班尺来计算，如1000元等于一寸。③ 在龙口内封入一本通书，将通书内所有的火字用笔画掉，这样可以避免火灾。在龙口内封入一支毛笔和一锭墨，这样主家会出读书人。龙口封完之后，作为工匠的建房技术程序已经完成了。当然，在建房中也有工匠因为遭到主家的刻薄对待而施法祸害主家的情况，如将一只破毛笔藏在柱洞内，夜间就会有白头老妪从柱子上爬下来。这种巫术在民国时期十分盛行，当时的木工持有《木工经》，后来失传了。

---

① 省略的内容属于木匠年迈、记忆力衰退、无法记全的部分。

② 龙口为房顶的一侧最末端。

③ 《朱氏图》载：营造尺即木匠曲尺，今木匠曲尺一尺得营造尺九寸。尝询匠氏曲尺异同，答云：自古至今无二尺，盖明代营造尺由工部更定颁行，而匠氏自用其高曾之矩，故不同也。见原任知县胡彦升撰：《乐律表微》卷一，度律上，文渊阁四库全书本。《鲁班经》记载有"鲁班真尺"一条目：按鲁班尺乃有曲尺一尺四寸四分，其尺间有八寸，一寸准曲尺一寸八分。内有财、病、离、义、官、劫、害、本也。凡人造门，用依尺法也。假如单扇门，小者开二尺一寸，一白，般尺在"义"上。单扇门开二尺八寸在八百，般尺合"吉"。双扇门者，用四尺三寸一分，合四禄一白，则为本门，在"吉"上。如财门者，用四尺三寸八分，合"财"门吉。大双扇门，用广五尺六寸六分，合两白，又在吉上。今时匠人则开门阔四尺二寸，乃为二黑，般尺又在"吉"上。及五尺六寸者，则"吉"上二分，加六分正在吉中，为佳也。皆用依法，百无一失，则为良匠也。见（明）午荣编，李峰整理：《新刊京版工师雕斫正式鲁班经匠家镜》，海南出版社2003年版，第39—40页。此外，《鲁班经》还记有《鲁班尺（诗）八首》、《本门诗》、《曲尺诗》等。鲁班尺的使用依据的是十分复杂的术数学原理，是将长度与人生祸福相联系的一种思维模式。

　　建房完毕，木匠还要对鸡骨进行占卜，占卜仪式是一个可能导致未来很长时间内当地村民处于恐惧或欣喜状态中的行为。占卜时，所有人都围在木匠身边，木匠的每一句话都会引起听众的心理变化。占卜的方式主要有六种：第一种：观察鸡嘴内的鸡须，如果鸡嘴内的两根细须弯则为吉；如果是向两边岔开，不弯则为凶。第二种：鸡的上嘴壳"柳叶"全部在为吉；掉了则为凶。第三种：鸡眼角内有一根白须，须头上什么也没有为吉；如果有杂物则家中还有事情要办。第四种：看鸡脑壳的合缝处，有红点则主家要发财，看红点大小则知财多少；脑壳内有一条缝为地槽，如果地槽内有横线，则不久要死人，无横线则为吉；脑壳中间的合缝两边如果有雾气状，则要下雨，无雾气则天晴。第五种：看鸡大腿上的黑点数，有四个黑点为四平签；一只腿上有一个点为上上签；若有三个点则为下下签。盖房子是四平签好，求事则是上上签好。第六种：将鸡脑壳和鸡尾骨平放在一起，观察是头高还是尾低。头高则吉，尾低则建房收尾时有不好的事情要发生。村民们认为这种占卜十分灵验。①

　　建房完成之后，工匠又回归农民身份，不再具有"阈限人"的特性（场合意义上的）。可以说，这种过渡或阈限的阶段，处于特定时空中的人和物其实都已经被普遍地传染了。房子必须通过巫术仪式的施行才适合人居住；工匠既是技师又是巫师、还是农民；作为房主以及参与人，都是这一阶段中的一分子；巫术仪式中的所有物件，都具有了象征的意义。其余调查收集到的工匠建房巫术的个案也符合这样的逻辑分析，没有赘述的必要。事实上，还可以将建房前、建房中和建房后三个阶段对应地划分为世俗、神圣和世俗的阶段：世俗（建房前）——神圣（建房中）——世

---

　　① 上述云南楚雄彝族地区的工匠建房巫术的材料主要来自于笔者的三次田野调查。第一次：被访谈人：李佐春，75 岁，男，彝族，当地著名木匠。访谈地点：红村。访谈时间：2008年 7 月 23 日。第二次：被访谈人：李万春，65 岁，彝族，当地著名木匠。访谈地点：红村。访谈时间：2008 年 8 月 20 日。第三次：被访谈人：巴红祥，50 岁，彝族，当地著名木匠。访谈地点：巴大村。访谈时间：2009 年 7 月 22 日。年纪越轻的木匠对巫术的熟悉程度越低，也就越少运用。三位木匠彼此都很熟悉，所以材料中以李佐春木匠的讲述为主，以两位木匠的讲述作为补充。此外，巴红祥木匠极力强调工匠建房巫术是封建迷信，但是有时迫于房主的要求则不得不施行。另外两位老木匠则极力认为这些仪式都是必须的。事实上，除了祸害、报复主家的巫术之外，作为主体的求吉部分，其实具有将村落中的民心凝聚起来的作用。建房不仅是一个技术和巫术的过程，更是一个村民团结互助、维系情感、释放压力的过程。

俗（建房后）。当然，所谓的世俗和神圣只是一种相对的划分，如在抛梁仪式中，世俗的意味也十分明显。一方面是来自巫术的神圣；一方面是来自吉庆的世俗。无论如何，在仪式过程中，参与者确实经历了过渡性的心理变化。

三 宗教和巫术

现代以来的人类社会对巫术常有偏见，因为"'巫术'一词本身就产生可厌的联想，尽是可笑、荒唐、甚至可恶的污秽，或者成为左道旁门（极坏意义上）的同义语，也成了其他误解、蔑视、偏见的对象"。① 很显然，无法将建房工匠与那些专事鬼神的巫师归入一类，他们更不是专以左道骗取钱财的江湖术士。建房工匠的事业和人类社会的四大基本需求"衣食住行"中的"住"紧密联系在一起，他们创造无以计数的房屋，为人类提供了身体和精神的栖息之所，他们是兼职的技师和巫师。在现代以前的社会，技术和巫术这两种被现代人划分为相互对立的文化现象并不存在冲突性。事实上，现代以来的观点中，如巫术和宗教这样的区分也是有明晰的界限可以遵循的。那么，从与宗教间关系的角度来看，工匠建房巫术究竟是怎样一种性质？

其实对这一问题进行的解释，已经触及到了在人类学、社会学界无法求得一致的一个争论的焦点：宗教和巫术究竟是怎样的关系？如前所论，道教曾经从神仙、神咒、神符三个方面对工匠建房巫术产生了重要的影响，但是，却又不能将工匠巫术归入道教的范畴。弗雷泽和泰勒一样对文化意义上的进化论深信不疑，他认为巫术、宗教和科学是一个依次演进的过程中的三个不同阶段。他说："如果考虑到，一方面，无论如何人的主要需求基本上都是相似的；而另一方面，不同时代的人采取满足生活需求的方式又差异极大，我们也许能作出这样的结论：人类较高级的思想活动，就我们所能见到的而言，大体上是由巫术的发展到宗教的，进而到科学的这几个阶段。"② 弗雷泽不仅认为宗教是比巫术较高一级的思维形态，

---

① ［法］让·塞尔韦耶著，管震湖译：《巫术》，商务印书馆1998年版，第9页。
② ［英］乔·弗雷泽著，徐育新等译：《金枝》，中国民间文艺出版社1987年版，第1006页。

而且他断定，宗教和巫术的区别在于人们对待人格化的神灵的态度上，因为宗教观念中，统治世界的力量是一些人格化的神灵，人们必须绝对地屈服于它们，只能通过说服、劝导的方式来取悦它们；巫术也和人格化的神灵打交道，但在巫术的观念中，存在着机械运转着的不变的规律，人们只要掌握了这些规律，就可以对神灵进行强制性的控制和压迫，从而达到臆想中的目的。巫术的规律控制着人和神，因而巫术原理高于人和神。①

弗雷泽的理论是建立在对第二手材料的分析，然后再依据当时备受推崇的进化论进行推测的基础上的。自他以后的学者，已摒弃了这种分类方法。最先对弗雷泽的上述观点进行批驳的是法国大名鼎鼎的社会学家涂尔干。他的结论和弗雷泽几乎相反："因此，巫术并不像弗雷泽所主张的那样是一种原初的事实，宗教也并非仅仅是巫术派生出来的形式。恰恰相反，巫术是在宗教观念的影响下形成的。巫师所施行的法术也是以宗教戒规为基础的，而且，巫术的作用范围也仅仅局限于次级领域，适用于纯粹的世俗关系。既然宇宙间的一切力量都是以神圣力量的模式来构想的，那么后者所固有的传染性也便扩散到了宇宙之中，人们相信物体的所有性质也都可以通过传染方式传递出去。……感应仪式确实存在，但它们并不是巫术所特有的形式，而且巫术中的这种仪式也是从宗教中来的。因此，如果使用了这种说法，我们就会把这种仪式当作巫术所特有的东西而造成错误的混淆。"② 涂尔干是将巫术和宗教置于他的"神圣"的社会这一理论范畴内来区分的。在他看来，是巫术在模仿宗教中的信仰和仪式，巫术有着自己的神话、教义、祭祀、祷告、舞蹈等内容，宗教和巫术专注于共同性质的力量和存在，但巫术在这方面的表现是粗糙的，巫术因为专注于功利的目的，所以没有像宗教那样表现出思辨性。③ 宗教因为有共同的信念将人们团结起来，思考神圣与世俗的问题，并依据共同的信念去行动，成为道德共同体，也就是教会，从而形成了社会。④

---

① ［英］詹·乔·弗雷泽著，徐育新等译：《金枝》，中国民间文艺出版社 1987 年版，第 7—79 页。
② ［法］爱弥尔·涂尔干著，渠东、汲喆译：《宗教生活的基本形式》，上海人民出版社 2006 年版，第 344—345 页。
③ 同上书，第 38 页。
④ 同上书，第 39 页。

巫术主要作用的范围在于世俗的事务。在大多数情况下,巫师们各自进行着自己的活动,并不联合起来施行巫术;即使在极个别的情况下,巫师形成了很长时间聚会一次的巫术会社,但这种会社的组织是松散的,而且求助于巫师的人与巫术之间的联系是短暂的,也就是说,巫师没有大众化的、持续性的追随者,巫术仪式中参与膜拜的人并不属于巫术会社的一员。① 总之,宗教和巫术各怀目的,前者在于形成道德共同体,后者在于解决世俗中的实际问题。涂尔干深刻地指出,不能在一种事物已经衰退的情况下来对其进行研究,他以澳洲部落中的图腾制为例来研究宗教生活的基本形式,提出了他对宗教的著名定义:"宗教是一种与既与众不同、又不可冒犯的神圣事物有关的信仰与仪轨所组成的统一体系,这些信仰与仪轨将所有信奉它们的人结合在一个被称为'教会'的道德共同体之内。"②

尽管涂尔干对于宗教先于巫术的观点并没有提出有力的证据,而且有学者批评他所依据的澳洲图腾制材料属于极为粗糙的民族志,但是他提出的道德共同体的观点对于出现了基督教和佛教这类伦理性鲜明的宗教时期的宗教和巫术现象是具有说服力的。涂尔干在研究宗教和巫术之前可能就有了一种理论预设,就是说他所定义的宗教无疑是以基督教这样的高级形态的宗教作为宗教的典型形态的,所以他才会将道德共同体作为区分宗教和巫术的关键。

按照涂尔干的区分,以鲁班信仰为中心的建房工匠所施行的则是巫术无疑了。他显然已经顾及了巫术会社的存在,但他说巫术会社这一松散的组织并没有使人们信奉同一种信念而形成道德共同体。信仰鲁班的建房工匠所共同信奉的主神即鲁班,并且一些地区的工匠曾经形成了祭祀鲁班的组织——鲁班会。《鲁班经·鲁班仙师源流》记载:"我皇明永乐年间,鼎创北京龙圣殿,役使万匠,莫不震悚。赖师降临指示,方获落成。爰建庙祠之扁曰:'鲁班门',封待诏辅国太师北成侯,春秋二祭,礼用太牢。今之工人凡有祈祷,靡不随叩随应,忱悬象著明而万古仰照者。"③ 据有

---

① [法]爱弥尔·涂尔干著,渠东、汲喆译:《宗教生活的基本形式》,上海人民出版社2006年版,第40页。

② 同上书,第42页。

③ (明)午荣编,李峰整理:《新刊京版工师雕斫正式鲁班经匠家镜》,海南出版社2003年版,第220页。

学者的考证，清初至民国，京师存在着不同行业的人共同组成的鲁班会，鲁班会是一个行业色彩浓重的祭祀组织。① 清代笔记《明斋小识》记载了曾经存在的祭祀鲁班的实况：

> 棣华桥南有鲁班祠，为阖邑匠人拜祀所。庙仅一楹，岁久倾侧。至辛酉夏，木工圬者，敛钱演剧，舁而奉神于城隍庙后楼。一时鸣锣者，肩舆者，执香者，衣冠者，持仪杖者，卤薄纷还，称姬前行，皆匠人也，谓曰匠人之会。②

我国的一些民间社会有鲁班节这一民俗节日，时间为农历六月十六。云南的蒙古族直到 1996 年还保存有较古老的鲁班节。据当地人回忆，至 1990 年，鲁班节已经有约一百三十年的历史，是由一位念过私塾，精于泥水活儿、木工活儿、还会油漆、彩绘、编制、绘画等手艺的蒙古族人王治和发起的。当地人通过抓阄、凑钱等形式来组织节日。节日的时间为夏历四月二日（鲁班生日）或四月十六日（鲁班忌日）。人们将木刻的鲁班神像置于色彩绚丽、呈小宫殿型的神轿内前往各村巡行，村民们则在巷道里设有香案，抬鲁班巡行的队伍经过时，就向神轿膜拜，并向抬轿的人敬酒。鲁班节的举行要遵循一些宗教戒律，节日期间还有道士的参与。具体情况是：

> 鲁班节基本上是男子的节日，并有不让妇女参加的传统和禁忌。文娱活动虽男女都可参加，但祭祀鲁班的仪式，节日的宴会，12 头的抬阄是成年已婚男子的权力。男子们在过节前要注意清洁，必须沐浴，12 头在节日的半月前不能与妻子性交。作为主会场的观音寺门前烧起一堆火，男子们进入会场前要从火上跨过，然后接受大头二头分赠的加了糖的糯米饭团和糕，而妇女们在节日的第一天不能走这条村中的大路，有事经过必须绕道走，其所以如此，据说鲁班的夫人是

　　① 赵世瑜、邓庆平：《鲁班会：清至民国初年北京的祭祀组织与行业组织》，《清史研究》2002 年第 1 期。
　　② （清）诸联：《明斋小识》，《笔记小说大观》第二十八册，江苏广陵古籍刻印社 1983 年版，第 53 页。

位聪明的才女，但她限制了鲁班的工艺的发挥；如果妇女参加鲁班节，蒙古族工匠的技术就不会有长进。节日中要请河西城内的道士念经祭祀，特别是在第一天祭鲁班节时，大头手捧一香炉跟在道士之后，道士边念经边点香；二头手托一内有酒、菜、茶、饭的铜盘跟在道士之后，以供道士祭奠；大头二头还要根据道士的吩咐跪拜鲁班，但其他 10 头和众人并不集体祭拜。①

从现有的材料看来，并不能确认节日或庙会型的鲁班祭祀活动所存在的范围，但是，从本项研究的结论来看，鲁班祭祀在建房仪式中确实是广泛存在的。而且道教对鲁班信仰的影响也是不言而喻了。工匠们以匠神鲁班为中心践行的祭祀集会，并没有教会式的组织形态，也没有形成道德共同体；工匠们对匠神的膜拜，其意义在于纪念祖师并获得祖师的庇佑。于是我们可以看到涂尔干关于宗教和巫术之间所作的区分具有很强的解释力。也就是说，按涂尔干的区分，工匠举行的集会是一种巫术会社，这一集会并未使集会的参与者形成道德共同体。

然而，我们所能观察到的道教对于工匠建房巫术的影响的前提是道教已经存在，而一个明显的事实是，道教本身是一种咒术倾向极为明显的宗教。尽管习惯于称道教的咒术为法术，但这种法术不过是一种较为复杂、规范化程度高的巫术。道教的形成，其实是吸收了先秦以来就施行的民间巫术的。那么，显而易见，涂尔干的理论只适用于解释宗教和巫术形成鲜明区别这一时期的形态。宗教和巫术的最初关系，弗雷泽和涂尔干的论据都是不充分的，因为现代以来的学术界提出了一个概念：原始宗教。即便是身体力行地从事田野工作的人类学家，依然无法解释究竟是巫术先于宗教还是宗教先于巫术的问题，这样的问题已经成为类似于先有鸡还是先有蛋的难题。②

作为功能学派开山祖师的马林诺夫斯基所构建的理论得力于长期的田野工作，他主要是从行为的目的来区分宗教和巫术的，这也是他解释文化现象的一贯方式。他认为，巫术属于宗教的范围，但巫术是一套动作，是

① 杜玉亭：《云南蒙古族鲁班节研究》，《内蒙古社会科学》1990 年第 6 期，第 44 页。
② 这一难题如同仪式和神话的难题一样令人困惑。

实用的工具；宗教则相反。人类只有在活动中需要碰运气，无法应对偶然性的时候，才会诉诸巫术，巫术和技术是泾渭分明的。他说："无论有多少科学和知识能帮助人满足他的需要，它们总是有限度的。人事中有一片广大的领域，非科学所能用武之地。它不能消除疾病和腐朽，它不能抵抗死亡，它不能有效地增加人和环境间的和谐，它不能确立人和人间的良好关系。这领域永久是在科学支配之外，它是属于宗教的范围。……在这领域中欲发生一种具有实用目的的特殊仪式活动，在人类学中综称作'巫术'"。① 巫术只是达到目的的工具，是一套具有实用价值的动作，而宗教则通过创造一套价值来直接达到目的。② 他的理论容易让人认为宗教是观念形态，而巫术则是仪式活动，从他的民族志来看，他并没有作宗教仪式和巫术仪式的区分。这种巫术工具论的观点在理论上是有优势的，这也是曾经一度影响我国学者关于巫术研究的一种理论。③ 但是，将作为宗教特征的价值体系和作为巫术特征的工具性来作为分类标准，似乎有些机械。

　　现在看来，弗雷泽将对待神灵的态度——宗教式的说服和劝导、巫术式的强制和压迫来区分宗教和巫术显然已经不再适用，因为巫术中同时存在对神灵的安抚和强制两种态度。④ 如木匠在砍伐树木前，要对树神进行虔诚的祭祀和祈祷，而对于木材内的邪气，又要进行强制性的驱除。对于土地之神，也同时出现了安抚和强制镇压的观念及仪式。凭什么将一系列连续性的仪式割裂为"宗教"或"巫术"呢？从工匠建房巫术中的种种情况来看，要以仪式态度来区分宗教和巫术是不可能的，因为工匠巫术系统在传播的过程中存在不墨守成规的自变量——即特定的巫术实施者继承

① ［英］马林诺夫斯基著，费孝通译：《文化论》，华夏出版社 2002 年版，第 53 页。
② 同上书，第 57 页。
③ 如吕大吉主编的《宗教学通论》："巫术（Magic）是一种广泛存在于世界各地区和历史各阶段的宗教现象。它的通常形式是通过一定的仪式表演来利用和操纵某种超人的神秘力量影响人类生活或自然界的事件，以满足一定的目的。"见吕大吉主编：《宗教学通论》，中国社会科学出版社 1989 年版，第 254 页。再如张子晨所著《中国巫术》："巫术，在国际上用 Magic 来表示，在中国，则以'作法'或法术相称。国际上已经把巫的活动、作法上升为学术术语，并赋予它以科学的概念。巫术是人类企图对环境或外界作出可能的控制性的一种行为。也就是说，它是人类为了有效地控制环境（外界自然）与想象的鬼灵世界所使用的手段。这种手段的实际功效是不可验证的，只有当人们失去有关的信仰后，它的蒙昧特征才会被认识，所以它是人类的原始特征，而非文明的表现。"见张紫晨：《中国巫术》，上海三联书店 1990 年版，第 37 页。
④ Hutton Webster, *Magic: A Sociological Study*, Stanford University, 1984, p. 44.

传统的情况以及各自的发挥和创造，由于自变量的存在，仪式态度也就只有在具体的语境中才能被准确地进行描述。不过，我们也可以考虑到一般性的规律，即工匠对待神灵鬼魅的态度有一个分界线，即对善者予以虔诚的祭拜，对恶者的驱逐和制伏；善者往往是神灵，魑魅魍魉及妖邪则往往是恶者；善者是帮助人类制伏恶者的主要力量，人类的作用不过是按照仪式的正确程序建立起善恶之战的战场，并通过一些<u>巫术灵物</u>的使用来助阵。在具体的仪式中，即使对于恶的力量，人们的仪式态度也是复杂的，如大理洱源茈碧白族建新房时的送"木气"仪式，就不能绝对地说仪式态度是强制性的驱逐，而是同时存在抚慰和诱导。正如拉德克里夫－布朗在批评马林诺夫斯基提出的关于巫术增强了人类从事活动时的信心时所说的："因此，当某种人类学理论说巫术与宗教给人以自信、安慰和安全感时，同样也可以论证说它们给人以恐惧和焦虑。因为它们不是给人以自由，而是令人恐惧的黑巫术，恐惧精灵，畏惧上帝，畏惧恶魔，畏惧地狱。"① 实际上，巫术的仪式态度确实是一种复杂的情绪，夹杂着尊敬和恐惧等。所以，我们在许多的工匠建房巫术仪式中见到了先祭祀神灵，再在神灵的庇护下驱邪的紧密联系的过程。

以道德共同体的形成或以价值—工具这样的标准来区分宗教和巫术，总是存在理论预设或机械割裂的弊病。要知道对于施行巫术的工匠以及这种巫术的信众而言，所谓宗教和巫术的对立性区分是不存在的；这是从事社会科学的学者们所作的理论概括。② 埃文斯－普里查德批评道："因此，阿赞德人看不到科学体系和他们由魔法、神谕和宗教构成的体系之间存在任何竞争。重要的是，这两种知识结构互相冲突的观念在阿赞德人的观念

---

① ［英］A. R. 拉德克里夫－布朗：《禁忌》，史宗主编：《20 世纪西方宗教人类学文选》（上），上海三联书店 1995 年版，第 101 页。

② 长期以来，对于人类精神领域的研究，许多大师都在模拟自然科学的范式，因此才有了"人文社会科学"这样的学科概念，不少学者倡导一种实证之学。如涂尔干所言："社会学的主旨，并不仅仅在于了解和重建业已消逝的各种文明形式。相反，同所有实证科学一样，它所要解释的是与我们近在咫尺，从而能够对我们的观念和行为产生影响的现实的实在：这个实在就是人。"他进而说："笛卡儿就有一条原理：在科学真理的链条中，最初的环节始终居于支配地位。"笛卡儿是著名的实证主义哲学大师，追求实证、崇尚理性，其实是人文学科对自然学科的一种模仿。参见［法］爱弥尔·涂尔干著，渠东、汲喆译：《宗教生活的基本形式》，上海人民出版社 2006 年版，第 1—3 页。

中似乎是完全陌生的，而在泰勒、弗雷泽、弗洛伊德、列维－布留尔以及其他许多研究原始思维的理论家的观点中却处于核心地位。巫术和宗教没有被科学所替代，而是和科学并行，一起发挥着作用。"①

越来越多的田野实证表明，巫术和宗教之间其实存在一种交叉关系。比如说常被归入巫术之中的有："话语的强制力；应用物质的和其他形式的象征物（如十字架）以及偶像、幻象；用来为个人或部分人的利益服务。"而这些内容在宗教中也很常见。而常被归入宗教中的内容有："通过神灵的作用来控制；集体的物质利益；求雨的祈祷；为生产工具和经济手段及经济附属物祝福。"这些基本上是宗教中的内容却在巫术中也常见到。② 所以不得不说，二元对立的两分法对巫术和宗教进行的区分貌似很明晰，但却已经不再适用了。在这一问题上，不得不佩服列维－斯特劳斯的睿智："在某种意义上虽然可以说，宗教即自然法则的人化，巫术即人类行为的自然化——即把某些人类行为看作是物理决定作用的一个组成部分——，它们与进化中的选择或阶段无关。自然的拟人化（由其组成宗教）和人的拟自然化（我们用其说明巫术）形成两个永远存在着而只有比例上相互变化着的组成部分。如我们前面所指出的，每个部分都蕴含着另一个部分。无巫术就无宗教，同样，没有一点宗教的因素也就没有巫术。超自然的概念只是把超自然之力归于自身，并接着把超人类之力归于自然的人类来说，才存在。"③

工匠建房巫术的情况也是这样的，它当中包含有宗教的因素，如对神灵的祈祷，对新宅的祝福，甚至对于信奉鲁班护佑的工匠而言，其内心由对祖师高超技术和高强巫力的崇拜，已经激起了其虔诚、神圣的情感。罗素在谈到宗教的起源时说："我认为宗教基本上或主要是以恐惧为基础的。这一部分是对于未知世界的恐怖，一部分是像我已说过的，希望在一切困难和纷争中有个老大哥以助一臂之力的愿望。恐惧是整个问题的基础——对神秘的事物，对失败，对死亡的恐惧。恐惧是残酷的根源，因

---

① ［美］包尔丹著，陶飞亚、刘义、钮圣妮译：《宗教的七种理论》，上海古籍出版社2005年版，第282页。

② ［英］弗思著，费孝通译：《人文类型》，华夏出版社2002年版，第133页。

③ ［法］克洛德·列维－斯特劳斯著，李幼蒸译：《野性的思维》，商务印书馆1987年版，第252页。

此，残忍和宗教携手并进也就不足为奇了。"① 工匠们要保证建设中不出事故，顺利完工，本身在建筑过程中就确实存在焦虑和恐惧；像墙的倒塌，竖柱时的失误等，在技术和心理上，工匠无疑会怀有疑虑；更何况工匠还面临着来自凶恶神灵的干扰。所以，鲁班仙师成了那个助一臂之力的老大哥，所谓"今之工人凡有祈祷，靡不随叩随应，忱悬象著明而万古仰照者"。② 在各民族的鲁班传说中，出现了大量建筑过程中鲁班仙师显灵的例子，有的传说中鲁班仙师不仅在技术意义上指导，还会帮扶弱小。③ 在这个意义上，建房工匠之于鲁班和佛教徒之于佛祖或基督徒之于上帝究竟有多少可区别之处？同时，工匠建房巫术又有着强烈的巫术性质，如"建房工匠匿物主祸福"巫术就是典型的例子。道教确实在神仙、神咒、神符三个突出的方面影响了工匠建房巫术，但是特别对于"建房工匠匿物主祸福"巫术而言，工匠们承袭的则是巫蛊的源头。而且道教本身也和鬼道也就是原始宗教有着直接的渊源关系。

马克斯·韦伯已经敏锐地看到了重新厘清宗教和巫术之间关系的必要，他通过比较宗教学的研究之后，对人类世界历史中的宗教类型进行了区分。在他看来，宗教可以用"传统的"与"合乎理性的"作为限定而区分为两种类型。所谓"传统的"在某种程度上就是"巫术的"，也就是学术界所界定的原始宗教。这种类型的宗教更多地为原始民族所特有，其突出特征是多神崇拜深深地存在于原始民族的心智中。原始民族可以在许多生活常见物，比如石头和树木中发现新的神灵，并且他们几乎在生活发生每一次转变的时期都要举行仪式，所以仪式变成了一种频繁出现的活动。由于他们过于专注于应对神灵或魔鬼，所以并没有对于宗教的十分自觉的意识。作为文化持有者，宗教对他们而言已经成为一种文化惯性，渗透到了生活的方方面面。与之相异的"合乎理性的"宗教则是指那些已经在世界范围内广泛传播的宗教，如犹太教、儒教和印度教等。不同于"传统宗教"的多神信仰，"合乎理性的宗教"开始突出地信仰一个到两个神灵，或者是对于宗教信条的信仰。这种宗教开始变得具有了逻辑的、

---

① 〔英〕罗素著，沈海康译：《为什么我不是基督徒》，商务印书馆1982年版，第25页。

② （明）午荣编，李峰整理：《新刊京版工师雕斲正式鲁班经匠家镜》，海南出版社2003年版，第220页。

③ 如白族鲁班传说。

抽象的内容，信徒们所信仰的神灵或信条高于琐碎的生活，信仰的目的在于和神或神圣的事物接近。它强调的是一种神秘的心灵体验，而不是依靠无以计数的巫术仪式来实现那些日常生活中所期许的目的。"合乎理性"的宗教所吸引的教徒，是一些有着强烈的行为意识的人，他们是一些"理性的"人。"与传统宗教的信奉者不同，这些宗教的信徒强烈地意识到他们在做什么，他们很清楚自己已经选择了一种体系严谨的信仰。"①

　　本书赞同马克斯·韦伯的观点，并且本项研究所涉及的建房巫术，实际上应该归属于"传统宗教"，也就是巫术性宗教之中。一种宗教，信仰它的人对于形而上学的思考越强，那么它离"合乎理性"的形态就越近，离"巫术性"的形态就越远。

---

　　① ［美］包尔丹著，陶飞亚、刘义、钮圣妮译：《宗教的七种理论》，上海古籍出版社2005年版，第342—343页。

参考文献

[1]［澳］弗洛伊德著，杨庸一译：《图腾与禁忌》，北京：中国民间文艺出版社 1986 年版。

[2]［德］爱伯华著，王燕生、周祖生译：《中国民间故事类型》，北京：商务印书馆 1999 年版。

[3]［法］爱弥尔·涂尔干著，渠东、汲喆译：《宗教生活的基本形式》，上海：上海人民出版社 2006 年版。

[4]［法］克洛德·列维－斯特劳斯著，李幼蒸译：《野性的思维》，上海：商务印书馆 1987 年版。

[5]［法］列维－布留尔著，丁由译：《原始思维》，上海：商务印书馆 1985 年版。

[6]［法］马塞尔·莫斯著，杨渝东译：《巫术的一般理论　献祭的性质和功能》，桂林：广西师范大学出版社 2007 年版。

[7]［法］让·塞尔韦耶著，管震湖译：《巫术》，上海：商务印书馆 1998 年版。

[8]（汉）董仲舒撰，（清）凌曙注：《春秋繁露》，北京：中华书局 1975 年版。

[9]（汉）刘安著，高诱注：《淮南子注》，上海：上海书店 1986 年版。

[10]（汉）许慎撰，（宋）徐铉校定，王宏源新勘：《说文解字》（现代版），北京：社会科学文献出版社 2005 年版。

[11]（汉）应劭撰，王利器校注：《风俗通义校注》，北京：中华书局 1981 年版。

[12]（晋）干宝著，黄涤明译注：《搜神记全译》，贵阳：贵州人民出版社 1991 年版。

［13］（晋）干宝撰，李剑国辑校：《新辑搜神记》，北京：中华书局2007年版。

［14］（梁）任昉：《述异记》，文渊阁四库全书本。

［15］（梁）陶弘景：《真诰》，文渊阁四库全书本。

［16］［罗］伊利亚德著，王建光译：《神圣与世俗》，北京：华夏出版社2002年版。

［17］［美］包尔丹著，陶飞亚、刘义、钮圣妮译：《宗教的七种理论》，上海：上海古籍出版社2005年版。

［18］［美］丁乃通著，郑建成等译，《中国民间故事类型索引》，北京：中国民间文艺出版社1986年版。

［19］［美］菲利普·巴格比著，夏克、李天纲、陈江岚译：《文化：历史的投影——比较文明研究》，上海：上海人民出版社1987年版。

［20］（民国）柴小梵：《梵天庐丛录》，太原：山西古籍出版社、山西教育出版社1999年版。

［21］（明）董斯张撰：《广博物志》，文渊阁四库全书本。

［22］（明）高濂：《遵生八笺》卷六，文渊阁四库全书本。

［23］（明）顾起元：《说略》，文渊阁四库全书本。

［24］（明）李时珍：《本草纲目》，北京：人民卫生出版社1981年版。

［25］（明）午荣编，李峰整理：《新刊京版工师雕斫正式鲁班经匠家镜》，海口：海南出版社2003年版。

［26］（明）谢肇淛：《滇略·卷四》，文渊阁四库全书本。

［27］（明）谢肇淛：《五杂俎》，上海：世纪出版集团、上海书店出版社2001年版。

［28］（明）徐光启：《农政全书》，北京：中华书局1956年版。

［29］（明）姚士观等编校：《明太祖文集》卷一，文渊阁四库全书本。

［30］（南朝宋）刘敬叔撰，范宁点校：《异苑》，北京：中华书局1996年版。

［31］（清）程趾祥：《此中人语·笔记小说大观》，南京：广陵古籍刻印出版社1983年版。

［32］（清）褚人获：《坚瓠集》，杭州：浙江人民出版社1986年版。

[33]（清）惠士奇：《礼说》，文渊阁四库全书本。

[34]（清）纪昀：《阅微草堂笔记》，上海：世纪出版集团、上海古籍出版社 2005 年 4 月版。

[35]《宅经》，文渊阁四库全书本。

[36]（清）金鹗：《求古录礼说》，济南：齐鲁书社 2001 年版。

[37]（清）厉鹗：《樊榭山房集》，文渊阁四库全书本。

[38]（清）清凉道人编：《听雨轩笔记·笔记小说大观》，南京：广陵古籍刻印出版社 1983 年版。

[39]（清）王先谦撰集：《释名疏证补》，上海：上海古籍出版社 1989 年版。

[40]（清）吴任臣注：《山海经广注》卷十七，文渊阁四库全书本。

[41]（清）慵讷居士：《咫闻录·笔记小说大观》，南京：广陵古籍刻印出版社 1983 年版。

[42]（清）于敏中等编撰：《日下旧闻考》，北京：北京古籍出版社 1981 年版。

[43]（清）俞樾：《右台仙馆笔记》，上海：上海古籍出版社 1986 年版。

[44]（清）袁枚：《子不语全集》，石家庄：河北人民出版社 1987 年版。

[45]（清）诸联：《明斋小识·笔记小说大观》，南京：江苏广陵古籍刻印社 1983 年版。

[46]［日］窪德忠著，萧坤华译：《道教史》，上海：上海译文出版社 1987 年版。

[47]［日］泽田瑞穗：《中国的咒法》，东京：日本株式会社平河出版社 1990 年版。

[48]（宋）郭若虚：《图画见闻志》卷三，文渊阁四库全书本。

[49]（宋）洪迈撰，何卓点校：《夷坚志》，北京：中华书局 1981 年版。

[50]（宋）李光：《读易详述》，文渊阁四库全书本。

[51]（宋）吕祖谦编：《宋文鉴》，文渊阁四库全书本。

[52]（宋）孟元老撰，邓之诚注：《东京梦华录》，北京：中华书局

1982 年版。

[53]（宋）孙光宪著，林青、贺军平校注：《北梦琐言》，西安：三秦出版社 2003 年版。

[54]（宋）王溥撰：《唐会要》，北京：中华书局 1955 年版。

[55]（宋）王应麟撰，《玉海》，文渊阁四库全书本。

[56]（宋）王应麟撰，（清）翁元圻注：《困学纪闻》，台湾：商务印书馆 1935 年版。

[57]（宋）王与之撰：《周礼订义》卷七十二，文渊阁四库全书本。

[58]（宋）吴自牧：《梦粱录》，杭州：浙江人民出版社 1984 年版。

[59]（宋）严粲撰：《诗缉》卷十九，文渊阁四库全书本。

[60]（宋）张君房编，李永晟点校：《云笈七签》，北京：中华书局 2003 年版。

[61]（唐）段成式撰，方南生点校：《酉阳杂俎》，北京：中华书局 1981 年版。

[62]（唐）瞿昙悉达：《唐开元占经》，文渊阁四库全书本。

[63]（唐）张鷟：《朝野佥载》，北京：中华书局 1997 年版。

[64]（五代）刘崇远：《金华子杂编》，沈阳：辽宁教育出版社 2000 年年版。

[65]［英］布里吉斯著，雷鹏、高永宏译：《与巫为邻·欧洲巫术的社会和文化语境》，北京：北京大学出版社 2005 年版。

[66]［英］查·索·博尔尼著，程德祺等译：《民俗学手册》，上海：上海文艺出版社 1995 年版。

[67]［英］弗思著，费孝通译：《人文类型》，北京：华夏出版社 2002 年版。

[68]［英］罗素著，沈海康译：《为什么我不是基督徒》，上海：商务印书馆 1982 年版。

[69]［英］马林诺夫斯基著，费孝通译：《文化论》，北京：华夏出版社 2002 年版。

[70]［英］马林诺夫斯基著，费孝通译，《文化论》，北京：民间文艺出版社 1987 年版。

[71]［英］马林诺夫斯基著，李安宅译：《巫术科学宗教与神话》，

北京：中国民间文艺出版社 1986 年版。

［72］［英］马林诺斯基著，梁永佳、李绍明译：《西太平洋的航海者》，北京：华夏出版社 2001 年版。

［73］［英］泰勒著，连树声译：《原始文化》，桂林：广西师范大学出版社 2005 年版。

［74］［英］詹·乔·弗雷泽著，徐育新等译：《金枝——巫术与宗教之研究》，北京：中国民间文艺出版社 1987 年版。

［75］（元）陶宗仪：《说郛》，文渊阁四库全书本。

［76］（宋）罗愿：《尔雅翼》卷二十八，文渊阁四库全书本。

［77］十三经注疏整理委员会整理：《尔雅注疏》，北京：北京大学出版社 2000 年版。

［78］十三经注疏整理委员会整理：《论语正义》，北京：北京大学出版社 2000 年版。

［79］十三经注疏整理委员会整理：《毛诗正义》，北京：北京大学出版社 2000 年版。

［80］十三经注疏整理委员会整理：《周易正义》，北京：北京大学出版社 2000 年版。

［81］十三经注疏整理委员会整理：《礼记正义》，北京：北京大学出版社 2000 年版。

［82］十三经注疏整理委员会整理：《周礼注疏》，北京：北京大学出版社 2000 年版。

［83］十三经注疏整理委员会整理：《尚书正义》，北京：北京大学出版社 2000 年版。

［84］安平秋分史主编：《史记》，上海：汉语大辞典出版社 2004 年版。

［85］北京大学历史系《论衡》注释小组：《论衡注释》，北京：中华书局 1979 年版。

［86］陈进国：《信仰、仪式与乡土社会：风水的历史人类学探索》，中国社会科学出版社 2005 年版。

［87］陈奇猷：《吕氏春秋校释》，上海：学林出版社 1984 年版。

［88］陈于柱：《敦煌写本宅经校录研究》，北京：民族出版社 2007

年版。

［89］邓启耀：《中国巫蛊考察》，上海：上海文艺出版社1999年版。

［90］邓文宽：《敦煌天文历法文献辑校》，南京：江苏古籍出版社1996年版。

［91］上海古籍出版社编辑：《二十二子》，上海：上海古籍出版社影印清光绪初浙江书局本1986年版。

［92］郭郛：《山海经注证》，北京：中国社会科学出版社2004年版。

［93］何星亮：《中国自然神与自然崇拜》，上海：上海三联书店1992年版。

［94］河南安阳地区文物管理委员会：《汤阴白营河河南龙山文化村落遗址发掘·考古编辑部·考古学集刊》第三集，北京：社会科学文献出版社1983年版。

［95］河南省博物馆、郑州市博物馆：《郑州商代城遗址发掘报告·文物编辑委员会编·文物资料丛刊》第一集，北京：文物出版社1977年版。

［96］河南省文物研究所、中国历史博物馆考古部：《登封王城岗与阳城》，北京：文物出版社1992年版。

［97］胡新生：《中国古代巫术》，济南：山东人民出版社2005年版。

［98］黄永年分史主编：《旧唐书》，上海：汉语大辞典出版社2004年版。

［99］金身佳：《敦煌写本宅经葬书校注》，北京：民族出版社2007年版。

［100］瞿兑之：《汉代风俗制度史》，上海：上海文艺出版社1991年版。

［101］黎翔凤撰，梁运华整理：《管子校注》，北京：中华书局2004年版。

［102］李安宅编译：《巫术与语言》，上海：上海文艺出版社1988年版。

［103］李民、王健：《尚书译注》，上海：上海古籍出版社2004年版。

［104］刘安著，高诱注：《淮南子注》，上海：上海书店1986年版。

[105] 刘师培：《论文杂记》，北京：人民文学出版社 1998 年版。

[106] 鲁迅：《中国小说史略·鲁迅全集》第九卷，北京：人民文学出版社 1981 年版。

[107] 吕不韦著，高诱注：《吕氏春秋》，上海：上海书店出版社 1986 年版。

[108] 马书田：《中国道教诸神》，北京：团结出版社 1996 年版。

[109] 马书田：《中国民间诸神》，北京：团结出版社 1997 年版。

[110] 倪其心分史主编：《宋史》，上海：汉语大辞典出版社 2004 年版。

[111] 卿希泰：《道教文化新探》，成都：四川人民出版社 1988 年版。

[112] 邱鹤亭注译：《列仙传注译·神仙传注译》，北京：中国社会科学出版社 2004 年版。

[113] 上海师范大学古籍整理组点校：《国语》，上海：上海古籍出版社 1978 年版。

[114] 沈利华、钱玉莲：《中国吉祥文化》，呼和浩特：内蒙古人民出版社 2005 年版。

[115] 史松霖主编：《钱币学纲要》，上海：上海古籍出版社 1995 年版。

[116] 宋兆麟：《巫与巫术》，成都：四川民族出版社 1989 年版。

[117] 孙德骐校释，聂送来译：《六韬》，北京：军事科学出版社 2005 年版。

[118] 孙诒让：《周礼正义》，北京：中华书局 1987 年版。

[119] 孙雍长分史主编：《隋书》，上海：汉语大辞典出版社 2004 年版。

[120] 泰勒著，连树生译：《原始文化》，上海：上海文艺出版社 1992 年版。

[121] 田茂军：《湖南湘西的民间工匠及其现状》，《民俗研究》1998 年第 4 期。

[122] 王国维校，袁英光、刘寅生整理标点：《水经注校》，上海：上海人民出版社 1984 年版。

[123] 王卡：《敦煌道教文化研究：综述·目录·索引》，北京：中

国社会科学出版社 2004 年版。

［124］王明：《抱朴子内篇校释》，北京：中华书局 1985 年版。

［125］乌丙安：《中国民间信仰》，上海：上海人民出版社 1995 年版。

［126］乌丙安：《中国民俗学》，沈阳：沈阳大学出版社 1999 年版。

［127］吴毓江撰，孙启治点校：《墨子》校注，北京：中华书局 1993 年版。

［128］徐坚等：《初学记》，北京：中华书局 1962 年版。

［129］徐师曾著，罗根泽点校：《文体明辨序说》，北京：人民文学出版社 1962 年版。

［130］许嘉璐分史主编：《后汉书》，上海：汉语大辞典出版社 2004 年版。

［131］许嘉璐分史主编：《晋书》，上海：汉语大辞典出版社 2004 年版。

［132］杨伯峻编著：《春秋〈左传〉注》，北京：中华书局 1981 年版。

［133］杨郁生：《云南甲马》，昆明：云南人民出版社 2002 年版。

［134］杨忠分史主编：《南史》，上海：汉语大辞典出版社 2004 年版。

［135］杨忠分史主编：《宋书》，上海：汉语大辞典出版社 2004 年版。

［136］殷伟：《中国民间俗神》，昆明：云南人民出版社 2003 年版。

［137］尹荣方：《龙为树神说——兼论龙的原型是松》，《学术月刊》1987 年第 7 期。

［138］袁珂：《山海经校注》，成都：巴蜀书社 1993 年版。

［139］曾棘壮分史主编：《金史》，上海：汉语大辞典出版社 2004 年版。

［140］张双棣等：《吕氏春秋译注》，长春：吉林文史出版社 1986 年版。

［141］张子晨：《中国巫术》，上海：三联书店上海分店 1900 年版。

［142］章培恒、喻遂生分史主编：《明史》，上海：汉语大辞典出版

社 2004 年版。

［143］中国科学院考古研究所编辑：《西安半坡——原始氏族公社聚落遗址》，北京：文物出版社 1963 年版。

［144］中国社会科学院考古研究所编著：《墟发掘报告 1958—1961》，北京：文物出版社 1987 年版。

［145］中国社会科学院考古研究所河南二队、河南商丘地区文物管理委员会：河南永城王油坊遗址发掘报告·《考古》编辑部：《考古学集刊》第五集，北京：社会科学文献出版社 1987 年版。

［146］钟敬文主编，万建中等著：《中国民俗史·民国卷》，北京：人民出版社 2008 年版。

［147］周国林分史主编：《北史》，上海：汉语大辞典出版社 2004 年版。

［148］周振甫：《周易译注》，南京：江苏教育出版社 2006 年版。

［149］朱熹：《诗集传》，上海：上海古籍出版社 1987 年版。

［150］朱越利：《道藏分类解题》，北京：华夏出版社 1996 年版。

［151］禚振西：《陕西户县的两座汉墓》，《考古与文物》，1980 年第 1 期。

［152］白庚胜：《纳西族祭天民俗中的神树考释》，《云南民族学院学报》（哲学社会版）1997 年第 2 期。

［153］杜玉亭：《云南蒙古族鲁班节研究》，《内蒙古社会科学》1990 年第 6 期。

［154］苟波：《从古代小说看道教世俗化过程中神仙形象的演变》，《宗教学研究》2005 年第 4 期。

［155］谷曙光：《宋代上梁文考论》，《江淮论坛》2009 年第 2 期。

［156］郭宝均等：《1954 年春洛阳西郊发掘报告》，《考古学报》1956 年第 2 期。

［157］河北省博物馆、河北省文管处台西发掘小组：《河北藁城县台西村商代遗址 1975 年的重要发现》，《文物》1974 年第 8 期。

［158］河南省文物工作队第一队：《八个月来的郑州文物工作概况》，《文物参考资料》1955 年第 9 期。

［159］胡林玉：《厌胜钱的文化内涵》，《中国钱币》2003 年。

［160］胡文辉：《〈封神演义〉的阐教和截教考》，《学术研究》1990年第2期。

［161］刘爱忠：《云南楚雄彝族植物崇拜的调查研究》，《生物多样性》2000年第1期。

［162］刘锡诚：《神话昆仑与西王母原相》，《西北民族研究》2002年第4期。

［163］刘宗迪：《五行说考源》，《哲学研究》2004年第4期。

［164］吕书芝：《西汉四灵瓦当》，《历史教学》1985年第12期。

［165］罗汉田：《中柱：彼岸世界的通道》，《民族艺术研究》2000年第1期。

［166］祁连休：《论我国各民族的鲁班传说》，《民族文学研究》1984年第2期。

［167］曲彦斌：《厌胜钱概说》，《寻根》2000年第3期。

［168］商守善：《土家族民间建筑艺术、建房习俗、空间观念及神化现象》，《湖北民族学院学报》（哲学社会科学版）2005年第1期。

［169］《上梁贴八卦是怎么回事？》，《新农业》1989年第12期。

［170］邵媛：《从村落布局看诸葛八卦村建筑民俗》，《福建论坛》（人文社会科学版）2006年第SI期。

［171］唐宏杰：《泉州崇福寺应庚塔出土北宋厌胜钱》，《中国钱币》2003年第3期。

［172］田茂军：《湖南湘西的民间工匠及其现状》，《民俗研究》1998年第4期。

［173］王磊：《试论龙山文化时代的人殉和人祭》，《东南文化》1999年第4期。

［174］王小盾：《从朝鲜半岛上梁文看敦煌儿郎伟》，《古典文献研究》第11辑。

［175］吴来山：《论满族萨满文化中柳崇拜的形成》，《辽宁师范大学学报》（社会科学版）2004年第3期。

［176］吴兴汉：《包拯长孙包永年夫人墓出土厌胜银钱》，《收藏家》2006年第3期。

［177］徐靖彬：《浅谈"厌胜钱"与择吉文化》，《桂林师范高等专科学校学报》2007年第4期。

［178］杨宝成、徐广德：《1979年安阳后冈遗址发掘报告》，《考古学报》1985年第1期。

［179］尹荣方：《龙为树神说——兼论龙的原型是松》，《学术月刊》1987年第7期。

［180］郁为：《一枚少见的大型厌胜钱》，《西部金融》2009年第3期。

［181］曾维加：《成都平原的树崇拜与道教关系探奥》，《宗教学研究》2008年第1期。

［182］张慕华、朱迎平：《上梁文文体考源》，《寻根》2007年第5期。

［183］中国科学院考古研究所二里头工作队：《河南偃师二里头早商宫殿遗址发掘简报》，《考古》1974年第4期。

［184］中国社会科学院考古研究所安阳工作队：《1979年安阳后冈遗址发掘报告》，《考古学报》1985年第1期。

［185］中国社会科学院考古研究所河南一队、商丘地区文物管理委员会：《河南柘城孟庄商代遗址》，《考古学报》1982年第1期。

［186］朱越利：《〈封神演义〉与宗教》，《宗教学研究》2005年第3期。

［187］朱镇豪：《中国上古时代的建筑营造仪式》，《中原文物》1990年第3期。

［188］王晓平：《日本上梁文小考》，《寻根》2009年第1期。

［189］［美］威廉·巴斯科姆：《口头传承的形式：散体叙事》，阿兰·邓迪斯编，朝戈金等译，《西方神话学读本》，南宁：广西师范大学出版社2006年版。

［190］顾颉刚编著：《孟姜女故事研究集》，上海：上海古籍出版社1984年版。

［191］《马克思恩格斯全集》第3卷，北京：人民出版社1960年版。

［192］上海民间文艺家协会、上海民俗学会编：《中国民间文化·民间仪俗文化研究》，上海：学林出版社1993年版。

［193］宋根新：《奉贤地区的居住信仰与习俗调查》，上海民间文艺家协会编：《民间文化·民间文学研究》，北京：科学出版社1992年版。

［194］杨宽：《中国上古史导论·古史辨·第七册上编》，上海：上海古籍出版社1982年版。

［195］杨知勇：《哈尼族"寨心"、"房心"凝聚的观念》，姜彬主编：《中国民间文化·总第十六集·民间俗神信仰》，上海：学林出版社1994年版。

［196］赵景深：《武王伐纣王平话》与《封神演义》，《中国小说丛考》，济南：齐鲁书社1980年版。

［197］钟铭：《湖州建房习俗调查》，姜彬主编：《中国民间文化·民间口承文化研究上海》，学林出版社1993年版。

［198］朱仕珍：《四川建房民俗探索》，上海民间文艺家协会、上海民俗学会编：《中国民间文化·民间仪俗文化研究》，上海：学林出版社1993年版。

［199］（明）午荣编，李峰整理，《新刊京版工师雕斫正式鲁班经匠家镜》，海口：海南出版社2003年版。

［200］（清）大学士陈元龙：《格致镜原》，文渊阁四库全书本。

［201］（清）纪昀等：《明一统志》卷三十四，文渊阁四库全书本。

［202］（清）纪昀等：《明一统志》卷十二，文渊阁四库全书本。

［203］（清）纪昀等：《钦定大清一统志》卷一百三十五，文渊阁四库全书本。

［204］（清）纪昀等：《钦定大清一通志》卷二百四十九，文渊阁四库全书本。

［205］（宋）李昉等撰：《太平御览》，北京：中华书局1960年版。

［206］（宋）祝穆：《古今事文类聚》，文渊阁四库全书本。

［207］（唐）释贯休撰：《禅月集》，文渊阁四库全书本。

［208］陈永正主编：《中国方术大辞典》，广州：中山大学出版社1991年版。

［209］大理白族自治州《白族民间故事》编辑组：《白族民间故事》，昆明：云南人民出版社1982年版。

［210］黄征、吴伟编校：《敦煌愿文集》，长沙：岳麓书社1995

年版。

[211] 纪昀等：《江西通志》卷十三，文渊阁四库全书本。

[212] 李零主编：《中国方术概观·选择卷》，北京：人民中国出版社 1993 年版。

[213] 吕大吉、何耀华主编，和志武等分册主编：《中国各民族原始宗教资料集成：纳西族·羌族·独龙族·傈僳族·怒族卷》，北京：中国社会科学出版社 2001 年版。

[214] 吕大吉主编，何耀华等编：《中国各民族原始宗教资料集成：彝族·白族·基诺族卷》，北京：中国社会科学出版社 1996 年版。

[215] 毛公宁主编：《中国少数民族风俗志》，北京：民族出版社 2006 年版。

[216] 中国民间文学集成全国编辑委员会、《中国歌谣集成·广西卷》编辑委员会编纂：《中国歌谣集成·广西卷》，北京：中国社会科学出版社 1992 年版。

[217] 中国民间文学集成全国编辑委员会、《中国民间故事集成·陕西卷》编辑委员会：《中国民间故事集成·陕西卷》，北京：中国 ISBN 中心 1996 年版。

[218] 中国民间文学集成全国编辑委员会、中国民间文学集成浙江卷编辑委员会：《中国歌谣集成·浙江卷》，北京：中国 ISBN 中心 1995 年版。

[219] 中国民间文学全国编辑委员会、《中国歌谣集成·云南卷》编辑委员会：《中国歌谣集成·云南卷》，北京：中国 ISBN 中心 2003 年版。

[220] 中国社会科学院语言研究所词典编辑室编：《现代汉语词典》（修订本），北京：商务印书馆 1996 年版。

[221] 欧阳梦：《土家族建房习俗研究——以湖北省宣恩县老岔口村为例》，石家庄：华中师范大学硕士学位论文，2007 年。

[222] 杨立峰：《匠作·匠场·手风——滇南"一颗印"民居大木匠作调查研究》，济南：同济大学博士学位论文，2005 年。

[223] 钱玉、建平：《听信骗子胡言，无辜木匠遭殃》，《人民日报》1994 年 6 月 7 日第 5 期。

[224] 佚名：《"鲁班在滕州的传说"被确定为首批非物质文化遗

产》，http：//news. tengzhou. com. cn/2460. html，2007 - 01 - 11。

[225] Hutton Webster, *Magic*：*A Sociological Study*, Stanford University, 1984.

[226] E. B. Tylor, *Primitive Culture*, New York：Holt, 1889.

[227] Frazer, J. G. , *The Golden Bough*, Third Edition, Vol. 1, London：Macmillan, 1980.

[228] Malinowski, *Magic*, *Science and Religion and Other Essays*, Glencoe, Illinois Press, 1948.

后　记

　　这部书是我从事学术研究的起点。在恩师段炳昌教授的精心指导下，我逐步经历了田野调查、文献考据和理论分析的研究阶段，接受了专业的学术训练。选择一个宏观，而且需要运用多种研究方法，形成体系化研究成果的论题进行研究，对于初入学术领域的年轻人来说，其困难可想而知。好在"书山有路勤为径"，持续而专注的阅读，使我掌握了中国古代工匠建房民俗的系统资料；对前人田野调查资料的关注，乃至于亲自从事田野调查，则为理解现代以来的工匠建房民俗奠定了基础。所谓"考论"，即考证、论述。太史公云："究天人之际，通古今之变，成一家之言。"中国工匠建房民俗和土神信仰、树神信仰、鲁班信仰、道教信仰、灵物信仰以及巫术信仰等密切相关，在当下民俗中遗存的现象，细究起来，往往有源远流长的文化渊源。探究房屋建造仪式背后蕴藏的空间安全观念，探究人与信仰的关系，从田野调查出发，考证其文化源流，也是"通古今之变"的一种求索。个中辛苦，权当学术起点上的历练。本书不是纯粹考据性质的著作，在"论"的层面，我从民俗学、人类学和宗教学的视角，讨论了象征与阈限、传说与仪式、宗教与巫术等话题，试图在扎实的考据基础上，提出"一家之言"。我辈之于太史公，何其浅薄。然而，继承前贤的研究方法，严谨地考据，进而提出自己的论点，对学术却也不无裨益。为学之道，须通古今之变，才是正途；或尚空谈而乏实证，或厚古薄今，或专攻田野而不重历史视角，皆是误区。

　　感谢恩师段炳昌教授的积极鼓励和认真指导，让我坚定了研究的信心，没有迷失在自暴自弃中，没有因为犹疑而退却，没有因为遭到否定而放弃。恩师对年轻学生，从不夸夸其谈，高高在上，趾高气扬；相反，他宽厚而博大的胸襟，容得下不同的意见，容得下学生的不足。是以众弟子心悦诚服，不断学习，在师门之内，形成了好的传统。作为教师的学者和纯粹的学者之间，区别在于前者担负着教育者的责任，后者则未必。而今已为教师的我，应当继承恩师的精神。我以为，自己首先是一名教师，其次才是一名研究者。李道和老师精通古代民俗文献，对书稿做过详细的批阅，使书稿的错漏之处大幅度地降低，特此致谢。因笔者学识浅陋，不妥之处，尚请方家指正。李老师孜孜不倦的精神，一直激励着后学们不断学习；他严谨的学风，令人由衷敬佩。感谢黄泽老师、秦臻老师、木霁红老师的指导，感谢那些给过我温暖、引领我求知的老师们。

2016 年 11 月 19 日